程序员书库

Python之光

Python编程入门与实战

PYTHON PRIMER

李庆辉 著

图书在版编目（CIP）数据

Python之光：Python编程入门与实战 / 李庆辉著 . —北京：机械工业出版社，2023.5
（程序员书库）

ISBN 978-7-111-72989-1

Ⅰ. ① P…　Ⅱ. ①李…　Ⅲ. ①软件工具 – 程序设计　Ⅳ. ① TP311.561

中国国家版本馆 CIP 数据核字（2023）第 064609 号

机械工业出版社（北京市百万庄大街22号　邮政编码100037）
策划编辑：杨福川　　　　　　责任编辑：杨福川　罗词亮
责任校对：张亚楠　卢志坚　　责任印制：郜　敏
三河市宏达印刷有限公司印刷
2023年7月第1版第1次印刷
186mm×240mm · 25.5印张 · 566千字
标准书号：ISBN 978-7-111-72989-1
定价：99.00元

电话服务　　　　　　　　　　网络服务
客服电话：010-88361066　　机　工　官　网：www.cmpbook.com
　　　　　010-88379833　　机　工　官　博：weibo.com/cmp1952
　　　　　010-68326294　　金　　书　　网：www.golden-book.com
封底无防伪标均为盗版　　　机工教育服务网：www.cmpedu.com

Preface 前　言

作为生产力工具，Python 是当今极为流行的编程语言。Python 编程逐渐成为一项通用能力，从小学生到各个行业的从业人员都在学 Python。Python 确实能够在很多领域发挥作用，以至于 Python 编程已经成为一些职业的加分项甚至必备能力。

2021 年，我撰写的《深入浅出 Pandas：利用 Python 进行数据处理与分析》一书出版，得到广大读者的认可。这是一本 Python 数据分析方面的书，我在和读者的交流中发现，很多人过于追求快速应用，而忽视了对 Python 基础的学习，导致基础知识不扎实，缺乏自主解决问题的能力，这阻碍了其编程能力的进一步提升。于是我就有了写一本 Python 入门书的想法。

本书试图让读者真正从零开始学好 Python 的必备知识，打好 Python 基础，为下一步自主学习、解决问题做好铺垫。

本书特色

本书使用通俗的语言讲解，也不使用过于复杂的算法，以让更多的人能够理解相关知识。同时，除了 Python 基础的介绍，本书还介绍了 Python 在各个主要领域的应用案例。

本书有以下特色：

- 零基础，尽量不使用专业词汇，不需要任何背景知识；
- 语言通俗易懂，讲解深入浅出，内容详略得当；
- 代码简洁，变量命名尽量使用简单单词；
- 知识全面，讲解精练，涵盖最新的语言特性；
- 知识结构设计合理，学习曲线平滑；
- 面向应用，讲解必备的第三方库，配有经典、实用的案例。

另外，本书不堆砌知识，而是合理编排内容，从总到分，从原理到细节，从理论到实例，根据读者的学习心智模型层层递进。在应用部分，本书选取了数据科学（数据处理、数据分析、数据可视化）、办公自动化（对 Word、Excel 的操作）、图形及界面、Web 开发等领域的案例，引导读者在实践中应用 Python。这些案例非常有代表性，且均有详细的代码讲解。

读者对象

Python 作为一门通用编程语言，在各个行业、各个领域都能大显身手。本书不限定目标读者的年龄和行业，任何想锻炼逻辑能力和提高工作效率的读者都可以阅读本书。

以下是本书的典型读者群体：

- 希望通过学习编程提升逻辑思维的中小学生；
- 想要获得编程技能为求职做准备的大学生；
- 需要通过编程来提高效率、解决工作和生活中具体问题的职场人士；
- 其他想学习编程的人士。

如何阅读本书

编程是一项技能，检验你是否掌握它的唯一标准是你能否通过写代码解决实际问题，所有的理论学习都是为这个目标服务的。这就意味着你从一开始就要动手写代码，而不是等到看完了书再开始。

本书提供了大量的代码示例，这些代码示例简洁、实用，可以帮助你快速理解书中的内容，阅读时只需跟着本书的思路安装环境、试验代码、复现案例。当然，在这个过程中你要举一反三，要思考你所学习的内容能解决哪些问题。

此外，在学习的过程中，要有意识地将自己在工作和生活中遇到的问题转换为编程问题并用 Python 来解决，长期坚持，Python 就会越用越顺手，你也会越来越有成就感。

本书共 10 章，主要内容如下。

第 1 ～ 4 章　Python 入门

这 4 章主要讲解 Python 编程的必备基础知识。第 1 章介绍了 Python 的基本用法、开发环境的搭建以及 Python 的基础语法和运行机制。第 2 章和第 3 章从面向对象的角度系统介绍了 Python 数据类型体系、内置的数据类型以及这些类型的操作和方法。第 4 章则介绍了 Python 的流程控制与语法，重点讲解了如何编写和调用函数。

第 5、6 章　Python 进阶

这两章主要讲解 Python 的进阶知识。第 5 章介绍了类与模块，并进一步阐述面向对象编程的概念，主要内容包括如何自定义新的 Python 类型，如何进行类型注解。学好本章内容对于我们学习第三方库非常重要。第 6 章介绍了 Python 的常用内置库，如生成随机数据、字符串的操作、日期和时间、枚举类型等。

第 7 ～ 10 章　Python 应用

这 4 章讲解 Python 在数据科学、办公自动化、图形及界面、Web 开发四大领域的应用，包括要在这些领域利用 Python 解决问题所必须掌握的第三方库、编程思路等。其中提供的实战案例非常典型，都来源于我们的日常需求，跟着这些案例进行需求分析、编码实现，可以梳理代码设计思路，还可以真实体验用 Python 解决实际问题的过程。

此外，本书提供了许多知识点的扩展阅读网址供读者深入学习，读者还可以多查阅 Python 官方文档和各个第三方库的官方文档，这些都是第一手的学习材料。

勘误和支持

由于作者水平有限，书中难免存在一些错误或不准确的地方，恳请读者批评指正。如果读者有更多宝贵意见，欢迎发送邮件至 yfc@hz.cmpbook.com。

本书的源代码、勘误等配套资源可以访问 https://www.gairuo.com/p/python 获取。作者为本书创建了学习交流群，欢迎读者关注微信公众号“盖若”了解详情并加入学习交流群一起学习和交流。

目　录 *Contents*

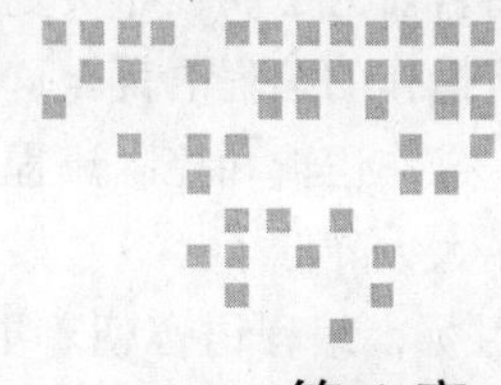

第 1 章 Chapter 1

开始 Python 编程

当下，编程是最为激动人心的通用技能。当你快键如飞、连续敲击时，代码跟随着你的指尖跃然屏幕之上，它们一旦运行，那些被你编写的字符便奇迹般地完成了你天才般的构想。

Python 是最为优美的编程语言之一，它打破了人们的思想与机器之间的界限，用最为通俗、简约的代码逻辑驱动计算机实现你的想法。当你深入学习 Python 后，你会认为它不仅是逻辑表达的产物，还是按照美的规律来设计的。

在本章，我们将带你进入神奇的编程世界，了解编程世界的美妙，深入理解 Python 是如何被设计的，快速入门这门易学、易用的语言。

1.1 认识 Python

当读到这本书时，想必你已经对编程有所了解，同时已经选择了 Python 作为你此时的学习语言。在本节，我们将重新认识编程，了解 Python 语言的产生，还将探讨 Python 有什么特点、我们为什么选择学习 Python，以及如何学好 Python。了解这些内容对你以后的学习是至关重要的。

1.1.1 什么是编程

计算机是 20 世纪最伟大的发明之一，它对人类的生产和生活产生了极其重大的影响。计算机程序通过调度复杂的指令，来完成人们预期要执行的工作内容。计算机并不“聪明”，但它“勤奋”，它可以不间断地重复执行我们想要的操作。

计算机集成了一系列指令，能够让人们通过发出指令来完成相应的操作，这些指令就是所谓的机器语言。为了使程序员更加简单、准确地发出指令，人们开发了一系列从不同层面对计算机进行操作的编程语言。这些语言会让代码更加符合人类的表达习惯，能够清晰地表达功能意图、操作逻辑和控制流程，这样程序员就不用在理解和修改代码上花费大量的时间，编程的门槛大大降低了。

基于以上目标，编程语言朝着更加符合自然语言、代码更加短小、逻辑封装更好、命名规范更有约束力等方向发展。同时，倾向于用一种语言解决更多的问题，而不是只解决特定的问题，这也是C、Java、Python、JavaScript等语言在近些年大行其道的原因。

更严格地讲编程应该称为程序设计，它是人类进行的创造活动，人们设计出精妙的逻辑来解决现实中复杂的问题。我们再来讨论一下程序到底做了什么。

程序会根据我们编写的源代码**顺序执行**，在执行过程中会自己产生或者从外部读取数据，这些数据遵循程序语言规定的**数据结构**要求，在你设计的需要判断的地方做出**条件判断**，通过判断跳转到指定的地方继续执行，如此反复**循环运行**。一个程序在相同的环境下，能够以相同的方法执行，得到相同的结果，从而达到稳定输出的目的。

程序解决的是现实生活中的问题，它对现实中的问题进行抽象，建立一个解决问题的模型。不同的语言在抽象问题、解决问题时的思路是不一样的。有的语言把解决问题的方法抽象为一个工具，你只要给这个工具输入相应的数据和命令就能得到解决后的结果；有的语言把问题抽象为一个对象或者物体，为它赋予生命，使它有相关的属性和功能，解决问题时执行这个对象相应的功能即可。

1.1.2 Python的诞生

1989年的圣诞节期间，在荷兰数学和计算机科学研究学会工作的吉多·范罗苏姆（Guido van Rossum）为了打发百无聊赖的时光，寻找一个“课余”的编程项目。

吉多1956年生于荷兰，他热爱数学与编程。1974年，他在国际数学奥林匹克竞赛中获得铜牌。他于1982年从阿姆斯特丹大学获得数学和计算机科学硕士学位后，一直在研究机构工作。

在那个年代，IBM和苹果推出了个人计算机，掀起了个人计算机的浪潮。但当时的计算机配置非常低，为了让程序正确、流畅地运行，程序员需要像计算机一样思考，尽可能让代码与硬件底层交流，使计算机少花时间和资源理解代码。虽然许多研究机构开发出了众多性能非常出色的编程语言，但其学习和理解难度让个人计算机用户望而却步。

吉多也为上述问题苦恼，于是在ABC语言的启发下，他打算开发一门新的编程语言。ABC语言是当时吉多供职的机构研发的，他也曾参与开发。ABC语言的设计目标是教学和创建程序原型，它有良好的可读性。当然，ABC语言存在着扩展性差、功能残缺、设计激进、安装困难等问题。

随着技术的不断迭代，更好的中央处理器、更加直观的视窗操作系统得到普及，程序员们开始关注编程语言的易用性。

在吉多的设想中，新的语言应该像 C 语言一样功能全面，同时像 ABC 等指令式语言一样易读易写，从而能够激发人们学习编程的兴趣。

他将这门新语言命名为 Python，这个名字取自他喜欢的《蒙提・派森的飞行马戏团》(Monty Python's Flying Circus)，这是英国 BBC 播出的电视系列喜剧。虽然后来 Python 的官方标识采用的元素是单词 python 的原意"蟒蛇"，但它不是 Python 名称的起源。

经过一年多的开发，1991 年 2 月吉多发布了版本号为 0.9.0 的初版代码，直到 1994 年 1 月他才发布 1.0 版本。2.0 版本于 2000 年 10 月 16 日发布，之后 Python 由个人开发转向社区开发，依靠社区力量发展壮大。

Python 3.0 于 2008 年 12 月 3 日发布，这个版本进行了大刀阔斧的改进，不再兼容 2.0 版本的代码，同时提供了一系列代码转换兼容方案。对 Python 2.7 的支持于 2020 年 1 月 1 日结束，2.7 开发分支的代码也随之冻结。2.0 的最后版本 2.7.18 于 2020 年 4 月 20 日发布，包括对关键 Bug 和阻塞问题的修复，这标志着 Python 2 的生命终结。2022 年 3 月 14 日发布的相关版本中已彻底移除 Python 2。

2021 年 10 月 4 日 Python 3.10 版本发布，2022 年 10 月 Python 3.11 版本发布。未来，Python 将每年发布一个包含新特性的版本，Python 依然在发展进化。

1.1.3　Python 的特点

Python 在创立之初，就确定了"优雅、明确、简单"的设计哲学。Python 的语法简洁，代码像纯英文一样让人容易理解，代码逻辑层次没有采用传统的括号组织，而是选用了缩进，显著提高了代码的可读性。它学习借鉴了众多优秀的语言，对于一些新的编程思想和理念、新的特性则与时俱进地接受和采纳，同时给出自己更优的解决方案。Python 甚至把这些哲学写到了代码里，让无论是语言的开发者还是使用者都能遵守这些规范，这就是 Python 社区大名鼎鼎的"Python 之禅"，在 Python 解释器中运行 import this 便可以看到。在"Python 之禅"中我们可以看到这样的表述：

优美优于丑陋，明了优于隐晦。

简单优于复杂，复杂优于凌乱。

扁平优于嵌套，稀疏优于稠密。

可读性很重要。

Python 倡导做一件事只有一种最合适的方法，这显然与其他语言不同。如果你在编写代码时有很多方法，那么你应该选择明确而没有歧义的方法。每件事 Python 都给出了最佳的实现方案。即使 Python 自身没有给出，人们可以对它进行扩展，以第三方库的形式为 Python 增加能力，所以我们看到，各个领域均有 Python 第三方库成为解决某类问题的事实标准。

Python 是开放的，作为一个开源项目，Python 语言本身由社区共同开发，它网罗了异常优秀的人才，他们在各自领域都是佼佼者，同时也是一线的 Python 使用者。Python 有成百上千个内置的类和函数，这足以满足我们大部分的日常需求。

在不同的应用领域，比如网站开发、数据分析、人工智能、语音识别、游戏开发等领域，均有人在Python的基础上开发第三方代码库，Python的第三方代码库网站https://pypi.org上的项目已经有38万之多，每天仍然有大量新的解决方案产生。Python使用者能轻松地安装这些第三方代码库来解决自己同样类型的问题，而不用自己重复写代码，甚至你可以根据需要修改这些代码。而这些，连同Python本身都是免费的。

Python是跨平台的，它几乎可以在任何操作系统上运行，比如流行的Windows、macOS和Linux/UNIX，因此我们编写代码时不用把很多的精力放在不同平台的兼容支持上。

其他Python的特点，我们将在学习中慢慢体会。

1.1.4 为什么选择Python

TIOBE是一家专门评估和跟踪软件质量的公司，它每月会更新所有编程语言的排名，以展示不同编程语言的受欢迎程度。这份榜单非常有影响力，堪称编程语言界的“奥斯卡”。2022年5月开始Python取代擂主C语言成为排名第一的编程语言。在TIOBE每年公布的年度语言中，Python更是分别在2007、2010、2018、2020、2021等多个年份摘得此殊荣。

Python已经成为许多领域事实上的标准编程语言，在Web开发、大数据、数据分析、人工智能、运维、软件测试、爬虫、量化交易、嵌入式、办公自动化、少儿编程、桌面GUI、游戏开发等各个领域都可以看到Python的身影，近些年Python更是在数据科学、Web开发、自动化测试、办公自动化等领域独占鳌头。

当然，当前Python也有一些短板，主要在需要高性能的场景和前端领域。高性能瓶颈正在由多个项目进行攻关，比如由微软赞助的Faster-Cpython项目的首要任务是提升语言的执行效率，这个项目将分阶段地把Python的性能提升5倍。在前端方面，现在PyScript项目正在让Python代码可以在HTML中执行，将Python的程序运行在浏览器中。未来，Python将是前后端大一统语言的最有力竞争者。

2017年，山东省在小学信息技术教材中加入了Python编程的内容，将Python纳入信息技术教育体系。同年，浙江省新高中信息技术教材改革时，将编程语言换为Python。随后多个省份印发通知，建议在中小学开设相关课程，培养编程思维。2018年3月起，Python被列入了全国计算机二级等级考试。

“人生苦短，快用Python”是在程序员中流传甚广的一句话，它也说明了Python的地位。Python的高效优雅得到了商业公司的追捧，YouTube、Google、Facebook、NASA在大量地使用Python构建应用程序。国内的知乎、豆瓣、腾讯、百度、新浪等公司均用Python开发相关服务，几乎所有的互联网头部公司都在用Python实现算法模型，使业务得到长足发展。在财务、金融、办公等领域，用Python做业务分析、量化交易、自动化办公已经成为常态。

越来越多的人都在学习Python这门语言，除了带来实用的价值外，在学习过程中建立的编程思维更像一个火种，给了人们无形的思考力量。学习编程会让你的思维方式产生微妙的变化，激发无限的想象力，这种想象力和那种天马行空的想象不同，它建立在严密的逻辑推理之下，如稍加积极地行动，更容易成为现实。

1.1.5　如何学习Python

在思考如何学习Python之前，我们先要克服心理障碍。编程是对现有问题的抽象，和我们的生活息息相关，并不是什么不可触及的事物。在Python的产生过程中我们可以看到，无数社区开发者在努力让编程这件事变得更加简单，Python的目标用户就是像你我这样千千万万没有任何编程基础的人。那么，如何学习Python呢？

第一，学习Python，不应该从“基础”开始。这里说的基础是计算机原理、编程语言设计、程序设计思想等内容，这些内容对于非专业的人群来说过于艰深晦涩。计算机经过漫长的发展，从硬件、软件到理论体系，其复杂性远超人们的想象，除非从事相关研究，或者编程水平达到一定层次，大多数人甚至专业的程序员可能永远不会接触到这些内容，更何况不懂这些内容并不会影响你写出好的代码。

第二，学习编程一开始就要动手写。编程是一个技能，判断你会不会编程的唯一标准是你能不能写出代码来，如果一直在不停地看书、刷视频教程，而从不上手编写，那都是徒劳的。刚开始时，可以照着学习材料的代码抄写，试着执行得到同样的结果，然后对他人的代码稍加改动，执行得到不同的结果，并思考这是为什么。遇到不理解的地方再去看书，看视频，请教别人。随着学习的深入你可以试着用Python解决你自己的问题了，接着你可以帮助解决别人的问题，也可以尝试教身边的人学习Python，这样逐渐积累的成就感，便会推动着你进步。

第三，要确立学习目标，将学习聚焦到自己要解决的问题上来。比如你要用Python做一个网站，那么就要规划好学习路线，比如要学习哪些前置知识、哪些第三方库等，将这些内容一一攻克。这里初学者常犯的一个错误是花费大量的时间学习Python基础内容、高级内容，而没有快速切换到特定的领域。对于自己当前用不着的内容，可以先搁置，等到有需要的时候再系统学习。

第四，注重培养自己解决问题的能力。如同从母体出生成为婴儿一样，我们总要独立前行，人生遇到的问题千千万万，无法枚举，但其中解决问题的能力我们是可以建立的。Python代码执行错误会有报错，在搜索引擎中查询报错信息会得到很多答案，找到能够解决自己问题的答案，慢慢地就会对此非常敏感。还可以建立自己的代码库，以便在解决相同的问题时复用之前的代码逻辑。

第五，如果有条件，可以找一个身边的老师。他可以随时解答你的疑问，帮你排查问题，用生活化的语言为你讲解原理，这是学习Python最为高效的办法。

1.1.6　小结

目前，我们还没有开始编程。本节的内容试图告诉你编程的意义，如何看待编程这件事，选择 Python 是选择了什么，我们该如何学习 Python。“凡事预则立，不预则废。”我们要做好心理建设，打有准备的仗。试想，拥有编程技能，是不是一件很酷的事呢？

那么，我们马上开始！

1.2 Python 快速入门

从现在开始，我们就要进行 Python 编程了。在本节，你不需要知道我们编写的代码计算机是怎么执行的，只要关注代码逻辑就可以了。我们通过一个个重要的知识点，如百米冲刺般冲向 Python，并拥抱它。

接下来，你将看到 Python 的基础语法，不需要动手写代码。如果你想跟着笔者编写本节的代码，记得去 1.3 节看看如何安装 Python。

1.2.1 print()

print() 是 Python 的一个内置函数。学习 Python，你第一个要学会的就是 print()，因为它可以让你输出程序员横空出世的第一声“啼哭”：“hello world!”。

```
print('hello world!')
# hello world!
```

以上代码的执行成功宣示着这个世界上又多了一位程序员。不过，在交互式编程环境下，我们并不需要借助 print() 来输出信息：

```
> 'hello world!'
'hello world!'
```

因此，在交互式编程环境下，我们尽量不用或者少用 print()，毕竟需要多打那么多字。但无论在脚本执行还是交互式编程环境下，想输出过程数据，还是需要借助 print()。比如，在 for 循环中，如果想看到每次循环处理的数据结果，就要使用 print()。

print() 可以输出多个内容，我们只要在括号内用英文逗号将它们隔开就行。还可以写一个 sep 并让它“等于”一个字符，就会用这个字符把它们连接起来：

```
print('I', 'love', 'you.')
# I love you.

print('I', 'love', 'you.', sep='-')
# I-love-you.

print('I', 'love', 'you.', sep='\n')
'''
I
love
you.
'''
```

最后一行代码中的 \n 是换行的意思。如果两个 print() 一起执行，数据会显示在两行上，如果让 end“等于”一个字符，上一行输出的值与下一行输出的值会用这个字符连接起来：

```
print(1)
print(2)
'''
1
2
'''

print(1, end=',')
print(2)
# 1, 2
```

鉴于我们刚开始学习，不能介绍太多关于 print() 的用法，如果你已经有一定的 Python 基础了，可以通过 https://www.gairuo.com/p/python-print 浏览它的更多功能。

1.2.2　基本数据类型

数据是计算机存储和处理的基本信息单元，它将我们要解决的原始问题素材以一定的结构形式抽象。Python 内置定义了一些常见的数据结构形式，再通过这些数据结构衍生出众多的数据结构。

Python 内置的不需要借助内部或者外部库的数据类型称为**基本数据类型**，主要有**数字**、**字符串**、**布尔**、**元组**、**列表**、**字典**和**集合**等。表 1-1 给出了这些数据类型的说明与示例。

表 1-1　Python 的基本数据类型

数据类型	说　明	示　例
数字	数学中的数字	1313、–323、0、3.14
字符串	由中英文及符号组成	'Hello World!'、'123'、''（空字符串）
布尔	逻辑真假，属于数字类型	仅两个值，即 True 和 False
元组	按顺序排列的数据内容，不能修改	('physics', 'math', 1997, 2000)
列表	按顺序排列的数据内容，可以修改	['apple', 'orange', 'lemon']
字典	由多个键值对组成，键值表示对应关系	{'Name': 'Tom', 'Age': 7}
集合	由不重复的数据元素组成	{'5 元 ', '10 元 ', '20 元 '}

以上七大基本数据类型构成了 Python 编程的数据基座，也是执行效率最高的数据类型，它们的特性和支持的操作可以帮助我们解决很多现实问题，今后我们在自己定义的数据类型中会用到它们。

这里需要说明的是常用的布尔类型的 True 和 False 以及空类型的唯一值 None。布尔类型表示逻辑真假，是数字类型的子类型，仅两个值，即 True 和 False，参与数字计算时分别按 1 和 0 处理。None 是 Python 的一个特殊类型，它是一个常量，经常表示数据中的缺失值或者不存在的值。

关于 Python 完整的数据类型系统以及各个类型支持的操作，我们将在后文详细介绍。

1.2.3 构造基本数据

由于基本数据类型会经常用到，为方便起见，Python 可以让我们直接写出这些数据，或者提供了一些内置的函数来帮助我们构造这些类型的数据。接下来，我们在交互式编辑器中尝试定义这些数据。

直接写出数字就能构造相应的数字类型，也可以用内置的函数来构造数字类型：

```
# 数字
3
# 3
-3
# -3
3.14
# 3.14
0
# 0
int(True)  # 整型
# 1
float(2)  # 浮点型
# 2.0
complex(1)  # 复数
# (1+0j)
```

字符串用引号包裹字符内容，也可以用内置函数 str() 来构造：

```
# 字符串
'hello world!'
# 'hello world!'
''  # 空字符串
# ''
'123'
# '123'
str(123)
# '123'
'a'  # 单字符字符串
# 'a'
```

布尔类型直接写 True 和 False，或者用内置函数 bool() 将其他类型转为布尔类型：

```
# 布尔类型
True
# True
False
# False
bool(123)
# True
```

```
bool(0)
# False
```

元组用圆括号包裹所有元素，元素之间用英文逗号分隔，如果只有一个元素，逗号不能省略。也可以用内置函数 tuple() 来构造元组。

```
# 元组
('Tom', 'Lily')
# ('Tom', 'Lily')
(True, False)
# (True, False)
1, 2
# (1, 2)
('hello', )  # 单个元素
# ('hello',)
tuple('abc')
# ('a', 'b', 'c')
()  # 空元组
# ()
```

列表和元组类似，但它用方括号包裹，可以用 list() 函数构造：

```
# 列表
['Tom', 'Lily']
# ['Tom', 'Lily']
[1, 2, 3]
# [1, 2, 3]
[(1, 2), (3, 4)]
# [(1, 2), (3, 4)]
list('abc')
# ['a', 'b', 'c']
[]  # 空列表
# []
```

字典的每个元素是由键值对构成的，键与值用冒号分隔，每个元素用英文逗号分隔，最外层用花括号包裹。还有一种方法是用内置函数 dict() 中键值组成的"等式"来构造。

```
# 字典
{'name': 'Tome', 'age': 18}
# {'name': 'Tome', 'age': 18}
dict(name='Tome', age=18)
# {'name': 'Tome', 'age': 18}
{}  # 空字典
# {}
```

集合中的元素不能重复，如果指定的值有重复，它会舍弃重复的值。集合也用花括号包裹，但它与字典不同的是每个元素没有键值结构。内置函数 set() 是构造集合的方法。

```
# 集合
{1, 2, 3, 3}
```

```
# {1, 2, 3}
{'Tom', 'Lily', 'Daming'}
# {'Daming', 'Lily', 'Tom'}
set('abc')
# {'a', 'b', 'c'}
set([(1, 2), (3, 4)])
# {(1, 2), (3, 4)}
set() # 空集合
# set()
```

以上是基本数据类型的构造方法，要特别注意它们返回时的样子，熟练掌握基本数据类型对于我们继续学习非常重要。

1.2.4 赋值

有些数据非常大，为了方便操作这些数据，同时也为了引用更多的对象（指 Python 对象，这是一个面向对象编程中的概念，我们后面会反复提到），Python 可以为数据起一个名字，后续在使用数据的时候只要提及这个名字就可以了。给数据（对象）起名字的过程叫作赋值。

我们来看以下操作：

```
a = 1
b = 2

a + b
# 3
```

a 和 b 分别是数字 1 和 2 的名字，两个等号并不是数学中的等于，而是赋值操作，a=1 是一个赋值表达式。在后面的加法操作中直接使用 a 和 b 就可以分别引用数字 1 和 2，得到最终的计算结果。

此外，名字引用的数据并不是一成不变的，可以随时为其赋其他的数据，还可以将计算后的结果赋值给它们，甚至可以将名字赋值给其他名字。见以下代码：

```
c = 1
c = 2
c
# 2

d = 4 + 4
d
# 8

e = d
e
# 8
```

这些名字又称为变量，它们自身并不存储数据，只是指向所赋值的数据。命名有一定的要求，一般由非数字开头的英文字母、数字、下划线 (_) 组成，如果包含几个单词则用下划线连接，因为名字不能包含空格。

1.2.5　注释

注释是以井号（#）开头的内容，可以在行首，也可以在行中，井号后面至行末尾的所有内容就是注释的内容。Python 不会执行注释里的内容。

注释的目的是告诉别人和自己（没错，因为人会遗忘）代码是干什么的，在上述构造数据类型的代码中，我们使用了大量的注释，包括交互模式中返回的内容我们也用井号标为注释。

注释还有个应用就是将暂时不用的代码注释掉以备后面使用，这在我们编写代码时非常有用。

以下代码显示了以上这几种场景：

```
'''
这里是一个计算名单长度的程序
使用了 len() 内置函数
'''

# 学生名单
# student_list = ['Tom', 'Lily', 'Daming']
name_list = ['Tom', 'Lily', 'Daming']
len(name_list) # 名单的长度
# 3
```

要注意的是，Python 只有单行注释，没有多行注释。以上代码开头用三引号包裹的代码介绍文字并不是注释，而是一个多行字符串，Python 会执行，只是我们没有给它起名字，后续不容易引用它。

1.2.6　流程控制

如果只有数据，那么程序就是一潭死水，无法实现我们要实现的逻辑。各种程序算法都需要按一定的流程对数据进行操作。Python 提供了多种流程控制机制，让我们能够对数据方便地进行操控。表 1-2 列出了常用的流程控制操作。

表 1-2　Python 的流程控制操作

流程控制操作	说　明
if 语句	根据条件处理数据，支持多个条件分支
for 循环	对多个元素的数据循环处理，直到所有的元素处理完毕
while 语句	在一定条件下循环处理数据，不满足条件时退出循环
match case	模式匹配，支持复杂的数据结构形式匹配，匹配成功则处理数据
pass	不做任何事情
break	退出整体循环
continue	跳过当前循环，直接进入下次循环

灵活使用 Python 中的流程处理方法，能够让我们随心所欲地处理各种数据，完成复杂的操作。接下来我们快速感受一下这些操作。

if else 是基础的流程控制语句，它的功能是如果满足一定的条件则进行对应的操作，例如：

```
age = 20
if age >= 100:    # 条件成立时执行，否则跳过
    print('百岁老人')
elif age > 60:    # 同上；如果只有两个分支，可以没有 elif
    print('老人')
elif age > 18:
    print('成年人')
else:             # 所有不符合以上条件的均执行此内容，必须有
    print('未成年人')

# 成年人
```

for 循环对多个元素的内容一一进行处理，直到全部处理完。例如以下的 range() 函数是 Python 内置的从 0 开始的一个等差数列，for 循环对其值一一处理，丢弃大于 5 的内容：

```
for i in range(10):
    if i < 5:
        print(i)
    else:
        pass
'''
0
1
2
3
4
'''
```

while 建立一个循环，在满足条件的情况下会无休止地执行循环，直到不满足条件时才停止。以下程序在每一次循环中会对年龄增加 1，当年龄不满足条件“小于 12 岁”时停止执行，跳出循环。

```
age = 6
while age < 12:
    print(f'我今年{age}岁，我是小学生。')
    age = age + 1
'''
我今年 6 岁，我是小学生。
我今年 7 岁，我是小学生。
我今年 8 岁，我是小学生。
我今年 9 岁，我是小学生。
我今年 10 岁，我是小学生。
我今年 11 岁，我是小学生。
'''
```

break 可以跳出循环。我们将上述代码写成一个死循环，然后设置条件跳出这个死循环，代码如下：

```
age = 6
while True:
    print(f' 我今年 {age} 岁，我是小学生。')
    age = age + 1 # 每次循环增加一岁
    if age > 11:
        break
'''
我今年 6 岁，我是小学生。
我今年 7 岁，我是小学生。
我今年 8 岁，我是小学生。
我今年 9 岁，我是小学生。
我今年 10 岁，我是小学生。
我今年 11 岁，我是小学生。
'''
```

当 age 大于 11 的时候，程序跳出了这个死循环，停止执行。

continue 可以跳过本次循环，进入下一次循环：

```
a = 0
while a < 5:
    a += 1
    if a == 4:
        continue  # 为 4 时跳过，继续执行
    print(a)
'''
1
2
3
5
'''
```

break 和 continue 除了在 while 循环中使用外还可以应用在其他类型的循环中。pass 表示不做任何事情，也可以在编写代码时用于占位，后期再编写对应位置的代码。

while 很容易编写出死循环，因此对于有限长度的数据尽量用 for 循环来进行迭代。当然，很多应用程序其实是死循环，比如在电脑或者手机上运行的界面程序，除非你点击关闭按钮或者让它退到后台，否则它会永远执行下去，这时候还是需要用 while 来编写。

match case 模式匹配是一个较新的功能，在后文中我们将详细介绍。

1.2.7　函数

函数是真正的工具，它能够帮助我们重复处理数据，就像计算器一样，无论什么时候，只要我们输入数字和符号，它总是能计算出结果。函数和数据一样，也有一个名称，有输入的数据格式，即参数，还有按逻辑返回的结果，**名称、参数和返回结果是函数的三个重要元素**。

Python 内部提供了很多函数，前面讲过的 print() 和 range() 以及构造数据类型的 list()、

str()、dict() 等都可以认为是函数。调用函数时写上函数的名称然后写一个括号，在括号里传入参数，执行，就得到了函数的返回结果。

Python 是用 def 关键字来定义函数的，比如我们定义一个加法计算器并调用：

```
def add(x, y):
    z = x + y
    return z

add(2, 6)
# 8
```

用 return 关键字来引导函数返回的内容，如果不写 return 语句，则返回的是 None。

Python 还允许定义匿名函数，也就是没有名字的函数，这在一些简单计算逻辑中很有用，可以让我们快速给出计算规则。匿名函数由 lambda 关键字来定义，示例代码如下：

```
# 定义一个计算函数，func 是计算方法函数
def calculate(func, a, b):
    return func(a, b)

# 调用计算
calculate(lambda x, y: x + y, 2, 6)
# 8
```

上述代码定义了一个函数，其中参数 func 是一个函数，用来定义参数 a 和 b 的计算方法，在调用这个函数时，由于我们的计算方法比较简单，就使用匿名函数来定义计算方法。

1.2.8 类

Python 中一切都是对象。这个说法你可能之前听过，也可能这是第一次听，但希望你时刻牢记这句话。对象（object）是一个非常抽象的概念，可以是一个数据结构、一个函数，甚至一段代码。关于对象的概念我们将在后文中详细介绍。

类（class）是产生对象的工具，或者可以称作模板，就像我们做幻灯片时，最好有个幻灯片模板，这样我们就能做出标准化的幻灯片，能够保证制作幻灯片的效率。

Python 使用关键字 class 来创建类，比如我们创建一个学生类，将来用这个类生成一个个具体的学生实例。

```
class Student():
    """这是一个学生类"""
    def __init__(self, name):
        self.name = name

    def say(self):
        print(f'我的名字是{self.name}')

    def add(self, x, y):
        print(f'这个加法我会，等于{x+y}')
```

我们定义的学生类有一个姓名属性，有 say() 和 add() 两个方法，一个用来说话，一个用来做加法运算。接下来我们生成一个具体的学生实例，也就是所谓的实例化。

```
tom = Student('Tom')        # 实例化
tom.name
# 'Tom'
tom.say()                   # 让他说句话
# 我的名字是 Tom

tom.add(3, 5)               # 让他计算加法
# 这个加法我会，等于 8
```

类还可以继承（小学生继承学生）、重写方法（将加法重写为 10 以内的加法）等，在今后的学习的我们会一一介绍。

1.2.9　模块和包

Python 自身提供了很多内置的模块来增强其功能，而且众多开发者还开发了数以百万计的库来解决各个领域的问题。

比如，要求一个弧度正弦值，Python 内置的数学模块 math 可以帮助我们，只要用 import 语句导入即可使用：

```
import math
math.sin(80)
# -0.9938886539233752

from math import sin
sin(80)
# -0.9938886539233752
```

还可以在终端中通过 pip 命令安装第三方库，如通过 pip install numpy 命令安装知名的矩阵运算库来解决向量的计算问题。以下代码用 NumPy 来完成向量的乘法：

```
import numpy as np
arr = np.array([1, 3, 5])
arr*2
# array([2, 6, 10])
```

在文件目录下增加名为 __init__.py 的空文件，可作为包被导入使用。

1.2.10　小结

在本节，我们了解了 Python 的基础能力，对 Python 的核心操作有了初步的认知。程序是由数据和算法组成的，Python 为我们提供了 7 种基本数据类型，利用好这些基本数据类型，对于我们创建新的数据类型非常有帮助。

流程控制语句是程序的逻辑骨架，它可以串联起数据，产生新的数据和操作，满足我们对程序的控制。类是实现面向对象的特性的工具，它可以让我们自己定义数据结构和功

能，完成对现实问题的抽象。

本节中有些内容并不是很容易理解，但不用在意，这只是开始。有了初步的印象，我们就可以学习更深层次的Python内容。

1.3 开发环境搭建

“工欲善其事，必先利其器。”虽然理论上编写代码只需要一个纯文本工具，比如Windows里的记事本，但面对复杂的代码和高效率的诉求时就需要用专业的工具。

代码运行的环境，即代码解释器，是运行代码的核心软件，它与代码编辑工具协同，使我们的代码编写工作顺利完成。

本节主要介绍Python解释器和代码编写工具的安装。

1.3.1 开发环境选择

IDE（Integrated Development Environment，集成开发环境）是辅助开发人员编写软件的软件，我们可以在这个环境里完成编写代码、调试运行、发布程序等工作，如果编写的是有界面的软件，甚至还可以在里面设计界面图形。IDE一般是有图形界面的，可以使用键盘和鼠标操作。

IDE可以提示我们补全代码，省去大量代码记忆和代码输入工作；可以对不同代码区域显示不同的颜色，以提高代码的可读性；可以帮助我们组织多文件代码，使代码组织层次更加清晰合理；可以帮助我们高效调试程序，快速找出代码运行的问题；还可以帮助我们管理代码开发版本，自动配置解释器版本等。

我们编写Python程序肯定少不了使用IDE，现在的问题是使用哪种IDE，因为Python的IDE实在太多，而且不断有新的IDE出现。

笔者根据经验在这里推荐Python解释器管理工具Miniconda，至于代码编辑器，推荐使用JupyterLab、Visual Studio Code（VS Code）和PyCharm，三者适用于不同的代码项目。一般情况下，学习Python、编写代码片段、做数据分析时推荐使用JupyterLab，写一些Python脚本文件、办公自动化等需要纯净执行环境时推荐使用VS Code，编写大型应用（如网站、界面软件、游戏等工程化程度高的项目）时推荐使用PyCharm。当然，第三种情况也可以考虑使用VS Code，但需要你自己配置相应的编辑器插件。

总体来说，不同的项目类型选择不同的代码编辑工具，能够最大化发挥工具的能力，从而提高我们的工作效率。

1.3.2 Python安装管理

Conda是一个开源软件包管理系统和环境管理系统，可以在Windows、macOS、Linux等操作系统上运行，它能快速安装、运行和更新软件包及其依赖项，可以轻松创建、保存、加载和切换环境，这就解决了我们安装 Python、创建和管理多个 Python 版本的问题。

Anaconda 是一个软件发行版，它预装了众多数据科学领域的 Python 第三方包，如 NumPy、SciPy、IPython 等，只要一次安装就可以获取这些第三方包，但这样也造成了 Anaconda 空间和内存占用较大，仅安装包就达五六百兆字节，安装后占用几吉字节的存储空间，里面的第三方包版本还可能与我们的实际需求不匹配等，这些都是问题。

Miniconda 是 Conda 的最小免费安装程序，仅包括 Conda、Python、它们所依赖的软件包以及少量其他软件包（包括 pip、zlib）。可以使用 Conda 安装命令（conda install、conda update、conda remove 等）从 Anaconda 存储库安装软件包。当然，也可以使用 Python 的 pip 命令来安装和管理软件包。

另外，还可以选择从 Python 官网（https://www.python.org），根据自己的操作系统类型进行下载和安装，Windows 10 及以上用户也可在 Microsoft 应用商店中搜索 Python 3.10 安装。

macOS 和 Linux 操作系统预装了 Python，但由于版本过低，与系统管理功能耦合度高，建议不要直接使用，应该保持原 Python 版本不变，安装并使用新的 Python 解释器。接下来，我们将介绍 Miniconda 的安装，它能很好地帮助我们管理多个 Python 版本。

1.3.3　Miniconda 安装

前面介绍过，Miniconda 是一个虚拟环境管理和包管理工具。它安装方便，可以帮助我们免去手工配置 Python 环境的工作；同时作为瘦身版的 Anaconda，它只包含 Python 和 Conda，简洁，占用空间少，安装包只有五六十兆字节。

Miniconda 安装包可以从 https://docs.conda.io/en/latest/miniconda.html 下载，此页面提供了 Windows、macOS、Linux 操作系统对应的安装包，需要注意的是：对于 Windows 系统，一般选择 64-bit 字样的安装包；对于 macOS，要根据自己的设备型号选择 Intel X86 或 Apple M1 芯片的安装包；选择 latest 字样（即发布时间最新）的安装包，或者默认 Python 版本至少为 3.9 的安装包。

如果 Miniconda 官网及下载链接访问速度慢或者无法访问，可通过清华大学提供的镜像下载地址 https://mirrors.tuna.tsinghua.edu.cn/anaconda/miniconda/ 下载，要注意选择发布时间最新的安装包，可以将页面最后一列 date 重新排序再查询。如果以上两个网站都不方便下载，可以直接访问笔者整理好下载链接的网页 https://www.gairuo.com/p/python-install 下载。

下载后，双击 Windows 的 exe 文件或者 macOS 的 pkg 文件，按照界面上的提示进行安装。对于 macOS、Linux 系统，还可以下载 sh 文件，在终端执行 bash Miniconda3-latest-MacOSX-x86_64.sh 命令安装，文件名是实际下载的文件名，并将文件放在终端当前的执行目录下（如果要更换当前执行目录，可参考下文）。

安装完成后就可以在终端中执行命令安装与管理 Python 解释器和软件包。要打开终端，在 Windows 系统中，找到并打开 Anaconda Prompt。在 macOS 系统中，通过底部 Dock 栏打开启动台，在顶部搜索框搜索“Terminal”即可找到终端。如果你使用的是 Mac 电脑，推荐安装 iTerm2 作为自带 Terminal 的替代，非常好用。图 1-1 为在 Windows 和 macOS 中打开终端的情况。

在 Windows 中，(base) 后面的磁盘路径是当前执行命令的位置；在 macOS 中，(base) 后面是电脑的名称，如果想查看当前路径，可以执行 ls 命令。如果想更换当前路径，可以使用 cd 命令，比如：在 Windows 系统中，可以先执行 d: 换到 D 盘，然后执行 cd D:\gairuo\study 换到指定路径；在 macOS 系统中，直接执行类似 cd /Users/gairuo/Downloads 的命令（cd 后是新路径）更换当前路径。使用 Ctrl+C 组合键可以终止正在运行的命令。

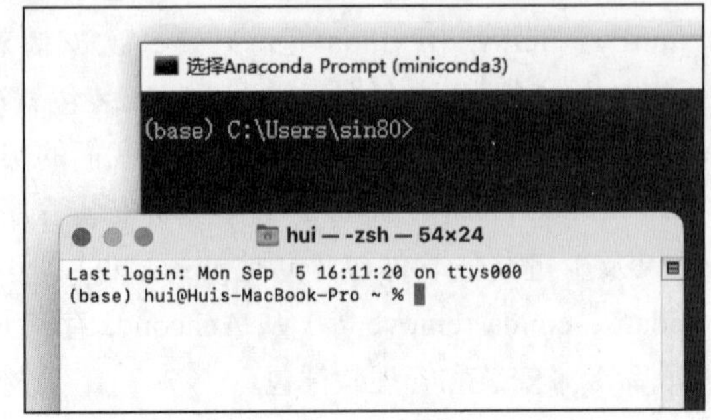

图 1-1 Windows（上）和 macOS 中的终端

终端也是我们执行 Python 脚本的地方，后面编写的脚本都会在这里执行。可以输入 python 进入交互式环境，编写代码后按回车键执行，可以即时看到执行结果。

```
(py310) hui@Huis-MacBook-Pro % python
Python 3.10.0 (default, Nov 10 2021, 11:24:47) [Clang 12.0.0 ] on darwin
Type "help", "copyright", "credits" or "license" for more information.
>>> print('Hello World')
Hello World
>>> 1 + 1
2
>>> exit()
(py310) hui@Huis-MacBook-Pro py %
```

进入交互式环境首先看到的是 Python 的版本等相关编译、安装信息，可以在 >>> 后输入你的代码。输入 exit() 或者 quit() 可以退出 Python 交互式环境。交互式会话将允许你测试你编写的每一段代码，这是一个快速实验和测试 Python 代码的好地方。

1.3.4 安装与管理 Python 环境

接下来我们在终端中安装和管理 Python 的版本，并安装第三方库。终端中的 (base) 已经是默认的 Python 环境，我们可以在终端中执行 python -V 命令查看当前的 Python 版本。

```
(base) hui@Huis-MacBook-Pro ~ % python -V
Python 3.9.1
```

笔者建议在不同的项目下安装不同的 Python 环境并选择合适的版本，以满足开发需求。这样做的好处是可以避免项目中第三方库与 Python 版本及其依赖的其他库发生冲突。接下来，我们安装 Python 3.10 进行学习，并将这个环境命名为 py310。

在终端中执行 conda create -n py310 python=3.10 命令，该命令包含新的环境名和 Python 版本。要注意的是，Python 的版本 3.10 不能写成 3.1，软件版本号中的点并非小数点，而是版本号各部分的分隔符号。

执行以上创建新环境的命令后，按照界面提示同意协议、确认下一步，等待一两分钟会提示安装成功，终端中光标会闪动，等待下一个命令的输入。这时，执行 conda activate py310 进入刚刚创建的环境：

```
(base) hui@Huis-MacBook-Pro py % conda activate py310
(py310) hui@Huis-MacBook-Pro py %
```

可以看到终端中的最新一行提示符左侧括号为新环境名称，说明已经安装成功，执行 Python 命令、安装 Python 包就会使用此环境。

要更换环境，可以执行 conda deactivate 退出当前环境并进入 base 环境。想查看 Conda 下所有的环境，可以执行 conda info -e。以下是笔者电脑上安装的 Python 情况：

```
(py310) hui@Huis-MacBook-Pro py % conda info -e
# conda environments:
#
base                     /Users/hui/Documents/Dev/bin/miniconda3
py310                 *  /Users/hui/Documents/Dev/bin/miniconda3/envs/py310
py37                     /Users/hui/Documents/Dev/bin/miniconda3/envs/py37
py39                     /Users/hui/Documents/Dev/bin/miniconda3/envs/py39
py39web                  /Users/hui/Documents/Dev/bin/miniconda3/envs/py39web

(py310) hui@Huis-MacBook-Pro py %
```

上面输出了所有环境的列表，包含名称和环境的安装路径，带星号的是当前环境。想删除指定环境，可以执行类似 conda remove -n py310--all 的命令。

另外，执行命令 conda --version 可以查看 Conda 的版本，执行命令 conda update conda 可以升级 Conda。

1.3.5 安装第三方库

写 Python 怎能不安装第三方库呢？一个环境只能安装一个指定库，因此先要选择在哪个环境下安装你需要的库，否则你可能会装错环境，导致找不到已安装的库。

在指定的环境下，可以使用 conda install numpy 命令安装 NumPy，使用 conda uninstall numpy 来卸载。不过笔者还是推荐使用 pip 在环境里进行库管理，以下是 pip 安装库的几个常用命令：

```
# 安装包
pip install <包名>
# 显示已安装的包
pip list
# 指定版本
pip install <包名>==1.3.1
# 卸载包
pip uninstall <包名>
```

由于存储库的项目网站 PyPI 在海外，有时下载过程会稍慢，此时我们同样可以使用清华大学提供的镜像站点，安装命令变成：

```
# 安装 NumPy，使用清华大学源加快下载速度
pip install numpy -i https://pypi.tuna.tsinghua.edu.cn/simple
```

这样库的下载速度会大大提升。还可以试试其他源，如 https://pypi.douban.com/simple（豆瓣）、http://mirrors.aliyun.com/pypi/simple（阿里云）等。

用 conda list 和 pip list 命令都可以查看当前环境下已经安装的库列表。

1.3.6 JupyterLab

JupyterLab（官网 https://jupyter.org）是一个交互式的代码编辑器，打开它会打开一个网页，可以在其中编写代码，即时执行，快速得到结果（包括代码返回值、统计图和界面交互图），还可以编写笔记文档。它经常应用于数据科学领域。JupyterLab 将是我们学习 Python 的主阵地（不再推荐使用 Jupyter Notebook），即使在写大型项目时，也可以在 JupyterLab 上做代码原型验证。它的界面如图 1-2 所示。

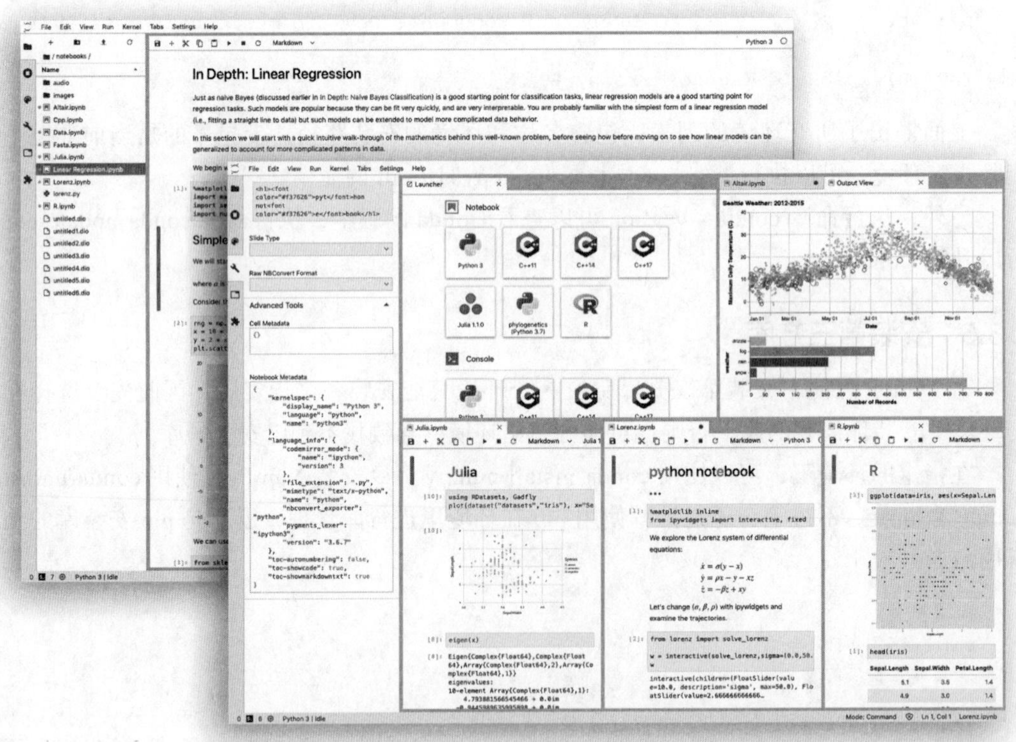

图 1-2　JupyterLab 界面截图

JupyterLab 以 Python 第三方库的形式进行安装。如果想在某个环境中安装 JupyterLab，需要在终端中进入此环境，执行安装库的命令：

```
# 安装 JupyterLab，使用清华大学源加快下载速度
pip install jupyterlab -i https://pypi.tuna.tsinghua.edu.cn/simple
```

经过两三分钟便可完成安装，之后在终端中执行 jupyter lab 命令，会在浏览器中打开一个网页，如未自动打开，可将界面上提示的网址复制到浏览器中手动打开。

JupyterLab 左侧的文件目录是当前的文件目录，如果不是想要的，可以参考上文在终端执行 jupyter lab 命令前转到期望的目录再执行。在使用 JupyterLab 的过程中不要关闭终端窗口，如果需要执行命令，可以再打开一个终端窗口。

新建 Notebook 时，单击左侧文件目录旁边的加号，在右侧界面中单击 Python 3（ipykernel）图标便可以成功创建一个未命名的 Notebook，如图 1-3 所示。在左侧文件目录中可以看到这个扩展名为 ipynb 的 Notebook 文件，右击可以对其进行更名、删除、下载、拖动等操作。可以在单元格中编写代码，并按 Shift+Enter 组合键执行代码。

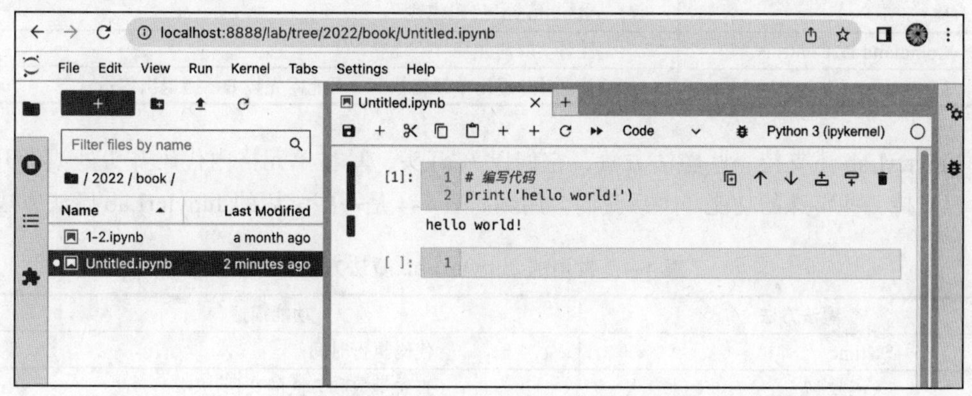

图 1-3　JupyterLab 创建 Notebook 界面

要特别注意的是，每个单元格可以独立执行，输出内容在代码框下方，而左边方括号里的数字是代码执行的次序。执行完下一个单元格的代码，可以再跳到上面单元格执行，而这个数字是按执行顺序编的。这就要注意，代码执行顺序不同会导致上下文不同，输出的结果可能也会不同。要完全重新执行，就要在 Kernel 菜单中选择 Restart Kernel 重启当前内核，清除所有变量内容。关于 JupyterLab 的更多使用细节读者可以自行查阅资料，有些重要功能后文会涉及。

JupyterLab 目前的代码提示功能还比较弱，推荐安装 jupyterlab-lsp 插件，它具有代码导航、悬停建议、自动完成、重命名等功能，可以为 JupyterLab 提供编码帮助。用 pip 安装以下两个库：

```
# 项目网址：https://github.com/jupyter-lsp/jupyterlab-lsp
```

```
pip install jupyterlab-lsp
pip install -U jedi-language-server
```

这样我们在编写代码时，在变量名、函数名处按 Tab 键，会看到增强的代码提示功能。JupyterLab 还有一个实用的功能，即在名称上、名称后或者调用括号中按 Shift+Tab 组合键会显示 Docstring 帮助文档，这样我们就可以知道函数方法的用法及示例。

表 1-3 是一些常用的 JupyterLab 快捷键。

表 1-3 常用的 JupyterLab 快捷键

快捷键	功能描述
Tab	代码提示
Shift+Enter	执行本行并定位到新增的行
Ctrl+Enter	执行本行，不新增行
Shift+Tab（1～3 次）	查看函数方法说明
D, D	连按两次 D 删除本行
A / B	向上 / 下增加一行
M / Y	Markdown/ 代码模式
Command 或 Control+/	注释 / 取消注释
i, i	按两次 i 退出单元格执行（可能需先按 Esc 键退出编辑状态）

JupyterLab 还支持一些魔法方法，它们以 % 开头，写在单元格内代码开头处或者开头行，以支持一些特殊的功能，今后我们会用到。表 1-4 是一些常用的 JupyterLab 魔法方法。

表 1-4 常用的 JupyterLab 魔法方法

魔法方法	功能描述
%time	代码执行时间
{ 函数 }?	查看函数和方法的文档
%timeit {code}	计时性能测试（算法复杂度）
%run {dir/code.py}	脚本文件加载
%env	查看所有环境变量
%%file test.py	将单元格中的脚本写入一个 py 文件
!python test.py	执行脚本
!pip install numpy	安装库（以 NumPy 为例）

1.3.7 VS Code

Visual Studio Code（简称 VS Code）是微软开发的一个开源、免费、轻量级、跨平台、支持多语言的代码编辑器，近些年来在 Python 社区受到众多开发者的追捧。它的特点是速度快，占用资源少，代码提示功能强大，拥有丰富的第三方开源插件，能满足开发者的个性化功能定制需求。

要安装VS Code，可以到其官方网站https://code.visualstudio.com选择合适的安装包下载，双击安装包依提示即可完成安装。完成后展开左侧扩展栏搜索并安装Python支持，还可以安装名为jupyter的扩展来支持Jupyter Notebook的功能，以创建和打开ipynb文件。

创建一个py文件，然后可以看到在右下角Python字样后有环境名称，如3.10.8 ('Py310'：conda)，单击此名称可在弹出的下拉选项中选择我们之前安装的其他Python环境。

最终在VS Code中编写Python代码的界面如图1-4所示。

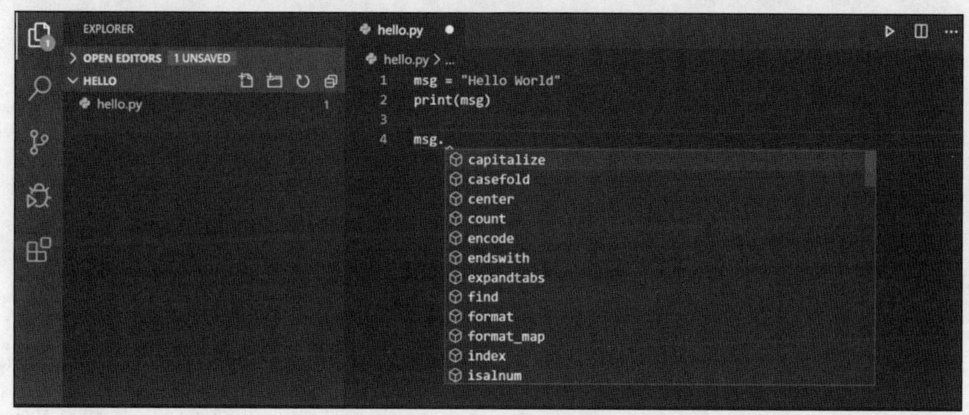

图1-4　VS Code界面

VS Code有非常好用的快捷键来操作编辑器，可以依次选择帮助（Help）、快捷键参考（Keyboard Shortcuts Reference）选项打开快捷键说明文档。

1.3.8　PyCharm

PyCharm是著名软件开发公司JetBrains开发的专业Python开发工具。目前它是使用最广泛、功能最齐全的Python编辑器，由于功能强大，容易上手，各个层次的Python开发人员都可以快速上手使用。它的主要缺点是占用系统资源较多，专业版本收费。针对收费问题，学生和科研人员可以在其官网申请免除费用，其他人员可以下载其免费的社区版本，社区版本只有简单的纯Python开发功能。

安装PyCharm非常简单，访问下载页https://www.jetbrains.com/zh-cn/pycharm/download/，选择合适的版本，下载后直接按提示安装即可。

安装完成后启动软件，可以在文件菜单中选择新建项目，在左侧的项目目录里选择新建Python文件。最关键的是配置Python解释器。单击编辑器的右下角，选择解释器设置（或者单击选择PyCharm的首选项，找到项目里的Python解释器选项），下拉选择解释器，如果没有我们要安装的解释器，可以单击旁边的加号添加本地解释器，在弹出的界面中选择Conda图标进行配置。

最终PyCharm编写代码的界面如图1-5所示。

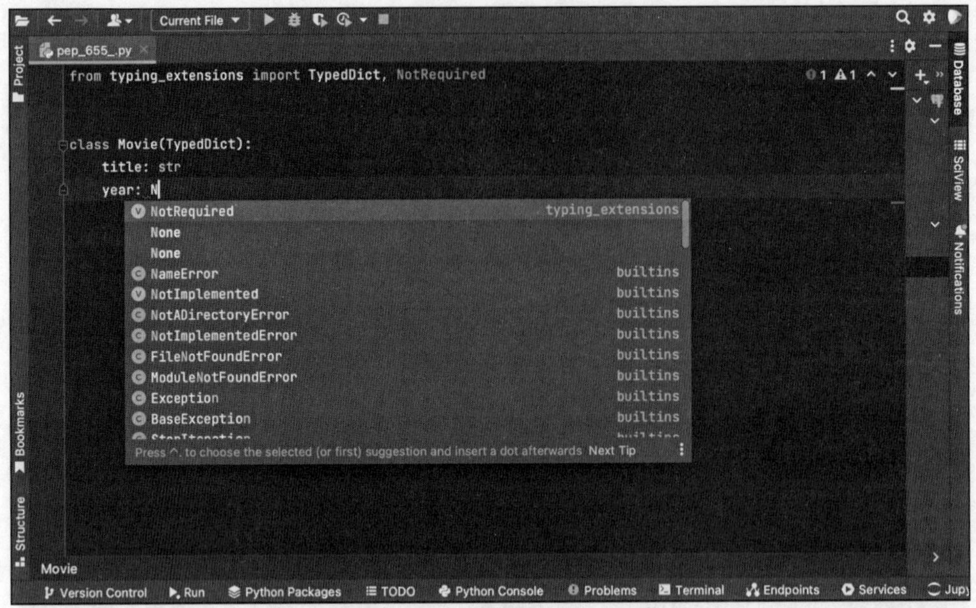

图 1-5 PyCharm 编写代码的界面

和 VS Code 一样，PyCharm 也支持 Jupyter Notebook 的功能，可创建、编写和打开 ipynb 文件。

1.3.9 小结

本节介绍了如何搭建 Python 的开发环境，如何用 Miniconda 管理 Python 开发环境，以实现多版本的效果。

本节还介绍了几款代码编辑器，并告诉大家如何安装它们。JupyterLab 将是我们学习 Python 的主力工具，VS Code 主要用于编写一些脚本和小项目，PyCharm 将用来完成大型工程化项目。在安装和配置过程中难免会遇到不少问题，好在这些工具的官方及网友在网上发布了非常多的图文和视频教程供我们参考，相信你通过学习这些资料和自主搜索解决办法可以搭建一个完美的开发环境。

如果想使用 Docker 容器安装 Miniconda，可通过 https://hub.docker.com/r/continuumio/miniconda3 获取相关资料。

软件和需求在更新迭代，新的工具层出不穷，你可以不断探索，一定会找到自己心仪的工具。

1.4 了解 Python

Python 和社会语言一样，有着自己的表达方式和表达逻辑，只不过它是“说”给计算机听的，我们在阅读和编写 Python 代码之前需要先了解它的思考和表达方式。

之前我们简单介绍了 Python 的基本用法并搭建了 Python 的开发环境。在本节，我们将介绍 Python 的一些基础语法和运行机制，为今后编写 Python 代码建立底层认知。

本节可能稍显晦涩难懂，初学时可以略读或者跳过，待有一定代码经验后再来精读，相信会给你豁然开朗的感觉。

1.4.1　代码行

我们编写的未被 Python 解释器解析执行的代码叫源代码。我们在编写代码时是一行一行编写的，几乎所有的 IDE 左边都会有行号（JupyterLab 可从 View 菜单中开启行号显示），行号对应一个物理代码行或物理行，但 Python 解释器在分析源代码时，会将多个物理行解析成一个代码行，我们称之为逻辑代码行或逻辑行。Python 按逻辑行执行代码。

新增一个物理行只要按回车键即可，通过拼接可以将多个物理行转换为一个逻辑行，此时 Python 会认为它们是一个完整的逻辑。

物理行拼接有显式拼接和隐式拼接两种方式。**显式拼接**指在物理行尾用反斜杠（\）拼接，如以下判断一个日期是否有效的代码，由于表达式过长，可以通过反斜杠将多个物理行转换为一个逻辑行。

```
if 1900 < year < 2100 and 1 <= month <= 12 \
    and 1 <= day <= 31 and 0 <= hour < 24 \
    and 0 <= minute < 60 and 0 <= second < 60:
    print(1)
```

反斜杠只能用在代码物理行尾和字符串字面值中，在字符串字面值中可以将两个物理行的字符串拼接在一起，下文会讲到这个规则。除此之外，反斜杠在其他地方都是非法的。

另一种拼接方式是**隐式拼接**。圆括号（元组、表达式和调用传参等）、方括号（列表）、花括号（字典和集合）中的代码可以分成多个物理行，而不必使用反斜杠，这属于隐式拼接。这样做的好处是代码更加易读，且能在物理行尾增加注释（反斜杠后不能加注释）。以下代码演示了这些情况。

```
day_name = ['Monday',    'Tuesday',  # 星期的英文
            'Wednesday', 'Thursday', # 是一个列表
            'Friday',    'Saturday', 'Sunday']

# 集合
my_set = {
    1, 2, 3,
    4, 5, 6,
}

# 函数传参
result = function(
    a=1,
```

```
    b=2
    'd',
)
```

物理行拼接可以帮助我们避免编写超宽的物理行。在Python的PEP8规范（一个Python官方倡议的代码编写风格）中，一个物理行一般不能超过79个字符。如果你所在团队有相应的约束，也应当遵守。

我们的代码是写给计算机看的，而注释是写给人看的。注释的读者是阅读你代码的其他人和你自己。物理行中井号（#）之后的所有内容都是注释，Python不会解析。井号可以在物理行的开头也可以在行后，即支持单独一行注释和一行后半部分注释（参见上文代码）。再次强调，Python只有单行注释，没有多行注释，多行注释需要用三引号包裹多行字符串间接实现。

和注释一样，空白行（仅包含空格符、制表符、换页符）的逻辑行也会被Python忽略。在标准的交互模式下，完全空白的逻辑行（即连空格或注释都没有）将结束多行复合语句。

有时你在阅读代码时可能会看到Python文件第一、二行有类似以下的注释：

```
#!/usr/bin/python
# -*- coding: utf-8 -*-
```

这是在声明Python的解释器和代码文件编码，不过这是Python的历史遗留问题，在Python 3中默认的编码已经是utf-8编码了，因此我们不必增加这两行内容。

1.4.2 缩进

缩进是Python的特色，当其他大部分语言用花括号（{}）组织逻辑层次时，Python为了让代码更加简洁而设计了缩进方式。PEP8建议在上一个逻辑行后缩4个空格，但所有的Python编辑器已经支持自动缩进，当语法需要缩进时，回车换行会帮助我们自动缩进，如果需要手动缩进可以按Tab键，按一次缩进一层。

常用的定义函数、for循环等语句都需要缩进，例如：

```
def say():
    print('Hello!')

for x in order:
    if x == 'tom':
        print(x, '好孩子！')
    elif x == 'lucy':
        print(x, '你最漂亮！')
    else:
        print(x, '加油加油你最棒！')
```

函数say()中的print()相对于def关键字缩进一层，for语句中的if等相对于for关键字缩进一层，print()相对于if等又缩进一层，从而表达代码的逻辑关系。哪些语句需要缩进，本书后续会一一介绍。

对于初学者来说缩进是比较难掌握的知识点，学会正确处理缩进意味着你已经迈入 Python 的门槛。在代码编写中，我们要结合代码编辑器的自动格式化功能严格布局缩进和上下行空格，让代码更加美观易读。

1.4.3　标识符

我们说过，在 Python 中，一切皆是对象，而对象存在某个内存地址里，在使用对象进行操作时，为了方便起见我们给这个内存地址起一个名，这个名的符号表达就是标识符，因此标识符又称名称。

标识符是内存地址的名称，当然也可以把标识符换为别的内存地址，标识符与内存地址绑定的过程就是赋值操作。以下代码演示了一个名称的使用过程：

```
a = 10
id(a)
# 140162182939152

a = 20
id(a)
# 140162182939472

def say():
    print('Hello!')

id(say)
# 140162280828224
```

在赋值表达式中，对象 10 先绑定了名称 a，用 Python 内置函数 id() 获取其内存地址，然后将 a 换绑（再次赋值）到对象 20，再看它的内存地址已经发生了变化。这里的 10 和 20 是整型，它们都是对象，占用不同的内存空间。我们定义的函数 say() 的名称是 say，它所指向的函数对象也占有一定的内存空间。甚至内置函数 id() 也是一个对象，我们可以使用 id(id) 传入它的名称 id，也能返回它的内存地址。

Python 标识符和其他语言中的变量是不同的，比如 C 语言中的变量表示一段固定的内存地址，而 Python 的标识符更像一个标签，可以贴在任何对象上。尽管这样，很多人还是习惯将 Python 的标识符称为变量，今后当你听到 Python 的变量时，应该知道它指的就是标识符或者名称。

在不同的场景下，标识符、名称、名字、变量名等其实是一回事。

1.4.4　标识符命名

标识符用于给对象起名，即所谓的变量、函数、类等的名字都是标识符。标识符起名必须符合一定的规范。有效标识符可以包含大小写字母、下划线（_）、数字 0 ～ 9，但不能以数字开头，也不能包含其他特殊符号（如 .、！、@、#、$、% 等）。Python 3.0 引入了 ASCII（American Standard Code for Information Interchange，美国信息交换标准代码，一套电脑编码系统，主要用于显示现代英语）之外的更多字符，如汉字、其他语种的字符，不过还是建议用英文作为标识符。

标识符是区分大小写的，如 age、Age、agE 是不同的标识符。另外，Python 的关键字如 if、is、import 等作为保留标识符号，不能用于我们自定义的标识符。可以导入内置模块 keyword 查看 Python 的关键字：

```
import keyword

keyword.kwlist
'''
['False', 'None', 'True', 'and', 'as', 'assert',
 'async', 'await', 'break', 'class', 'continue',
 'def', 'del', 'elif', 'else', 'except', 'finally',
 'for', 'from', 'global', 'if', 'import', 'in', 'is',
 'lambda', 'nonlocal', 'not', 'or', 'pass', 'raise',
 'return', 'try', 'while', 'with', 'yield']
'''
```

另外还有一些被称为软关键字的关键字，它们只在特定上下文中作为关键字，如上述列表中没有的 match，只有在模式匹配操作中连同 case 以及下划线一起它才具有关键字的语义。

以下列出了一些合法和不合法的标识符，合法的标识符并不一定是符合规范的。

```
# 合法的标识符
age
age_18
Xiaoming_age
年龄
Age
AGE
_age
_age_
__age__
某A
π
Δ

# 不合法的标识符
name-1     # 有连字符
my name    # 有空格
3renxing   # 数字开头
tell.me    # 有点号，它是 Python 的一个操作
class      # Python 关键字
[name]     # 有方括号
```

除了关键字，内置函数名、内置库或者知名库的名称，以及这些库的常量、方法名、内

置异常对象等，无论大小写，也不要作为标识符，如果一定要用的话，应该在后面加一个下划线，如 len_、bool_。还可以使用与关键字相似的单词（或者是读音、其他语言派生等）代替，如 class 用 klass 代替。也可以用约定俗成的 foo、bar、baz、qux 等为不特定对象命名。

判断字符串是不是合法的标识符，可以用字符串的 isidentifier() 方法：

```
'某A'.isidentifier()
# True
'3renxing'.isidentifier()
# False
'def'.isidentifier()
# True

import keyword

keyword.iskeyword('def')
# True
```

虽然关键字是合法的标识符，但我们不能自己使用。可以用 keyword.iskeyword() 来判断一个标识符是不是关键字。

在实践中，标识符的起名应该遵照以下约定。

- 多个单词组合时用下划线连接，每个单词都用小写，如 user_name。
- 特别地，类名以大写字母开头，不用下划线连接，如 CamelCase。
- 使用下划线作为第一个字符来声明私有标识符。
- 不要在标识符中使用下划线同时作为前导和尾随字符（如 _name_），因为 Python 内置类型已经使用了这种表示法。
- 正式代码中避免使用只有一个字符的名称，而应使用有意义的名字。
- 常量（执行过程中永远不会变化的量）的所有字母都大写。
- 不使用内置命名空间的名称，可导入 builtins 模块（import builtins）并用 dir（builtins）查看。
- 学习 PEP8 规范，里面有更为详细的建议。

另外，还有一些特殊场景下的标识符命名规则和注意事项。

- 脚本中名称以下划线开头的全局对象（_*）用 from module import * 导入时，不会被导入。
- 开头和结尾双下划线的名称（__*__）是 Python 中对象的特殊方法，用于定义内置函数和操作所执行的方法，如 len(x)，就是执行对象 x 的 __len__() 方法。
- 类中的方法如果是双下划线名称（__*），会被自动转换为 _类名__标识符，以免与有继承关系的私有属性发生冲突。

以上这些我们现在可能不是太理解，后文在介绍面向对象编程时还会详细讲解。在命名时，需要特别注意单下划线开头和两端双下划线的名称。

1.4.5 名称的使用

Python 标识符包含很多用户定义的名称，这些名称通过绑定来表示变量、函数、类、模块或任何其他对象。如果在 Python 中为一个对象实体指定了某个名称，那么就说它是一个标识符，在后续的代码中可以通过名称来使用它。在 Python 中，标识符的命名规则都是一样的。

准确地说，这些名称在以下场景会进行绑定，大家可以先大概了解一下，后续会详细介绍这些操作。

- 赋值语句，定义一个对象，如 a=10 中的 a。
- 定义函数，函数的名称，如 def func() 中的 func。
- 函数的形式参数，如 def func(name, age) 中的 name 和 age。
- 定义类，类和名称，如 class Person() 中的 Person。
- import 语句中的 as 别名，如 import numpy as np 中的 np。
- for 循环的循环头，如 for item in items 中的 item。
- 赋值表达式（海象运算符操作），如 if (n := len(a))>10 中的 n。
- with、except 语句 as 后面的名称。
- match case 模式匹配语句中的模式原型。

名称通过绑定来指代一个对象，这个名称可以应用在任何使用这个对象的地方。之前我们也讲过名称可以换绑成其他对象，原对象会处于无名称的境地。del 语句可以解除对象与名称的绑定关系，也会让对象没有名称。对象没有了名称，我们就再也无法使用它，对象将等待垃圾回收机制进行回收，对象最后会消亡，释放相应内存。

下面是一个简单的示例，我们先绑定了名称，最后解除绑定，程序无法再引用此名称，抛出一个 NameError 名称错误。

```
# 定义一个函数
def say():
    print('Hello!')

say         # 绑定一个函数对象
# <function __main__.say()>

say()       # 调用函数
# Hello!

del say     # 删除名称
say         # 查看名称
'''
---------------------------------------------------------------
NameError          Traceback (most recent call last)
Input In [27], in <cell line: 1>()
----> 1 say

NameError: name 'say' is not defined
'''
```

最后一个比较特殊的名称是单下划线（_）。对于 Python 而言它并没有什么特别的，也是合法的标识符，但是交互式解释器会将最后一次求值的结果放到这个变量（_）中，这个标识符存储在内置模块 builtins 中。

以下为打开终端，执行 python 命令进入纯净的 Python 交互式环境中的测试代码：

```
(py310) hui@Huis-MacBook-Pro py % python
Python 3.10.0 (default, Nov 10 2021, 11:24:47) [Clang 12.0.0 ] on darwin
Type "help", "copyright", "credits" or "license" for more information.
>>> a = 10
>>> _
Traceback (most recent call last):
  File "<stdin>", line 1, in <module>
NameError: name '_' is not defined
>>> a
10
>>> _
10
>>> import builtins
>>> builtins
<module 'builtins' (built-in)>
>>> dir(builtins)
['ArithmeticError', ... '_', '__build_class__',... 'vars', 'zip']
```

用 dir() 获取 builtins 的所有属性，可以看到有一个单下划线名称。这个机制让我们在交互模式下查看最后一次求值结果时，不用写其名称，直接输入一个下划线即可。在 JupyterLab 上，由于其解释器内核是 IPython，它虽然不将下划线指定在 builtins 中，但它对下划线做了增强，同时支持两个和三个下划线，分别是倒数第二、倒数第三个求值结果。

下划线的另一个常见用途是伪装名称，表示不会使用的变量（有人喜欢用 useless）。有些场景下，我们不需要接纳相应的对象或者只是临时接纳一个对象，可以用下划线来代替。参考以下代码：

```
# 迭代忽略不用的内容，不管它是什么都当 1
sum(1 for _ in some_iterable)

# 进行 10 次操作，不关心序号
for _ in range(10):
    do_something()

# 拆包，只接收第一个，其他的不关心
head, *_ = [1, 2, 3, 4]

# 只提取第二个
_, second, _ = (1, 2, 1)

# 函数忽略其传入的参数
def callback(_):
    return True
```

在以上场景下，下划线是一个非常好用的名称。

1.4.6 常量和字面量

在编程中，需要区分字面量、变量、常量这三个概念，其中常量是我们构建基础数据的来源，是对生命周期全局进行控制的量，变量（标识符）是方便我们操作各种对象的引用。

字面量（literal），或者叫作字面值，就是表示它本来的意思，也就是字面意思。比如字符串 'hello'、数字 888。Python 中的字面量有字符串、字节串、数值（整数、浮点数、虚数）、省略号（...）这几种，字面量是内置类型常量值的表示法。

定义一个字面量就是创建一个对应类型的对象，这个对象可以再去参与构造元组、列表、字典等类型的数据对象，成为这些容器中的元素。字符串、字节串可以拼接，数值可以计算，从而形成新的字面量。我们在后面讲这些数据类型时会详细介绍字面量的写法。

列表、集合、字典以及相应的推导式（一种在它们内部写 for 循环的方法而生成对应类型的写法）所使用的以方括号（[]）和花括号（{}）来表示容器直接构造数据的方式，Python 官方文档称为显示（display），这是一种特殊的句法。

变量（variable）在 Python 语境下表达会变化的量，给人一种感觉是用来保存字面量、对象等内容，比如 age=18 中的 age 经常被称为变量，但在 Python 中它是标识符，并不存储内容，而用于指示对象的内存地址。当新的对象指向 age 时，如 age='20 岁 '，age 的输出值换成了一个字符串，给人感觉 age 的存储内容是变化的，但其实只是它的指向发生了变化。

常量（constant）是指不会变化的量，在程序执行过程中值始终保持不变。程序级别的常量在程序执行的周期内不会发生改变，比如在一个爬虫程序中，变量 URL 设置为要抓取的网址，在运行过程中 URL 的值保持不变，但在下次执行时 URL 可以更换为其他网址。语言级别的常量是语言自身定义的，编写代码的人不能修改，无论何种情况它都取这个值。

Python 的内置常量见表 1-5。

表 1-5　Python 的内置常量

常　量	说　明	备　注
False	布尔类型的假值	
True	布尔类型的真值	
None	空值对象	
NotImplemented	未实现	用于表明运算没有针对其他类型的实现
Ellipsis	省略号	与省略号字面值（...）相同
__debug__	测试状态	命令行加 -O 选项启动时才为假值，用于 assert 语句测试
site 模块	site 模块引入的系统级常量	比如 exit()、copyright、license 等

这些常量在内置的命名空间中，不能给它们赋值，否则会引发 SyntaxError（语法错误）。它们中有些还是关键字，因此我们无须定义，可以直接使用。

1.4.7 表达式

Python 代码由各种表达式（expression）和语句（statement）构成。表达式是可以求出某个值的语法单元，一般包含字面值、名称、属性访问、运算符或函数调用等，它们最终都会返回一个值。

语句是一个代码块，可以由表达式或关键字（如 if、while 或 for）构成。因此，并非所有的语言构件都是表达式，还存在不能被用作表达式的语句，如 while。赋值属于语句而非表达式。

Python 的主要表达式见表 1-6。

表 1-6 Python 的主要表达式

表达式	操作及作用
原子（atom）	表达式的基本元素，有标识符、字面量、内置容器类型的显示（显式写出列表集合字典和它们的推导式）等，还包括圆括号里的多个表达式返回的内容、生成器表达式、yield 表达式
原型或原语（primary）	针对对象的操作，有属性引用（如 a.b）、抽取（如字典 d['a'] 和 seq[1] 序列的索引）、切片（如 seq[1:4]）和调用（如 func()）
await 表达式	挂起协程的执行，等待一个可等待对象
幂运算	指定幂次的乘方运算，如 2**3 返回 8
一元算术和位运算	数字的正负取反运算，运算符号为 -（负值）、+（正值）、~（取反，仅针对整数）
二元算术运算	两个数字之间的运算，运算符有 +、-、*（乘）、/（除）、//（整除，商的整数）、%（模，商的余数）、@（矩阵乘法，Python 内置类型均不支持）
移位运算	有两种移位运算，运算符为左移位 << 和右移位 >>
二元位运算	位运算符，运算符有 &（与）、|（或）、^（非）、~（取反）
比较运算	两个或者多个对象进行比较，运算符有 >、<、==、>=、<=、!=、is、is not、not、in、not in 这几种，会产生布尔值。带 is 的可以比较两个标识符是不是同一对象，带 in 的可以检测元素是不是其成员
布尔运算	运算符有 and、or、not，产生布尔值，常用于流程控制语句中
赋值表达式	又称命名表达式或海象表达式，将表达式的值赋给一个标识符，以减少重复编写表达式和计算，类似 if length:= len(data)
条件表达式	又称三元运算符，单行的 if else，类似 x if C else y
lambda 表达式	用于创建匿名函数，省去用 def 定义函数并调用，形如 lambda parameters: expression
表达式列表	如果表达式至少包含一个逗号，返回值将是一个元组，如 1, 2 的值为 (1, 2)。还可以用星号拆包，如 1, *(2, 3) 返回 (1, 2, 3)。这就可以让多个表达式用逗号隔开，返回一个同样元素数的元组

在交互模式下，如果结果值不为 None，它会通过内置的 repr() 函数转换为一个字符串，以单独一行的形式输出，如果结果为 None，则不产生任何输出。

表达式从左到右求值，要注意的是赋值操作求值时，右侧会先于左侧被求值。如下示例中，expr 后边的数字是它们的求值顺序：

```
# 表达式列表从左到右
expr1, expr2, expr3, expr4
# 元组（表达式列表）从左到右
(expr1, expr2, expr3, expr4)
# 字典显示，从左到右，先键后值
{expr1: expr2, expr3: expr4}
# 运算先从左开始计算出结果再与右边计算
expr1 + expr2 * (expr3 - expr4)
# 调用从左到右
expr1(expr2, expr3, *expr4, **expr5)
# 赋值操作求值时，右侧会先于左侧被求值
expr3, expr4 = expr1, expr2
```

各个表达式如果同时存在的话，会存在优先级的问题。表 1-7 按从高到低、从上到下和从左到右的顺序列出了 Python 运算符的优先级。

表 1-7　Python 运算符的优先级

运算符	描　述
(expressions...), [expressions...], {key: value...}, {expressions...}	绑定或加圆括号的表达式，元组显示，列表显示，字典显示，集合显示
x[index], x[index: index], x(arguments...), x.attribute	抽取，切片，调用，属性引用
await x	await 表达式
**	乘方
+x, –x, ~x	正，负，按位非（NOT）
*, @, /, //, %	乘，矩阵乘，除，整除，取余
+, –	加，减
<<, >>	移位
&	按位与（AND）
^	按位异或（XOR）
|	按位或（OR）
in, not in, is, is not, <, <=, >, >=, !=, ==	比较运算，包括成员检测和标识符检测
not x	布尔逻辑非（NOT）
and	布尔逻辑与（AND）
or	布尔逻辑或（OR）
if...else	条件表达式
lambda	lambda 表达式
:=	赋值表达式

注意，–1 其实是一个位运算，数字没有负数的字面量。幂运算是从右至左分组，如 2**–1 值为 0.5，先计算一元位运算 –1 得到负值，再与 2 进行幂运算。% 运算符也被用于字符串格式化，此时它们的优先级相同。

如果自定义数据类型要支持这些运算符，可以在类中实现对应的特殊方法（对象方法标识

符以两端下划线命名），比如，对于加号运算符，需要实现 obj.__add__(self, other) 特殊方法。

关于各个表达式的编程意义和详细语法，后文会详细介绍。了解了表达式，我们再来看看 Python 的语句。

1.4.8　语句

表达式专指能够计算出值的语句，它可以用等号赋值给一个变量，但我们日常说的语句侧重于做某件事，逻辑更加复杂。Python 的语句分为两大类：简单语句和复合语句。

简单语句由一个单独的逻辑行构成，表达式就属于简单语句。Python 的简单语句见表 1-8。

表 1-8　Python 的简单语句

语　句	说　明
表达式语句	表达式，用于计算和写入值
赋值语句（=）	将名称绑定到特定的值（对象），还可以修改属性值（利用属性引用表达式），修改成员项（利用抽取、切片）。支持增强赋值和带标注赋值
assert 语句	调试性断言，判断变量值是否符合表达式的逻辑
pass 语句	空操作，什么都不执行，用于占位
del 语句	删除名称
return 语句	返回函数定义的值
yield 语句	用于定义生成器函数
raise 语句	抛出异常
break 语句	for 或 while 循环中终止最近的外层循环
continue 语句	for 或 while 循环中继续执行最近的外层循环的下一个轮次
import 语句	导入模块
global 语句	将当前代码块所列出的标识符设置为全局变量
nonlocal 语句	所列出的名称指向之前在最近的包含作用域中绑定的除全局变量以外的变量

多条简单语句可以存在于同一行内并以分号分隔，这样我们写简单语句时无须进行物理行换行，比如 a=1; print(a) 或者 import math; math.pi。

赋值语句支持增强赋值，如 a+=1 表示 a 加 1 再赋值给 a，在等号前增加了运算符。支持的运算符有 +=、-=、*=、/=、//=、%=、@=、&=、|=、^=、>>=、<<=、**=。

赋值语句还支持带标注赋值，如 a:int=9，在标识符后增加了冒号和类型名称，表示引用的值的类型，这将使得我们在阅读代码时知道变量的类型，现代 IDE 也会更好地为我们提示代码。

以下是赋值语句的一些示例：

```
birth_year = 1996
age = 2020 - birth_year  # 此时会将计算结果进行赋值
age = age + 1  # 同上

age += 1  # 增强赋值，上一行的简写
```

```
this_year = birth_year + age  # 变量计算后对结果赋值

# 批量赋值
lily_age, lucy_age, tom_age = (18, 19, 20)  # 按位置对应赋值
a, b, c = ['hi']*3  # 3个同样的值
a = b = c = 'hi'

# 布尔运算赋值
x = a or b  # 哪个为真就将其值赋给x
x = a and b  # 哪个为假就将其值赋给x

# 条件循环计算赋值
x = a if a > b else b  # 如果a > b，那么x = a，否则x = b
x = [i for i in a]  # 将可迭代的a生成一个列表赋值给x

# 拆包赋值
first, *useless = {'a':1, 'b':2, 'c':3}
first
# 'a'
useless
# ['b', 'c']

# 带标注
c:list = [first, useless]
# ['a', ['b', 'c']]
```

复合语句一般包含多个语句，是指包含、影响或控制一组语句的代码。通常复合语句（如if、try和class语句等）会跨多行，虽然在某些简单形式下整个复合语句也可能只占一行。

if、while和for语句用来实现一般的流程控制；try语句用来指定异常处理的机制和清理代码；with语句代码块在开始前和结束后两处执行初始化与终结化代码；我们经常使用的函数和类定义在语法上也属于复合语句。

Python的复合语句见表1-9。

表1-9　Python的复合语句

语　句	说　明
if语句	有条件地执行逻辑代码
while语句	当表达式为真时重复执行
for语句	对序列、可迭代对象中的元素进行迭代
try语句	为一组语句指定异常处理逻辑和清理代码
with语句	上下文管理
match语句	进行模式匹配
def函数定义	用户自定义一个函数
class类定义	用户自定义一个类对象
async协程	定义协程，包括async def、async for、async with语句

一条复合语句由一个或多个子句组成，子句包含句头和句体，句头处于相同的缩进层级。每个子句头以一个作为唯一标识的关键字开始并以一个冒号结束。子句体是由一个子句控制的一组语句，可以是在子句头的冒号之后与其同处一行的一条语句或由分号分隔的多条简单语句，也可以是在其之后缩进的一行或多行语句。

关于各个语句的具体语法，我们会在后文中详细介绍。

1.4.9 命令行执行

之前我们介绍过在交互模式下运行 Python 程序，你可以在终端中执行 python 或 ipython（需要用 pip 安装）命令进入交互模式，还可以在 JupyterLab 提供的浏览器界面中完成交互式代码的执行。如果你使用的是 VS Code 或 PyCharm 这样的 IDE，会让你创建一个扩展名为 py 的 Python 脚本文件。它们提供了运行（一般叫 run）按钮，单击该按钮它们会自动在终端中用命令执行脚本文件。

如果想自己在终端中执行脚本，实现一些功能，就有必要了解如何用命令行执行脚本。关于如何进入终端可以参考 1.3.3 节。

启动执行脚本文件的最常见的命令是：

```
python myscript.py
# 带文件目录的
python hui/py/myscript.py
python D:\Scripts\myscript.py
```

执行命令后，就能看到执行结果。如果脚本不在当前位置或者不想使用相对定位，可以先用 cd 命令并配合 ls 命令定位查看，确定脚本所在的目录。假设我们编写了一个名为 hello.py 的脚本：

```
# hello.py
print('Hello World!')
```

保存后，在终端执行（输入命令后按回车键），就会输出结果：

```
$ python hello.py
Hello World!
```

脚本执行完成后会自动退出执行，如果执行过程中想退出，在 macOS 系统中按 Ctrl+D 组合键，在 Windows 系统中先按 Ctrl+Z 组合键，再按回车键。有时，需要保存脚本的输出供以后分析用，可以执行以下命令中的一个：

```
$ python hello.py > output.txt
$ python hello.py >> output.txt
```

如果 output.txt 不存在，则会自动创建；如果已经存在，第一行中，内容将被每次新的输出替换，第二行将输出添加到 output.txt 的末尾。

之前讲过的内置模块 builtins 中，有一个 __name__ 名称。如果模块被用 import 语句等方式导入，那么它的值是模块名（文件名）；如果直接执行这个模块（此文件），那么它的值就是 __main__。这也是我们经常在 Python 脚本文件中看到以下代码的原因。

```
# hello.py

def foo():
    pass


if __name__ == '__main__':
    foo()
```

如果是单一的脚本文件，我们也可以不判断它的 __name__，不增加这段代码。不过，有了这段代码，我们可以在命令行执行时不写文件扩展名，用 python -m hello 来运行这个代码中的逻辑。这就允许我们用命令行来使用一些内置的以及第三方库的功能，比如：

```
# 用 timeit 测试代码运行时间
% python -m timeit -n 3 -r 2 "import time; time.sleep(1)"
% python -m timeit 'import math; print(math.pi)'
# 运行内置的轻量 Web 服务器，执行后浏览器打开 http://127.0.0.1:9000/
% python -m http.server 9000
# 调试脚本
% python -m pdb hello.py
# 打开 Python 帮助文档，执行后浏览器打开 http://localhost:9999/
% python -m pydoc -p 9999
# 安装第三方库
% python -m pip install numpy
```

以下是一些通用的功能：

```
# 命令帮助
% python -h
% python --help

# 查看 Python 版本
% python -V
% python --version
% python -VV # 更多构建信息
```

我们在编写脚本时还可以支持在命令行中传入一些参数作为控制变量，这些内容将在后文中专门介绍。

1.4.10 执行模型

接下来探究一下 Python 是怎么执行的，虽然我们不需要知道太多细节，但是理解 Python 的执行机制能让我们在写代码时做到心中有数。

简单来说，Python 解释器会将源代码分块，并将这些代码块放在一个叫帧（frame）的容器里，帧包含它的前续帧、后继帧以及调试信息，这些帧按照调用次序叠放在一个栈

（stack）的结构里。栈的特点是后进先出（Last In First Out，LIFO），就如同一堆盘子一样，使用时先取顶部的，而顶部的总是后堆放的。

代码块是被作为一个单元来执行的一段Python程序文本。被认为是代码块的内容大致如下：

- 交互模式下执行的每条命令都是一个代码块；
- 模块、函数体和类定义分别是一个代码块；
- 脚本文件整体是一个代码块；
- 内置函数eval()和exec()被传入的字符串与代码对象是一个代码块。

Python中的对象内容存放在一个叫堆（heap）的地方，堆是没有顺序的，系统会通过复杂的算法，根据程序的需要合理分配对象存放的地方，让内存使用更高效。栈和堆都是内存中开辟出的一块区域。访问堆里的对象只能通过与之绑定的名称。Python有着良好的垃圾回收机制，对对象数据进行有效的生命周期管理，及时释放内存空间。如图1-6所示，名称和对象分别在栈和堆里，其中名称a和b都指向同一个对象。

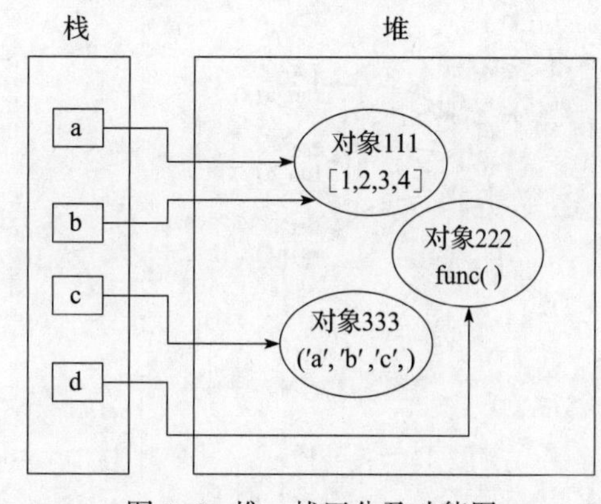

图1-6 堆、栈区分及功能图

Python解释代码时会从代码的逻辑入口开始，根据调用关系从上到下分析代码，最终形成调用栈，再从顶部开始执行这个调用栈。我们来看以下代码及其执行过程：

```
def fun_a(x):
    print('执行fun_a()...')
    a = 2
    return fun_b(x) + a

def fun_b(x):
    print('执行fun_b()...')
    b = 3
    return sum(x) + b

def main():
    z = [1, 2, 3]
    print('执行main()...')
    return fun_a(z) + 1

if __name__ == '__main__':
    print('最终结果：', main())

'''
```

```
执行 main()...
执行 fun_a()...
执行 fun_b()...
最终结果：12
'''
```

Python Tutor（http://www.pythontutor.com）是一个对 Python 运行原理进行可视化分析的工具，我们将以上代码放到 Python Tutor 上测试它的执行步骤。图 1-7 是代码执行步骤的拆解。

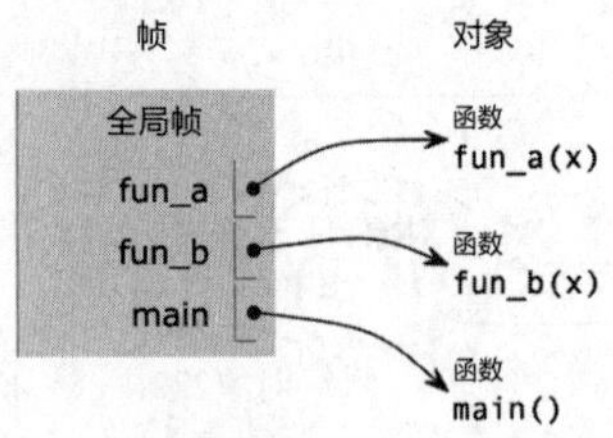

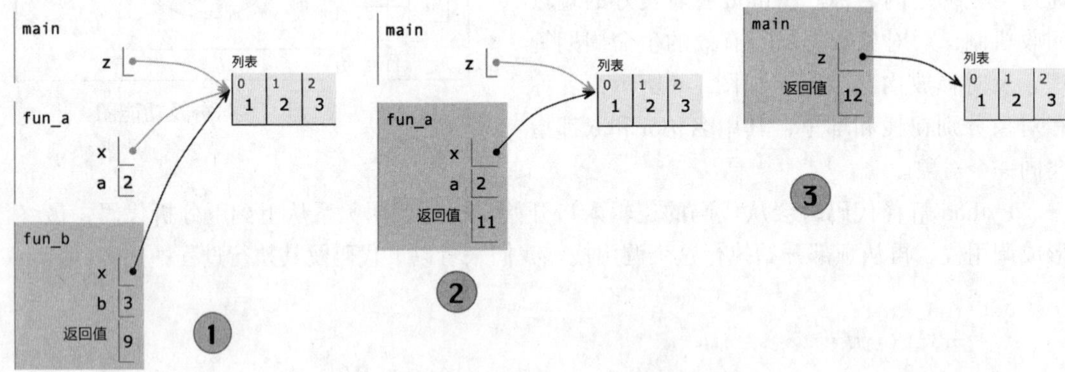

图 1-7 代码执行步骤拆解

首先将所有的名称按顺序载入，然后根据代码中逻辑调用关系形成的调用栈 main() → fun_a() → fun_b() 来执行，右边为栈的顶端，main() 在栈底，最后由 main() 返回数据。

正是 Python 做了相关的优化、适配、调试等工作，我们才能无须关心一些计算机的底层细节，将精力放在逻辑代码的编写上。如果想更加详细地了解相关内容，可以访问 https://www.gairuo.com/p/python-program-work-principle。

1.4.11 小结

本节中我们了解了 Python 语言最基础的语法——代码行、缩进和标识符，这些内容是 Python 在语法上最大的特色，也是我们学习 Python 首先要掌握的。关于 PEP8 规范可以参阅 https://www.gairuo.com/p/python-pep8。

虽然对于初学者来说本节中有很多地方难以理解，但可以按照本节中的大纲在后边的内容中深入学习，筑牢 Python 基础，为今后的进阶学习、编程应用提供强有力的保障。

1.5　本章小结

本章内容由浅入深，从编程是什么到 Python 是怎么设计的，从 Python 的入门到 Python 的执行原理，从 Python 的环境安装到 Python 脚本的执行，我们快速进入了 Python 的世界。

如果你不想从事专业的编程工作，那么无须了解一些原理性的东西，跟着本书接下来的代码和思路，凭着直觉编写总能让 Python 为你所用，因为 Python 的设计理念就是简单，让你不用关注过多的编程细节。编程重要的是思维，不是吗？

编程语言的语法纷繁复杂，有着数不清的细节，如果过度沉迷于语法，将会阻碍我们的学习。学习中遇到不理解的概念和原理，可以先跳过。多试，多写，终会有所成。

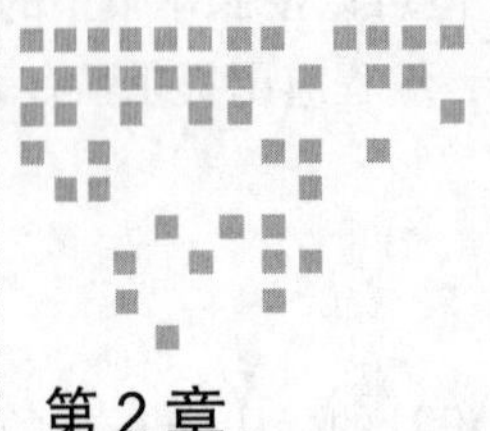

Chapter 2 第2章

数据类型系统

计算机程序的核心是数据结构和算法，而好的数据结构能降低算法复杂度，因此深入学习 Python 的数据结构显得尤为重要。

从 Python 内置的基础数据类型到内置模块提供的多样化数据类型，再到我们用类机制创建的自定义数据类型，Python 提供了十分便利的编程方法来让我们定义和应用数据结构解决问题。

在本章，我们专门讲解 Python 关于数据结构的操作和应用。

2.1 一切皆对象

不同类型的数据结构适合不同的应用程序，有些数据结构是为了专门解决某类问题而被设计出来的。在面向对象编程中，数据的结构是对现实客观实体的映射和抽象。

2.1.1 理解对象

对象（Object）是一个抽象的概念，它代表了万事万物，存在的和不存在的，现实的和想象的。一般我们把技术要解决的现实问题叫作业务。对象是一个技术概念，它把现实世界映射到了计算机上，让编程语言来描述业务特质，模拟业务的运行。

从技术层面来讲，对象是计算机分配的一块内存，这块内存有足够大的空间来表示这个对象所代表的值。在这个内存空间中有对象的身份信息、存储的值以及表示它的类型的信息。图 2-1 演示了字符串和整型对象的信息。

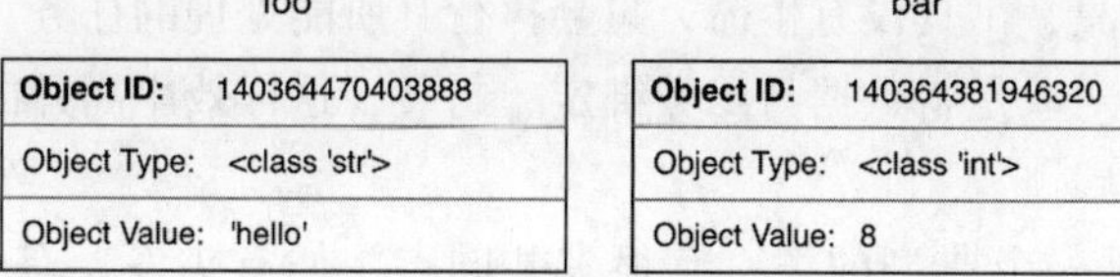

图 2-1　字符串和整型对象的信息示意

从图 2-1 中可以看到，每个对象由标识（identity）、类型（type）、值（value）组成。

- 标识：对象的身份，对象的唯一标识，在我们通常安装的用 C 语言写的 Python 解释器（称为 CPython）中是内存中的地址。要获取标识信息，可以使用内置函数 id(obj) 查看。不同时间创建的对象标识可能会不同。
- 类型：表示对象拥有值的类型，类型决定了对象的取值范围、有哪些属性和可进行的操作。创建对象时使用的模板决定了该对象的类型，这个模板就是类，是用 class 关键字来定义的。要查看一个对象的类型，可以使用内置函数 type(obj)。
- 值：表示对象存储值的信息，可使用 print(obj) 打印查看。

以下是两个对象的创建和信息查看的代码：

```
foo = 'hello'
foo = str('hello')

print(foo)
# hello
id(foo)
# 140364470403888
type(foo)
# str

bar = 8
bar = int(8)
bar = int('8')

print(bar)
# 8
id(8)
# 140364381946320
type(8)
# int
```

字符串和整型是内置的类型，Python 内置了函数和字面量来创建它们。如果我们要创建自定义的数据类型，就需要用到 class 关键字。

2.1.2　理解类

Python 的数据类型（type）就是由 Python 的类（class）定义的，要理解什么是类，就需要先了解面向过程和面向对象的编程思想。面向过程是指根据业务逻辑从上到下写代码，把所写的代码逻辑当作工具，工具没有生命，只会执行其所能处理的任务。大多数简单的脚本都是面向过程的。面向对象是将数据与函数绑定、封装，这样效率高并能减少重复开发。类就是面向对象的一种实践。

比如我们人类就是一个典型的类，有很多共同点，如有头发、有眼睛、有脚、有手，会走、会跑、会跳、能唱歌。简单来说，Python 中的类就是具有相同属性、方法的对象。

另外，可以把类理解为一个模板，比如 PPT 模板，而你利用这个模板做的演讲幻灯片就是一个实例。

如果一个类是另一个类的子集，则这个类可以继承后者的所有属性和能力。如小学生是学生的子类，学生是人类的子类，它们之间都是继承关系。

面向对象还有一个实例（instance）的概念。实例就是将类具体化，比如小明是学生，可以将类实例化为小明，这时小明不是一个类，而是一个实例，它是类的具体内容。在 Python 中，1 是整型的一个实例，True 和 False 是布尔型仅有的两个实例。

类具有以下好处。

- 方便理解：由于映射现实事物，方便理解。
- 能复用：由于抽象了现实世界，可以应用到大量的事物上。
- 可扩展：为类增加新的内容非常方便，方便维护。

类是编程语言的一种高级用法，也是编程思想进化的结晶。

2.1.3 类型检测

类和所有事物的分类一样，也是有层级的，即一个类可以属于上一个类，也可以有多个下属类。这时，除了之前了解的用 type() 函数直接获取一个对象的类型外，还可以用 isinstance() 内置函数来检测一个对象是否属于一个类或其子类。

```
isinstance(True, int)
# True

a = 2

isinstance(a, int)
# True
isinstance(a, str)
# False
isinstance(a, (str, int, list)) # 是否其中一个
isinstance(a, str | int | list) # 效果同上
# True
```

以上代码第一行中 True 为布尔型，继承自整型，用 isinstance() 检测返回 True。isinstance() 还支持检测一个对象是否属于多个类型中的一个。这个功能对于我们编写代码时，对不同的类型应用不同的处理方法非常有用。

isinstance() 与 type() 不同，它会考虑类型的继承关系。关于 isinstance() 的更多用法可

参见 https://www.gairuo.com/p/python-isinstance。

2.1.4　属性和方法

一个类型决定了一个对象有哪些属性和方法。所谓属性就是类或实例固有的性质，方法是类或实例的操作，这个操作一般需要经过一系列计算。我们可以这么简单理解属性、方法和操作。

- 属性：一个对象天生就有的性质，一旦创建，实例就会具有这些性质，一般使用实例名 + 点（.）+ 属性名获取。比如性别，从小学生类创建实例 tom，使用 tom.gender 就能获取他的性别。
- 方法：与属性不同，方法所表示的信息是本来不存在的、需要计算的，即当你使用时才会计算或者立即执行相应的操作。方法其实就是写在类中的函数，直接用实例名 + 点 + 方法名 +() 即可调用，代码会按你编写的方法逻辑进行计算再返回结果。比如以上实例中 tom 的分数，使用方法是 tom.score()，调用这个方法后，方法会将 tom 的语文、数学、英语等科目的成绩相加并返回总分。
- 操作：操作有两种，一种是对象和对象之间支持的 Python 运算符运算，如加减乘除等，这些操作在 1.4 节中介绍过。另一种操作是 Python 的内置函数，如 len()、bool()、hash() 等。实质上，这些操作其实也是方法，只不过用开头和结尾都是双下划线的方法名定义，我们称之为特殊方法，如 len() 由 __len()__ 方法支持。除了同一对象间的操作，操作还包括不同对象间的操作。比如，两个列表相加可以拼接成一个新列表（list1+list2），列表和一个整数相乘（list3*2）可以重复扩展这个列表。

Python 中，不论内置的对象还是第三方库提供的对象，都有属性和方法，因此，**接触一个新对象，不仅要了解它开放的属性和提供的方法**，还要关注支持和操作（包括内置函数），因为它们是对方法的简化。此外，还要留意如何构造这个对象。这个学习思路对于我们学好 Python 至关重要。

结合前文介绍的对象的构成，我们可以得到如图 2-2 所示的对象认知图谱。

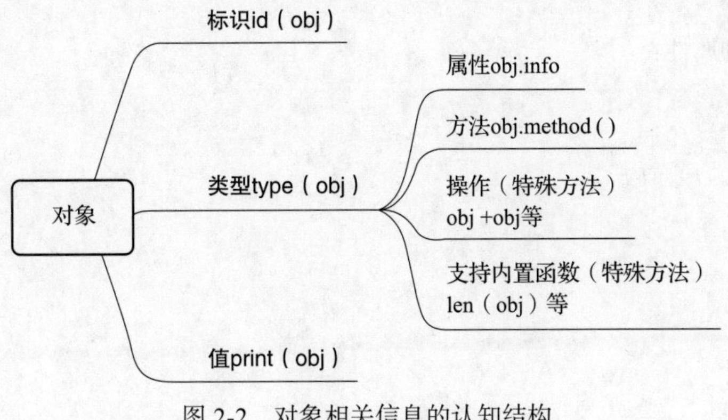

图 2-2　对象相关信息的认知结构

2.1.5 属性和方法查看

Python 的内置函数 dir() 将返回对象的所有属性和方法列表，当我们想知道一个对象有哪些属性和方法时，可以用 dir() 来查看。以下代码，我们将使用 dir() 查看 Python 内置的 range 对象的属性和方法，并一一试验它们的功能。

```
# 创建一个 range 对象
rg = range(1, 10, 2)
# 查看 range 对象所有的属性和方法
dir(rg)
'''
['__bool__',
 '__class__',
 '__contains__',
 '__delattr__',
 …（部分输出省略）
 '__str__',
 '__subclasshook__',
 'count',
 'index',
 'start',
 'step',
 'stop']
'''

# 过滤掉特殊方法
[i for i in dir(rg) if '__' not in i]
# ['count', 'index', 'start', 'step', 'stop']
```

我们创建的 range 对象有非常多的属性和方法，但在这里大多是以双下划开头和结尾的特殊方法，这些特殊方法用于实现相关的操作和类型的一些特性。我们用列表推荐式暂时过滤掉特殊方法，可以看到还剩下 5 个属性和方法。dir() 在传入为空的时候会返回当前本地作用域中的所有名称列表。更多介绍可以访问 https://www.gairuo.com/p/python-dir 查看。

先看看 rg 的属性：

```
# 转为列表看元素值
list(rg)
# [1, 3, 5, 7, 9]

# 开始值
rg.start
# 1

# 结束值
rg.stop
```

```
# 10

# 步长
rg.step
# 2
```

这些都是对象固定的信息，代表了这个 range 对象与其他 range 对象的不同之处。接下来调用一下它的两个方法：

```
# 指定值的出现次数
rg.count(2)
# 0

# 指定值的索引
rg.index(5)
# 2
```

这两个方法会用于对 range 对象数据的处理上。这两个方法都要传入参数，有些方法可能不需要传入参数。

最后再看看对象支持的一些操作：

```
# 成员检测，3 是否在值中
3 in rg
# True

# 直接调用特殊方法（不建议）
rg.__contains__(3)
# True

# 值比较，对象值是否相等
rg == range(10)
# False

# 索引，取最后一个值
rg[-1]
# 9

# 切片，取第二、三个值的子对象
rg[1:3]
# range(3, 7, 2)
```

可以看到 range 对象实现了成员检测、比较、索引和切片操作，我们可以利用 Python 的操作符来便捷地完成这些操作，而不用直接调用类型定义的特殊方法，当然一般也不建议显式调用特殊方法。

2.1.6　属性和方法的文档

dir(obj) 将对象的属性和方法放在同一个列表里，那么如何区分属性和方法呢？除了使用 isinstance(rg.count, types.BuiltinMethodType) 这样的检测手段外，我们还可以直接在代码编辑器中根据代码提示中的小图标来区分。图 2-3 所示是在 JupyterLab 上安装语言服务插件的效果，输入点（.）后按 <Tab> 键会弹出一个界面，其中属性和方法的图标有明显区别。

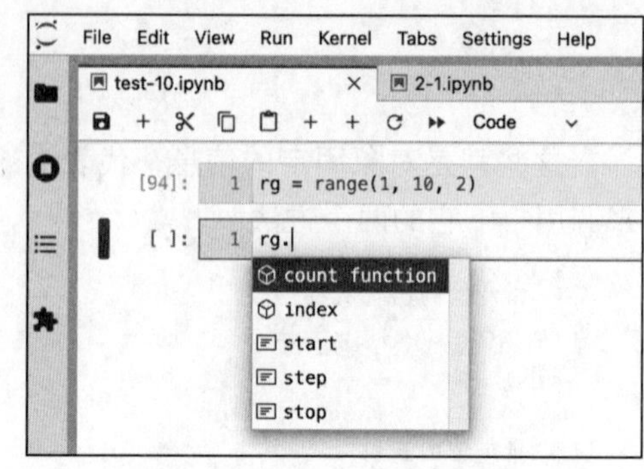

图 2-3 JupyterLab 上对属性和方法的代码提示

除了 JupyterLab 外，其他编辑器的代码提示也有类似的功能。

另外，如何知道对象的属性和方法的意义呢？其实，Python 早就内置了 help() 函数，我们将类的标识符、对象的名称、对象属性和方法名称传入，就可以看到开发者编写的说明文档，告诉我们如何使用它们。

查看 range 对象的相关资料：

```
help(range)
help(rg) # 效果同上
'''
Help on range object:

class range(object)
 |  range(stop) -> range object
 |  range(start, stop[, step]) -> range object
 |
 |  Return an object that produces a sequence of integers from start (inclusive)
 |  to stop (exclusive) by step.
 ... <省略输出>
'''

help(range.index)
'''
Help on method_descriptor:

index(...)
    rangeobject.index(value) -> integer -- return index of value.
    Raise ValueError if the value is not present.
'''
```

在 JupyterLab 中，在名称后添加问号，也能查看说明文档。

```
range?
'''
Init signature: range(self, /, *args, **kwargs)
Docstring:
range(stop) -> range object
```

```
range(start, stop[, step]) -> range object

Return an object that produces a sequence of integers from start (inclusive)
to stop (exclusive) by step.  range(i, j) produces i, i+1, i+2, ..., j-1.
... <省略输出>
'''
rg.count?
'''
Docstring: rangeobject.count(value) -> integer -- return number of occurrences of value
Type:      builtin_function_or_method
'''
```

当然，现代编辑器更加智能，会在你输入各种名称的时候直接将说明文档展示出来。在 JupyterLab 中在名称上按 <Shift+Tab> 键便能看到相应的说明。

除了看对象的文档外，help 还支持查看一些专题教程，比如：想查看赋值相关的说明，可以执行 help('ASSIGNMENT')；想看 if 语句语法和条件判断功能，可以执行 help('CONDITIONAL')。执行 help('topics') 可以列出所有可供查看专题教程的传入词。更多关于 help 的介绍可以访问 https://www.gairuo.com/p/python-help 查看。

如果对象 help() 提供的文档不完整，可以去浏览 Python 或者第三方库的官方文档，一般都有详细的 API 说明。API 即接口，有些文档将对象对外开放的属性和方法称为接口。

2.1.7 小结

在介绍 Python 的基础类型前，我们详细了解了对象相关的基础信息，这对于我们学习新的数据类型很有帮助，可以知道用什么样的思维框架去理解这些数据类型。

本节还介绍了查看对象的属性和方法，以及查看属性和方法的文档说明的方法，这会让我们的学习和使用对象的属性、方法事半功倍，大大提高编码的效率。

2.2 内置类型

从本节开始，我们将介绍内置的数据类型。Python 提供了非常丰富的数据类型，基于这些类型我们可以扩展出非常复杂的数据类型，以满足对业务的操作需求。

在了解具体的类型之前，我们需要从全局视角来看 Python 的类型体系。

2.2.1 类型体系

每一种数据类型都用于映射业务信息，将现实业务中独立单元按一定的结构进行存储。比如，一份班级学生名单可以用列表来表示，这个列表的长度可以调整，名单顺序可以调整，正好与实际的需要相符合。在这里，这份名单就是一个业务单元，与其他班级的名单平行。如果业务单元是姓名，那么我们可以用字符串表示，因为字符串支持中英文，同时不支持修改，一个姓名与另一个姓名是平行的业务单元。

根据我们的梳理，Python内置的基础数据类型如图2-4所示。

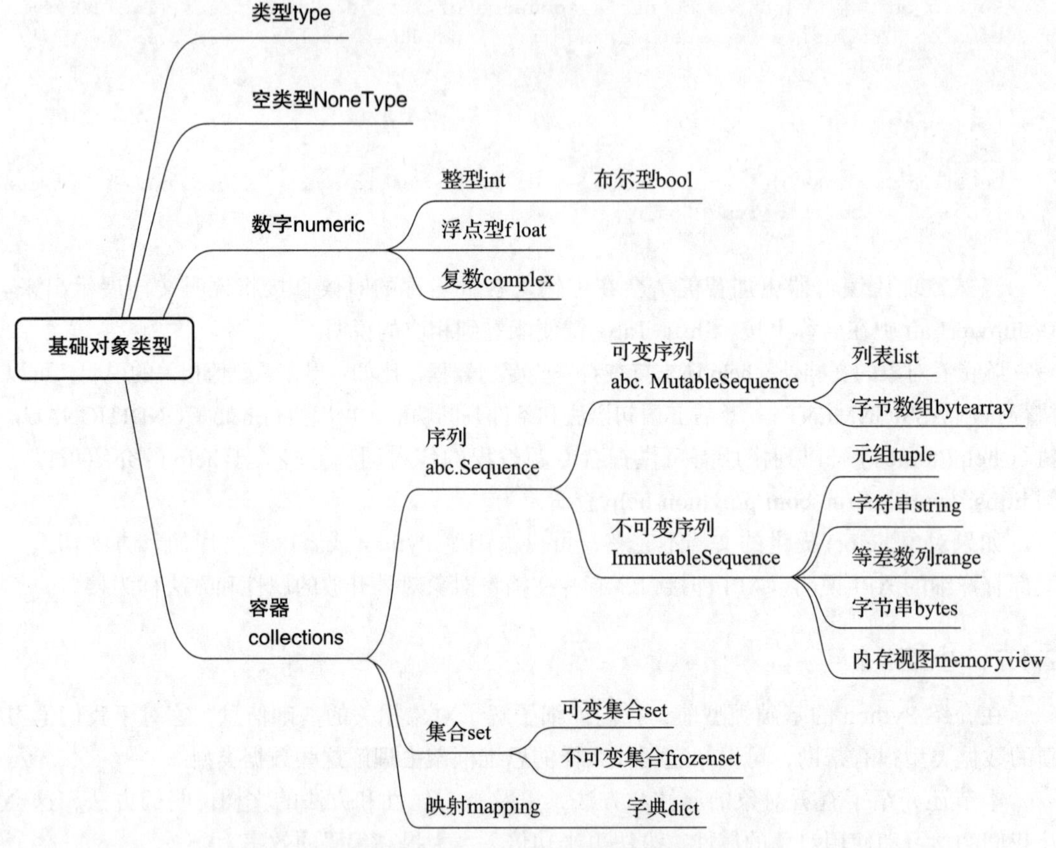

图2-4 Python内置的基础数据类型

按不同的分类层级，在相同属性的分类上有相同的方法和操作。比如容器存储一个个数据内容，所以有长度属性，使用Python内置的len()函数可以得到其长度属性。再比如，数字类型，无论整型还是浮点型，甚至布尔型，都可以互相进行加减乘除等数学运算。

在Python中，一切皆对象，所有对象都有类型，type类型是所有类型的根类型。除了这些基础的数据，Python的内置类型体系中还有以下类型：

- 迭代器（iterator）
- 生成器（generator）
- 模块（module）
- 类与类实例（class/instance）
- 函数（function）
- 方法（method）
- 代码（code）

- ❑ 省略符（ellipsis）
- ❑ 未实现（NotImplemented）
- ❑ 栈帧（frame）

Python 的内置库中还有以下常用的数据类型：

- ❑ 高效数组（array.array）
- ❑ 枚举（enum.Enum）
- ❑ 有理数（fractions.Fraction）
- ❑ 指定精度浮点数（decimal.Decimal）
- ❑ 时间（datetime.datetime）
- ❑ 命名元组（collections.namedtuple）
- ❑ 双向队列（collections.deque）
- ❑ 有序字典（collections.OrderedDict）
- ❑ 映射链（collections.ChainMap）
- ❑ 计数器（collections.Counter）
- ❑ 默认字典（collections.defaultdict）

除此之外，Python 内置库还有繁多的数据类型，这些数据类型我们会在编程中大量使用。

2.2.2 空类型和 None

之前介绍过，None 是 Python 的内置常量，我们可以直接使用而无须定义。None 是 NoneType 类型的唯一实例，None 也是 Python 的关键字，不能用于命名标识符。

None 用于表示没有，可以代表统计分析领域的缺失值。但有时业务需要区分值的缺失和值为空。比如空字符串并不是缺失，而本身就是空的。在一列数字的列表中，缺失值建议用 float("nan") 表示，这样所有值的类型都是数字类型。

None 由于功能简单、场景单一，并没有特别的属性和方法，仅有的可能是能转为和名称一样的字符串。以下是一些执行示例：

```
type(None)          # None 的类型
# NoneType

import types
# types.NoneType 的唯一实例
isinstance(None, types.NoneType)
# True

id(None)
# 4534510976
None is None        # 仅与自己相同
# True
```

```
str(None)          # 转为字符串
# 'None'
id('None')         # 与同名字符串是不同的对象
# 140364382550320
bool(None)         # 逻辑值为假
# False
None == 0          # 与数字比较
# False
None == ''         # 与空字符串比较
# False
float("nan")
# nan
```

定义的函数和方法没有返回值时，可以显式写一个 return None 或只写个 return，甚至可以不写 return 语句，它们都会返回 None。定义函数传入值时，对于不是必须传入的参数，通常会定义为默认值 None。

2.2.3 布尔值

我们知道计算机程序是由 1 和 0（代表逻辑的真假）组成的，由大量的开关状态引导着逻辑的进行。Python 的内置布尔类型就是对这种情况的映射。如同 None，True 和 False 都是 Python 的内置常量，也是关键字。此外，它们还是布尔类型仅有的两个实例，代表逻辑中的真和假。

除了直接使用 True 和 False 得到布尔值外，还能通过内置函数 bool(obj) 进行逻辑值的检测来判断一个对象的真假，也可以通过布尔运算和比较运算等得到布尔值。另外，大量的函数和方法被设计成返回一个布尔值，比如之前使用过的 isinstance()。这些布尔结果将应用在 if 或者 while 语句中引导循环的走向。

一般一个对象在逻辑值检测时会被认为是真值，但在以下情况下对象会被认为是假值。

- 空值和布尔值，即 None, False。
- 数字零，即 0、0.0、0j（虚数）、Decimal(0)、Fraction(0, 1)。
- 空字符串，即 " "。
- 空容器，即空元组 ()、空列表 []、空字典 {}、空集合 set()。
- 类对象所属的类定义了特殊方法 __bool__() 并返回 False，或者定义了 __len__() 方法且返回 0。

bool 类是 int 的子类，它不能再被继承。在 Python 中，True 将值表示为 1，False 将值表示为 0，因此布尔值拥有整型特性，可以参与加减乘除等数学运算。以下是一些布尔类型的代码示例：

```
# 用 bool() 判断真假
bool()             # False
bool(None)         # False
bool(0)            # False
```

```
bool([])          # False
bool(())          # False
bool('')          # False

bool(1)           # True
bool(...)         # True
bool(' ')         # True
bool(bool)        # True

isinstance(True, bool)
# True

# 布尔是整型的子类
issubclass(bool, int)
# True

not 1
# False
4 > 3
# True
None is False
# False
0 == False
# True
True + 1
# 2
```

我们还可以自定义一个对象逻辑值的检测逻辑。根据以上假值的说明，定义特殊方法可以控制对象逻辑值的取值，我们来实现一个示例。定义一个学生类型，如果其年龄大于或等于 18 岁，此对象的逻辑值就为 True，代表他是成年人；否则为 False，代表他是未成年人。

```
class Student(object):
    def __init__(self, name, age):
        self.name = name
        self.age = age

    # 如果是成年人，逻辑值为 True
    def __bool__(self):
        return self.age >= 18

me = Student('小明', 16)
bool(me)
# False

him = Student('大明', 18)
bool(him)
# True

# 用于逻辑判断
```

```
if Student('大刚', 22):
    print('成年人')
else:
    print('未成年人')

# 成年人
```

以上示例中，我们要通过实现特殊方法 __bool__() 来让内置函数 bool() 根据规则返回适当的逻辑值，在 if 语句中隐式调用 bool() 检测对象的逻辑值，从而实现条件判断的业务功能。

2.2.4 布尔运算

布尔运算是处理两个对象逻辑关系的运算，在 Python 中由三个运算符 and、or、not 进行计算。它们的计算逻辑（按优先级升序排列）如表 2-1 所示。

表 2-1 Python 布尔运算

运算	说明
x or y	如果 x 为真，返回 x 的值，否则返回 y 的值
x and y	如果 x 为假，返回 x 的值，否则返回 y 的值
not x	对象或者表达式为假值时产生 True，否则产生 False

布尔运算通常用于流程控制语句中，这时会先对运算结果执行 bool() 逻辑检测，得到检测结果后执行流程语句。not 的优先级比其他非布尔运算符低，因此 not a==b 会被认为是 not(a==b)，而 a==not b 会引发语法错误。

以下是布尔运算的一些代码示例：

```
a = 0
b = 1
c = 2

a and b             # 0 a为假，返回a的值
b and a             # 0 b为真，返回a的值
a or b              # 1 a为假，返回b的值
a and b or c        # 2
a and (b or c)      # 0用括号提高运算优先级

# not 的注意事项
not a               # True
not a == b          # True
not (a == b)        # True，同上逻辑
a == not b          # ！这个是错误的语法，正确写法如下：
a == (not b)        # True

# and优先级高，'a'为真，返回'b'；'' or 'b'返回'b'
'' or 'a' and 'b'
# 'b'
```

布尔运算中 and 和 or 返回的是对象值，而 not 返回的是布尔值。利用 and 和 or 返回对象的特性，可以将其运用在赋值中：

```
x = a or b   # x为1
x = a and b  # x为0
x = not a   # 将结果赋值给x，False
```

布尔运算中的 or 运算在定义函数参数的默认值时非常有用，例如：

```
def func(a=None):
    return a or 3

func()  # 不传入参数
# 3
func(5)  # 传入参数
# 5
```

如果不传入 a 值，返回的是 or 后面的默认值，传入值时将传入值返回。

2.2.5 比较运算

比较运算将两个对象或两个对象的值进行比较，返回的是一个布尔值。共有 8 种比较运算符，如表 2-2 所示。它们的优先级相同，串联运算时，从左往右依次执行，前面的结果不断与后面的结果比较，除非有圆括号改变它们的优先级。

表 2-2　Python 比较运算

运算	说　明
<	严格小于
<=	小于或等于
>	严格大于
>=	大于或等于
==	等于
!=	不等于
is	对象标识，是否同一个对象
is not	否定的对象标识，是否不是同一个对象

表 2-2 中，前 6 个为对象值的相等比较，比较对象的数值大小，后两个包含 is 的比较为对象比较，比较两个对象是否为同一个对象。对象比较中的 is 相当于 id(x)==id(y)。

以下是一些比较运算的示例：

```
a = 0
b = 1
c = 2

a > b  # False
a == b  # False
```

```
b == (c - b)              # True
a != b                    # True
a < b <= c                # True
a < (b + c)               # True

a is not a                # False
a is (b-b)                # True
False is None             # False

'a' < 'b'                 # True
'aac' > 'aaa'             # True

[1, 2, 3] == [1, 2, 2]    # False
[1, 2, 3] > [1, 2]        # True
(1, 2, 3) > (2, 3)        # False

1 > False  # True
```

一般情况下，除了几种数字类型之间会按数字大小进行比较外，不同类型的对象不能进行相等比较。字符之间按编码的序号进行比较；元组和列表内部之间按对应值的大小依次比较；集合和字典由于没有顺序的特性，所以是不能比较的。

如果自定义的类型想实现相等比较操作，需要自己实现对象相应的特殊方法，如 __lt__()（小于）和 __eq__()（等于）等。两个包含 is 的对象操作是无法自定义的，因为对比的是对象，任意两个相同或者不同类型的对象都支持。

另外，运算符 in 和 not in 用于成员检测，用于判断一个元素是否在一个容器里并返回布尔值。Python 的容器类型都支持此操作，我们将在容器数据类型中介绍它。

2.2.6 小结

本节介绍了 Python 内置类型的体系以及空类型和布尔类型。了解常用数据类型的关系层次，对于我们理解 Python 语言很有帮助。Python 的基础类型不多，但却非常丰富，可以满足我们常规的算法需求。

None、True 和 False 作为常量在我们的编程中无处不在，当你执行完一个语句，调用一个函数，写下逻辑语句，或者进行对象比较时，都会有它们的产生和操作。

接下来，我们继续学习其他内置类型。

2.3 数字

数字类型是对现实业务的数字内容的抽象表示，经常用于记录分数、年龄、金额、数量等内容，大数据统计分析也是基于数字的计算。

在 Python 中，数字被分为整型、浮点型和复数三种类型，这既是基于计算效率的考虑，也符合现实使用的实际需要。在本节我们就来介绍数字类型。

2.3.1 数值字面值

Python 支持用字面值来定义数字，根据字面量的形式将数字解析为相应的数字类型。数值字面值有三种：整数、浮点数和虚数（复数是由实数加虚数构成的）。在一些字面值之间可以有下划线，它们起到分隔使数字易读的作用，Python 编译器在解析时会忽略这些下划线。

浮点字面值只要有点即可，点前和点后不必有值。以下是一些典型的数值字面值：

```
x = 1  # int，整型
y = 1.2  # float，浮点型
z = 1j  # complex，复数的虚部
z1 = 6+1j  # complex，复数

type(x), type(y), type(z), type(z1)  # 三种类型
# (int, float, complex, complex)
```

以下是整型的字面值示例，分别使用前缀 0x、0o 和 0b 表示十六进制、八进制、二进制。

```
a = 17
a = 1_700  # 会忽略下划线
b = - 17  # 二元运算和字面值
b = -17  # 二元运算和字面值

# 各种进制的 97 表示方法
c = 97  # 十进制
c = 0b01100001  # 二进制
c = 0x61  # 十六进制
c = 0o301  # 八进制
```

要注意的是，没有负数字面值，负数的表示其实是一元运算符（-）和字面值合成的，一个负号是负数，两个负号是正数（负负得正）。

以下是一些浮点型的字面值：

```
x = 1.10
y = 1.0
y2 = 1.  # 1.0
z = -11.01  # 二元运算和字面值
z2 = .1
z3 = .000_978
```

整数和浮点字面值后面加 j 表示虚数，其他数值用加号连接一个虚数可以构成一个复数。以下是虚数的字面值示例：

```
x = 6.6j
x = 6.j
x = 6 + 3j  # (6+3j) 复数
x = .006j
x = 3.6_188_199j
```

字母 E 或 e 在数值中表示科学计数，e 后面的值代表 10 的多少次方，以下是一些示例：

```
2e3        # 2000.0
.1e10      # 1000000000.0
1e4        # 10000.0
0e0        # 0.0
2E-2       # 0.02
1e100j     # 1e+100j
6.6e-10j   # 6.6e-10j
```

2.3.2 内置构造函数

Python 的内置函数 int()、float() 和 complex() 用于构造指定类型的数字，经常用来将其他类型的对象转为数字类型。

int() 有两种使用形式，分别是：

```
int([x]) -> integer
int(x, base=10) -> integer
```

第一种是直接将对象转为整型，第二种可以传入 base 变量来指定数字的进制，默认是十进制。如果想让自定义类型支持 int() 函数，可以自己实现特殊方法 __index__() 和 __int__() 来返回一个数字。

一般情况下，我们在将数值字面值字符串、浮点型转换为整型时会使用它，在对浮点型进行转换时会截断小数部分。以下是一些示例：

```
# integer
int(123)
# float
int(123.23)
# string
int('123')
# 以上均输出：
# 123

# 字符中可包含分组下划线
int('323_133')
# 323133

# 二进制，0b 或者 0B 开头
int('1010', 2)
int('0b1010', 2)
# 八进制，0o 或 0O 开头
int('12', 8)
int('0o12', 8)
# 十六进制
int('A', 16)
int('0xA', 16)
# 以上均输出：
# 10
```

由于布尔值是整型的子类型，int() 会将它们转为 0 和 1。关于 int() 的详细介绍参见 https://www.gairuo.com/p/python-int。

float() 用于构造浮点数对象，一般将字符串或者数字进行转换，以下是一些示例代码：

```
float(2)                    # 2.0
float(2_000_001)            # 2000001.0
float('1.23')               # 1.23
float('\t +123')            # 123.0
float('    -123\n')         # -123.0
float('.3')                 # 0.3
float('2')                  # 2.0
float('1e-002')             # 0.01
float('+1E2')               # 100.0
```

float() 还能表示无穷大和缺失值，需要传入不区分大小写的 nan、inf 和 infinity，其中无穷大前可以加正负号表示正负无穷大。

```
# 缺失值 NaN (Not a Number)
float("nan")
float("NaN")
# 以上均返回缺失值
# nan

# 无穷大 inf/infinity
float("inf")
float("+inf")
float("InF")
float("InFiNiTy")
float("infinity")
# 以上均返回无穷大 inf

# 无穷小
float("-inf")
float('-Infinity')
# 以上均返回无穷小 -inf
```

复数的构造函数 complex() 支持通过传入数字或数字字面值字符串，指定实部与虚部来生成一个复数：

```
complex(4)
# (4+0j)
complex(5.5)
# (5.5+0j)
complex('1-2j')
# (1-2j)
complex(-2j)
# (-0-2j)
complex(3, 4)
complex(real=3, imag=4)
# (3+4j)
```

除了构造对应数据类型、进行类型转换外，int、float和complex还是类型名称，用于判断实例对象的类型，指示相关方法。

2.3.3 数字的运算

整数（包括布尔值）和浮点数内部、之间可以进行加（+）、减（-）、乘（*）、除（/）、幂（**）等运算。在运算过程中，遇到复数结果为复数，遇到浮点数结果为浮点数，只有两个整数在进行除法之外的计算时结果才为整数。

以下是这些运算的示例：

```
10 + 1              # 11
9 - 19              # -10
2 * 18              # 36
9 / 3               # 3.0
10 / 3              # 3.3333333333333335
3 + 2 * 3           # 9
(3 + 2) * 3         # 15
2 ** 3              # 8（2的3次方）

3 + 1j              # (3+1j)
1j/2                # 0.5j
0.1 + 2             # 2.1
4 * (2 + 2j)        # (8+8j)
```

a // b 和 a % b 分别计算出 a 和 b 的商和余数，比如 10 // 3 结果为 3，10 % 3 结果为 1。正号（+）和负号（-）将保持数值不变和求相反数，如 -10 得到 10 的相反数 -10，这也是前文中负数的构造方法。

此外，无穷大和缺失值的计算，根据语义有特殊的规则，见以下代码：

```
float('nan') + 1
# nan
float('nan') / 10
# nan
float('nan') ** float('nan')
# nan
float('inf') + 1
# inf
float('inf') - float('nan')
# nan
float('inf') / 9
# inf
float('inf') - float('inf')
# nan
float('inf') + float('inf')
# inf
float('-inf') + float('-inf')
# -inf
```

```
float('-inf') * float('-inf')
# inf
```

最后，0 不能做除数，否则将抛出 ZeroDivisionError 异常。

2.3.4　内置计算函数

除了 int() 等构造数字的 Python 内置函数外，还有 abs()、divmod()、pow() 等内置函数，在这里我们将一一介绍。

abs() 返回的是传入值的绝对值，它可以接收一个数字并返回它的绝对值。以下是一些操作示例：

```
# 整型的情况
abs(10)
# 10
abs(-10)
# 10

# 浮点型的情况
abs(-3.14)
# 3.14

# 复数的情况
complex1 = (5-6j)
abs(complex1)
# 7.810249675906654

complex2 = (3-4j)
abs(complex2)
# 5.0

abs(1j)
#1.0
```

divmod() 返回两个数字的商和余数（模）组成的元组，即 (x//y, x%y)。

```
divmod(10, 3)
# (3, 1)
divmod(10, -1)
# (-10, 0)
divmod(10, 0.1)
# (99.0, 0.09999999999999945)
divmod(10, 0)
# ZeroDivisionError: integer division or modulo by zero
divmod(0, 10)
# (0, 0)
```

内置函数 pow() 求数的 n 次幂，即返回 x^y 的值，如果传入第三个参数则返回值与传入数的余数（模）。

```
pow(2, 2)    # 4 = 2**2
pow(-2, 2)   # 4 = (-2)**2
pow(2, -2)   # 0.25 = 2**-2
pow(-2, -2)  # 0.25 = (-2)**-2

# 第三个参数可对结果取模
pow(4, 4, 5) # 1 256/5=51...1
pow(2, 3, 6) # 2
```

Python 的内置库函数 math.pow() 也能完成类似操作，但它不支持第三个参数。

内置函数一般都有相应的特殊方法让自定义对象支持这些函数功能，比如实现 __abs__() 就可以使用 abs()。

2.3.5 内置进制转换函数

根据上文的介绍，字面值可以生成指定进制数字，int() 的 base 也可以指定数字的进制。为了方便操作，Python 还内置了几个常用进制的转换函数，它们是转换为二进制的 bin()、转换为八进制的 oct() 以及转换为十六进制的 hex() 等。

bin() 将整数转变为以“0b”为前缀的二进制字符串，结果是一个合法的二进制数字字面值。如果想让返回的字符串没有“0b”前缀，可以用字符串的格式化处理方法直接进行转换。

```
bin(3), bin(-10), bin(True), bin(100)
# ('0b11', '-0b1010', '0b1', '0b1100100')

format(14, '#b'), format(14, 'b')
# ('0b1110', '1110')

f'{14:#b}', f'{14:b}'
# ('0b1110', '1110')
```

oct() 将一个整数转变为一个前缀为“0o”的八进制字符串，同样必须传入一个整数。以下是一些代码示例：

```
# 传入十进制
oct(8), oct(-9)
# ('0o10', '-0o11')

# 传入其他进制(二、八、十六)
oct(0b11), oct(0o7), oct(0xa)
# ('0o3', '0o7', '0o12')
```

同样，hex() 转换后的数是一个十六进制的数。

```
hex(255), hex(-42), hex(True)
# ('0xff', '-0x2a', '0x1')

hex(0b11), hex(0o777)
# ('0x3', '0x1ff')
```

oct() 和 hex() 都支持如 bin() 的字符串格式化转换。

2.3.6　数字的属性和方法

数字对象用于数值计算，作为一种对象，它的内部状态和对外的功能不多，但也有几个比较常用的属性和方法，在这里做一个介绍。

```
# 二进制表示所需要的位数 bin(2) -> '0b11'
(3).bit_length()
# 2

# 二进制表示中 1 的个数
(3).bit_length()
# 2

# 用 n 个字节数组来表示一个整数
(3).to_bytes(2, byteorder='big')
# b'\x00\x03'

# 类方法，返回由给定字节数组所表示的整数
int.from_bytes(b'\x00\x03', byteorder='big')
# 3

# 返回一对整数元组，其比率正好等于原整数并且分母为正整数
(0.5).as_integer_ratio()
# (1, 2)

(3).as_integer_ratio()
# (3, 1)
# 浮点是否可用有限位整数表示
(1.4).is_integer()
# False

(-10.0).is_integer()
(10.0).is_integer()
# True

# 十六进制表示一个浮点数
(1.5).hex()
# '0x1.8000000000000p+0'

# 类方法，返回十六进制字符串表示的浮点数
float.fromhex('0x3.a7p10')
# 3740.0

# 类方法，将浮点数转换为十六进制的字符串表示
float.hex(3740.0)
# '0x1.d380000000000p+11'

# 复数
```

```
foo = complex(1, 2)
foo
# (1+2j)

# 查看实部和虚部
foo.real # 1.0
foo.imag # 2.0

# 计算共轭复数
foo.conjugate()
# (1-2j)
```

在以上代码中，在用数字调用方法时我们先将其用括号括了起来，这是因为如果直接用字面量调用方法和属性会报语法错误。这个问题还可以通过在数字与其调用方法的点符号间增加一个空格来解决，如 3.imag。

2.3.7 小数的舍入

Python 的内置函数 round() 返回数字舍入到小数点后指定位精度的值，如果不指定小数位精度，则返回最接近输入值的整数。这个操作与我们经常使用的四舍五入不完全相同，比如 round(1.265, 2) 得到的是 1.26，并不是 1.27。这是由于大多数十进制小数实际上都不能以浮点数精确表示，所有的编程语言都存在这样的问题。

```
round(1.265, 2)
# 1.26
round(1.2345, 3)
# 1.234
round(1.9876, 1)
# 2.0
round(3.14)
# 3
round(0.618)
# 1
```

如果想实现真正的四舍五入，可以考虑自己实现，或者使用 Python 内置库 decimal 中的相关方法。

```
from decimal import Decimal
from decimal import ROUND_HALF_UP

Decimal('0.125').quantize(Decimal('0.00'), rounding=ROUND_HALF_UP)
# Decimal('0.13')

Decimal('1.265').quantize(Decimal('0.00'), rounding=ROUND_HALF_UP)
# Decimal('1.27')

round(1.265, 2)
# 1.26
```

可以将以上方法封装为函数使用。

2.3.8　整数的按位运算

Python 的按位运算（Bitwise Operation）只对整数有意义。计算按位运算的结果，就相当于使用无穷多个二进制符号位对二的补码执行操作。位运算是按照数据在内存中的二进制位（Bit）进行操作的。它一般用于底层开发，理解起来稍显复杂，不够直观，在我们日常的数据分析、Web 开发等场景中使用较少。

Python 中的按位运算规则如表 2-3 所示。

表 2-3　Python 中的按位运算规则

运算	说　明
&	按位与运算符，参与运算的两个值，如果相应位都为 1，则该位的结果为 1，否则为 0
^	按位异或运算符，当两个对应的二进制位相异时，结果为 1
~	按位取反运算符，对数据的每个二进制位取反，即把 1 变为 0，把 0 变为 1
|	按位或运算符，只要对应两个二进制位有一个为 1，结果就为 1
<<	左移动运算符：运算数的各二进制位全部左移若干位，由 << 右边的数字指定了移动的位数，高位丢弃，低位补 0
>>	右移动运算符：把 >> 左边的运算数的各二进制位全部右移若干位，>> 右边的数字指定了移动的位数

表 2-4 按照从高到低的顺序给出了 Python 按位运算的优先级。

表 2-4　Python 按位运算的优先级

运算	结　果
x | y	x 和 y 按位或
x ^ y	x 和 y 按位异或
x & y	x 和 y 按位与
x << n	x 左移 n 位
x >> n	x 右移 n 位
~x	x 按位取反

进行位运算操作时，先将两个数转为二进制，补位使两个操作数一样长。以下我们进行 3 和 5 的按位与、按位或运算。

```
# 3 的二进制为 11，补位后为 011
bin(3)
# '0b11'

# 5 的二进制为 101
bin(5)
```

```
# '0b101'

# 按位与，都为 1 时为 1，算得 001
3 & 5
# 1

# 按位或，有一个为 1 时为 1，算得 111
3 | 5
# 7

# 验证二进制 111 是 7
0b111
# 7
```

布尔类型是整型的子集，也支持按位运算，实现按位或、按位与、按位非（按位取反）等逻辑运算。

```
True & False
# False

True | True
# True

1 > 2 | 1<2
# True

1 > 2 & 1<2
# False

~ False
# -1
```

需要区分 and、or 等布尔运算和按位运算，布尔运算是基于对象的逻辑值检测结果得到布尔值，而按位运算是基于整数二进制的运算。

如果想在自定义的对象上支持按位操作符，需要自己实现相关的特殊方法，比如对于按位与（&）操作需要实现 __and__(self, value)，对于按位取反（~）操作则要实现 __invert__(self)。

2.3.9 小结

Python 中有大量的数字运算，数字操作是编程的基础操作，数字类型也经常存储在列表、集合、字典等容器中，来完成统计和分析。

2.4 字符串

在 Python 中，字符串是承载信息的主要数据类型，我们现实生活中有很多信息是字符串形式，比如姓名、地名、商品名称、聊天内容、日志记事、文章等。字符串的处理在业务中有着大量的使用场景。

在本节，我们将介绍字符串的构造、操作和方法。字符串有容器类型和序列类型的一些通用操作与方法，这里先做简单介绍。

2.4.1　字符串字面值

字符串是一种不可变的容器类型，由0个或若干个字符组成，它也是一个不可变序列，元素由Unicode（计算机领域通用的一套字符编码方案）码位构成。由于字符串非常常用，Python提供了字面值让我们直接写一个字符串，所有字符内容用英文引号包裹起来。

引号有3种形式——单引号、双引号和三重引号，引号两头必须一致。成对引号内的其他类型引号会被认为是引号字符，不起包裹字符串的作用。如果字符串内有相同引号，需要用反斜杠转义。

以下是一些合法的代码示例：

```
var = "hello"  # 双引号
print(var)  # hello

var = '123'  # 单引号，注意这是个字符串，不是数字
print(var)  # 123

var = '''hello'''  # 三引号（三个单引号）
print(var)  # hello

var = """world"""  # 三引号（三个双引号）
print(var)  # world

# 引号中可以有成对引号（单引号）
var = '"hello"'
print(var)  # "hello"

# 引号中可以有成对引号（双引号）
var = "'hello'"
print(var)  # 'hello'

# 引号中可以有成对引号（三引号）
var = '''他说："你好！"'''
print(var)  # 他说："你好！"

# 反斜杠转义
var = 'say: \'hello\''
print(var)  # say: 'hello'

var = 'I\'m sorry.'
print(var)  # I'm sorry.

# 三引号支持多个物理行
var = '''hello
```

```
world
I love python
'''

print(var)
'''
hello
world
I love python
'''
```

三引号可以支持多个物理行，经常用来做大段注释和函数、类的说明文档，被称为Docstring。写空字符串时也需要写成对的引号，空格字符串不是空字符串，里面的空格数量会被如实记录，比如：

```
''  # 空字符串
' '  # 含一个空格的字符串
'   '  # 含多个空格的字符串

bool('')  # 空字符串的逻辑值为假
# False
bool(' ')  # 空格字符串的逻辑值为真
# True
```

字符串可以包含几乎所有的字符类型，比如数字、标点符号、大小写英文字母、中文、其他语种文字、标记符号、表情符等。

2.4.2 字符串转义

要在字符中使用特殊字符时，可用反斜杠（\）转义字符，除了之前示例过的单双引号外，常用的转义符号如下：

```
print('aa\nbb')  # 换行
'''
aa
bb
'''
print('aa\tbb')  # 制表符
# aa    bb
print('aa\vbb')  # 垂直制表符
'''
aa
bb
'''
print('aa\bcc')  # 回车符，会删除a
# acc
print('\\')       # 转义反斜杠
# \
print('\f')       # 换页符
```

字面值专用的转义形式 \N{name}、\uxxxx 和 \Uxxxxxxxx 根据 Unicode 信息得到字符：

```
# 希腊字母 delta 和笑脸表情符
print("\N{GREEK CAPITAL LETTER DELTA}", '\N{GRINNING FACE}')
# Δ 😀

# 16 位十六进制数 xxxx 码位的字符
('\u1110', '\uaffa', '\u4321', '\u0102')
# ('ᄐ', '뿺', '䌡', 'Ă')

# 32 位十六进制数 xxxxxxxx 码位的字符
'\U00000394', '\U00000036', '\U00000066'
# ('Δ', '6', 'f')
```

这些转义操作适用于输入一些不好输入的字符串，也被应用于从系统中将编码解析为可识别的字符串形式。

2.4.3 字符串合并

如同 Python 语法中可以用反斜杠将多个物理行拼接成一个物理行一样，字符串单双引号内部也可以用反斜杠将多行字符串拼接起来，从而忽略换行。如：

```
'hello world \
I love python'
# 'hello world I love python'
```

这就要求反斜杠后面不能有其他字符。还可以按我们之前讲过的在物理行后加反斜杠显式拼接以及用圆括号包裹隐式拼接。两个相邻的字符串之间如果有空白分隔，也会被认为是一种拼接。这些拼接操作的示例如下：

```
# 物理行反斜杠拼接
'hello ' \
'world'
# 'hello world'

# 空白符合并
'hello ''world'
'hello ' 'world'
# 'hello world'

# 圆括号内空白符合并
('hello ' 'world ' 'I love python')
# 'hello world I love python'

# 隐式拼接
('hello '
 'world '
 'I love python'
)
```

```
# 'hello world I love python'

# 加号连接操作拼接
'hello ' + 'world'
# 'hello world'
```

其中，用加号运算符（+）拼接实质上是将两个字符串对象进行拼接操作产生一个新的字符串，其他的拼接方法属于 Python 的语法定义。

2.4.4 格式化字面值

日常使用字符串时，输入的内容或者部分内容不是固定的，起到模板的作用。比如在一条祝福短信中，收信人的名字是变化的，其他的内容是固定的。

对于字符串字面值的格式化，Python 之前使用 %（取模）运算符来完成，不过 Python 官方已经不推荐这种方法了，取而代之的是格式字符串字面值的形式，即在字面值前加大小写 f（一般是小写），在字符串内部用花括号（{}）标注格式，因此它也称为 f-string 法。

以下是一些格式字符串字面值的示例：

```
name_1 = "tom"
name_2 = "lily"
age = 17

print(f'{name_1}和{name_2}是好朋友。')  # 名称占位
print(f'{name_1:5}100分')  # 长度为5个字符
print(f'{name_2:5}100分')
'''
tom和lily是好朋友。
tom  100分
lily 100分
'''

f'今年{age:08}岁'  # 数字前加0，表示不够长度时在前面补0
# '今年00000017岁'
print(f'欢迎{name_1:<10}光临')  # <左对齐(字符串默认对齐方式)
print(f'欢迎{name_2:>10}光临')  # >右对齐(数值默认对齐方式)
print(f'欢迎{name_1:^10}光临')  # ^居中
'''
欢迎tom       光临
欢迎      lily光临
欢迎   tom    光临
'''

print(f'最高{8848:+}m')  # 显示正号
print(f'最低{-11043: }m')  # 空格，正数前导空格，负数使用减号
'''
最高+8848m
最低-11043m
'''
```

```
# lambda 表达式
f'圆面积是 {(lambda x: 3.14*x ** 2) (4)}'
# 圆面积是 50.24
f'圆面积是 {(lambda x: 3.14*x ** 2) (100):<+7.2f}'
# 圆面积是 +31400.00
```

可以看到，格式字符串字面值能让字符串输出中的部分内容动态变化，支持时间、数字、排版等方面的格式定义。

除字面值格式化外，字符串还有一个 format() 方法，能够执行字符串格式化操作，会按位置和名称来替换原字符对象的值。例如：

```
name = '小明'
'我的名字是 {}'.format(name)
# '我的名字是小明'
'{0}, {1}, {0}'.format('age', 18)
# 'age, 18, age'
'{}, {}'.format(18, 'age')
# '18, age'
'{name}: {age}'.format(age=18, name='tom')
# 'tom: 18'
student = {'name': 'tom', 'age': 18}
'信息: {name}, {age}'.format(**student) # 字典解包
# '信息: tom, 18'
'1+1={}'.format(1+1)
# '1+1=2'
```

Python 还提供了一个内置函数 format()，该函数可以将传入的任意一个对象按第二个参数指定的格式进行转换，输出字符串。如果没有第二个参数，其效果和下面将要介绍的内置函数 str(obj) 效果相同。以下是简单的示例：

```
format('hello')
# 'hello'

format(3, 'b')  # 二进制
# '11'

format(123, 'f')  # 浮点数
# '123.000000'

format(123, '6.2f')  # 浮点位数
# '123.00'
```

自定义格式化一般应用在输出结果的美化和数据可视化中，更多关于字符串格式化的内容可以参考 https://www.gairuo.com/p/python-format-string 或者执行 help('FORMATTING') 查看。

2.4.5　str() 和 repr()

Python 的内置函数 str() 返回对象的字符形式，它是字符串版本的对象。str 是内置的字

符串类，一般用来将对象转为字符串类型。例如：

```
str(88)
# '88'

str('Gairuo!')
# 'Gairuo!'

str(b'Gairuo!')  # 字节串
# "b'Gairuo!'"

str([1, 2, 3])  # 列表
# '[1, 2, 3]'

str(True), str(None)  # 布尔值和空值
# ('True', 'None')

str({'a': 1, 'b': 2})  # 字典
# "{'a': 1, 'b': 2}"

# 字节串传入情况
b = bytes('gairuö', encoding='utf-8')
# 不在 ASCII 编码集中的字符会被忽略
str(b, encoding='ascii', errors='ignore')
# 'gairu'
```

通过对象类的特殊方法 object.__str__() 可以自定义返回的字符串内容：

```
class Student(object):
    def __init__(self, name):
        self.name = name

    def __str__(self):
        return repr(f'我是{self.name}')


me = Student('大明')

print(me)
# '我是大明'

str(me)
# "'我是大明'"
```

Python 的内置函数 repr(object) 返回对象的可打印形式字符串。对于很多类型而言，该函数试图返回的字符串，会与将对象传给 eval()（它是将字符串当代码执行的内置函数）所生成的结果相同。

以下代码定义了一个整型对象，我们用 repr() 返回它的打印形式（它是一个字符串）。当我们将这个结果传给 eval() 时，它生成一个原来的整型对象。

```
n = 10
repr(n)
# '10'

eval(repr(n))
# 10
```

再看一些其他的示例：

```
repr(True)
# 'True'

repr(bool)
# "<class 'bool'>"

import math
repr(math)
# "<module 'math' from '../math.cpython-310-darwin.so'>"

repr(repr)
# '<built-in function repr>'

import pandas as pd  # 第三方库，需要安装
repr(pd.Series)
# "<class 'pandas.core.series.Series'>"

import numpy as np  # 第三方库，需要安装
repr(np.array([*'abc']))
# "array(['a', 'b', 'c'], dtype='<U1')"

repr(__name__)
# "'__main__'"

repr(int|str)
# 'int | str'

# 自定义类
class student:
    pass

repr(student())
# '<__main__.student object at 0x7fec2f1d2080>'
```

和 str() 类似，特殊方法 __repr__() 也可自定义对象的 repr() 返回值。repr 是 representation（意为描述、表现形式）的缩写，对象 repr 的目的是返回可以包含在表达式中的字符串，其中同一对象的 str 是可以自然显示的字符串。

```
print(repr(a))
print('{!r}'.format(a))
print('%r'%a)
```

上面代码中的 r 是 repr 的缩写。repr 在调试代码，尤其是自定义的代码时最有用。

str() 和 repr() 都能输出对象的字符串形式，但它们的用途是不同的。str() 用于为最终用户创建输出，而 repr() 主要用于调试和开发。比如，我们在调试时间对象的时候，可以用 repr() 输出对象的内容，以便更好地观察对象的内容：

```
import datetime
now = datetime.datetime.now()

# 打印日期时间对象的可读格式
print(now)
str(now)
# 2022-06-28 19:53:47.305265

# 打印日期时间对象的正式格式
repr(now)
# 'datetime.datetime(2022, 6, 28, 19, 53, 47, 305265)'
```

因此，我们在面向对象编程中需要定义与 repr() 对应的特殊方法。

2.4.6 ascii()

Python 的内置函数 ascii(object) 与 repr() 类似，返回一个字符串，表示对象的可打印 ASCII 码形式。非 ASCII 字符会用 \x、\u 和 \U 进行转义。ASCII 是美国信息交换标准代码（American Standard Code for Information Interchange）。它是给不同字符和符号的数值，供计算机存储和操作，它仅包含大小写英文、数字、常用的符号，共计 128 个。例如，字母 A 的 ASCII 值为 65。

以下是几个简单的示例：

```
ascii(123)
# '123'

ascii('盖若')
# "'\\u76d6\\u82e5'"

languages = ['pythØn','C++','Go']
ascii(languages)
# "['pyth\\xd8n', 'C++', 'Go']"
```

要想获取一个值的 ASCII 码要用 Python 的内置函数 ord()，将 ASCII 码转为一个对应的字符要用内置函数 chr()。例如：

```
# 字符
c = 'G'
# ASCII 码
a = 99

print(c, "的 ASCII 码为", ord(c))
```

```
print(a, "对应的字符为", chr(a))
'''
G 的 ASCII 码为 71
99 对应的字符为 c
'''
```

将数据转为 ASCII 码是为了便于数据在统一的编码下进行传输。

2.4.7　ord() 和 chr()

ord() 将单个字符转为 Unicode 码点，chr() 将 Unicode 码点转为字符，二者互为逆函数。Unicode 也是一种为字符提供唯一数字的编码技术，ASCII 仅编码 128 个字符，而当前 Unicode 有来自数百个文字符号系统的 100 000 多个字符。

以下是一些示例：

```
ord('a')
# 97
ord('¥')  # 人民币符号
# 165
ord('美国')  # 多个字符
# TypeError: ord() expected a character, but string of length 2 found

chr(97)
# 'a'
chr(165)
# '¥'
chr(1_114_112)  # 大于 1_114_111，超出编码范围
# ValueError: chr() arg not in range(0x110000)
```

ord() 中的 ord 代表 ordinal（序数），返回的是一个数字编号；chr() 中的 chr 是 character（字符）一词的缩写，返回的是一个字符。它们传入的数据类型和输出类型相反。

2.4.8　字符串的操作

字符串是容器和序列类型，实现了所有序列的操作。这里先简单介绍几个常用的操作，更加详细的操作将在第 3 章统一介绍。

常用的字符串操作有迭代、拼接、重复、成员检测、索引和切片等，以下是一些示例：

```
# 相加，拼接
'hello' + ' ' + 'world'
# 'hello world'

# 乘法，重复
'hello' * 3
# 'hellohellohello'
3 * 'world'
# 'worldworldworld'
'hello \
```

```
world ' * 3
# 'hello world hello world hello world '

# 索引
'bye'[1]  # 'y' 取第 2 个索引位（索引从 0 开始）的内容
'bye'[-2]  # 'y' 取倒数第 2 个索引位的内容
# 切片
'goodbye'[2:5]  # 取一段，不包含右边索引位内容

# 成员检测
'g' in 'goodbye'  # True 成员运算，指定字段是否在目标字符串里
'g' not in 'goodbye'  # False 指定字段是否不在目标字符串里

# 迭代
for i in 'good':
    print(i)
'''
g
o
o
d
'''
```

还有一些其他的Python内置函数可以对字符串进行操作，这些内置函数的使用示例如下：

```
all(' abc'), any(' abc')  # 非空字符串的全部和部分均为真
# (True, True)
all(''), any('')  # 空字符串
# (True, False)
int('123'), float('456'), complex('123')  # 将数字字符串转为数字类型
# (123, 456.0, (123+0j))
eval('1+1')  # 将字符串形式表达式解释为代码执行
# 2
len('hello world')  # 字符串的长度
# 11
max('abc'), min('abc')  # 求字符串中的最大值、最小值，根据字符的编码进行比较
# ('c', 'a')
sorted('name')  # 将字符串重新排序，得到一个列表
# ['a', 'e', 'm', 'n']
sorted('name', reverse=True)  # 反向排序
# ['n', 'm', 'e', 'a']
```

2.4.9 字符串的方法

字符串提供了非常多的方法，主要针对字符格式、替换、排序、编码、元素检测、查找等功能。以下是这些方法的使用示例：

```
len('good')  # 4 字符串的长度

'good'.replace('g', 'G')  # 'Good' 替换字符，将 g 替换为 G
```

```
'山-水-风-雨'.split('-') # ['山', '水', '风', '雨'] 用指定字符分隔，默认用空格符
'好山好水好风光'.split('好') # ['', '山', '水', '风光']

'-'.join(['山','水','风','雨'])          # '山-水-风-雨' 用指定字符进行拼接
'和'.join(['诗', '远方']) # '诗和远方'

'good'.upper()                  # 'GOOD' 全转大写
'GOOD'.lower()                  # 'good' 全转小写
'Good Bye'.swapcase()           # 'gOOD bYE' 大小写互换
'good'.capitalize()             # 'Good' 首字母转大写
'good'.islower()                # True 是否全是小写
'good'.isupper()                # False 是否全是大写
'good bYe'.title()              # 'Good Bye' 所有的单词首字母转为大写，且其他字母转小写
'Good Bye'.istitle()            # True 检测所有的单词是否首字母为大写，且其他字母为小写

'我和你'.endswith('你')          # True 是否以指定字符结尾
'我和你'.startswith('你')        # False 是否以指定字符开始
' and 你'.isspace()             # False 是否全是空格

'good'.center(10, '*')          # '***good***' 字符居中，其余用指定字符填充，共多少位
'good'.ljust(10, '-')           # 'good------' 左对齐，其余用指定字符填充，默认用空格填充
'good'.rjust(10, '-')           # '------good' 右对齐
'good'.count('o')               # 2 指定字符在字符串中的数量
'good'.count('o', 2, 3)         # 1 在索引范围内字符出现的数量
'3月'.zfill(3)                  # '03月' 指定长度，不够的话在前面补 0

max('good')                     # 'o' 按字母顺序，最大的字母
min('good')                     # 'd' 最小的字母

'Good Good Study'.find('y')          # 14 返回指定字符第一次出现的索引，如果不包含则返回 -1
'Good Good Study'.find('o', 3)       # 6 指定开始位之后第一次出现的索引，如果不包含则返回 -1
'Good Good Study'.find('o', 2, 7)    # 2 指定区间内第一次出现的索引，如果不包含则返回 -1
'Good Good Study'.find('up')         # -1 如果不包含则返回 -1
'Good Good Study'.rfind('oo', 5, 8) # 6 区间内指定字符串的最高索引

'Good Bye'.index('d')           # 3 指定字符的第一个索引
# 'Good Bye'.index('s')         # 找不到，引发 ValueError 错误，可以先用 in 判断是否包含
'Good Good Study'.rindex('oo', 5, 8) # 6 同 rfind()，但未找到时会引发 ValueError 错误

# 去空格
'Good bye'.strip('e')           # 去掉首尾指定字符，默认去空格
' Good bye '.lstrip()           # 'Good bye' 去掉左边空格
' Good bye '.rstrip()           # 'Good bye' 去掉右边空格

# 按换行分隔，默认 (False) 不保留换行符
'Good\nbye\nbye'.splitlines(keepends=True) # ['Good\n', 'bye\n', 'bye']
```

其中 split()、replace()、join()、count()、index() 等方法是最为常用的。每个方法的具体说明可以执行 help(str.replace) 查看，也可以在 JupyterLab 的单元格中运行 str.replace? 查询。

2.4.10 二进制序列

Python 中操作二进制数据的核心内置类型是字节串（bytes）和字节数组（bytearray）。它们都支持内存视图（memoryview），使用缓冲协议访问其他二进制对象的内存，而无须复制产生新的对象。它们都是序列类型，其中字节数组是可变类型。虽然它们不是字符串，但相关的行为特征和操作都与字符串有很多相同之处，因此在这里做一下简单介绍。

Python 的字节串（bytes）对象是由若干个单字节构成的不可变序列，可以由在引号前加 b 的字面值形式构造。由于许多主要二进制协议都基于 ASCII 文本编码，因此字节串对象仅包含 ASCII 数据。以下是一些它的构造代码：

```
b'a'  # b 前缀的字节串字面值，引号中全为 ASCII 的形式，引号可为单、双、三引号
b'abc123554666588756'  # 长度理论上没有限制
b'我' # 语法错误 SyntaxError: bytes can only contain ASCII literal characters
br'abc'  # 禁止转义序列处理
rb'abc'  # 同上

# 限制为 0 <= x < 256
bytes(10)  # 指定长度的以零值填充的 bytes 对象
# b'\x00\x00\x00\x00\x00\x00\x00\x00\x00\x00'

bytes(range(20))  # 通过由整数组成的可迭代对象
# b'\x00\x01\x02\x03\x04\x05\x06\x07\x08\t\n\x0b...'

obj = (1, 2)
bytes(obj)  # 通过缓冲区协议复制现有的二进制数据
# b'\x01\x02'
```

字节数组对象是字节串对象的可变对应对象，使用 bytearray() 内置函数创建：

```
bytearray()  # 创建一个空实例
# bytearray(b'')

bytearray(10)  # 创建一个指定长度的以零值填充的实例
# bytearray(b'\x00\x00\x00\x00\x00\x00\x00\x00\x00\x00')

bytearray(range(20))  # 通过由整数组成的可迭代对象
bytearray(b'\x00\x01\x02\x03\x04\x05\x06\x07\x08\t\n\x0b...')

bytearray(b'Hi!')  # 通过缓冲区协议复制现有的二进制数据
# bytearray(b'Hi!')
```

内存视图可以理解为一个代理，通过这个代理访问一个对象的内部数据不会触发内存的复制，也就是不会生成新的对象。

```
mv = memoryview(b'hello')
mv[1]
# 101
mv[:3]
```

```
# <memory at 0x7f9a632e2800>
mv[:3].tobytes()
# b'hel'
bytes(mv[2:4])
# b'll'
```

作为序列类型，这些二进制序列支持序列类型的通用操作，也支持类似字符串的一些操作，同时也有一些自己的特殊方法。

二进制数据非常适合在互联网上传输，可以用于网络通信编程，还可以用于存储和传送图片、音频、视频等二进制格式的文件。

2.4.11 小结

本节较为全面地介绍了字符串的用法，包括构造、操作和方法，还介绍了一些相关的内置方法。字符串是基础信息，Python 提供了字面值来创建它。字面值创建时还支持多种方法将它们合并在一起，形成一个完整的字符串。

字面值支持对字符的格式化，这样我们就能将它当作一个模板，传入动态的变量，减少编写重复的代码。字符串类型自带了丰富的方法，让字符串的查询、替换、格式化等变得非常方便。

如同数字类型一样，字符串也是组成容器的基础单元，对于编程至关重要。

2.5 本章小结

本章介绍了 Python 数据类型中最为基础的几个类型，如空值、布尔型、数字、字符串等。我们先从对象的角度审视了一个类型所拥有的性质，然后建立了对 Python 数据类型的体系化认知。

对于每一个数据类型，我们要知道它的构造方法，它有哪些属性，有哪些方法，以及支持哪些 Python 内置操作。另外，还要思考一个类型的应用场景，它是基于什么现实问题而设计出的。

结合本章扎实的内容基础和学习方法论，我们将在下一章了解容器类型的数据结构。

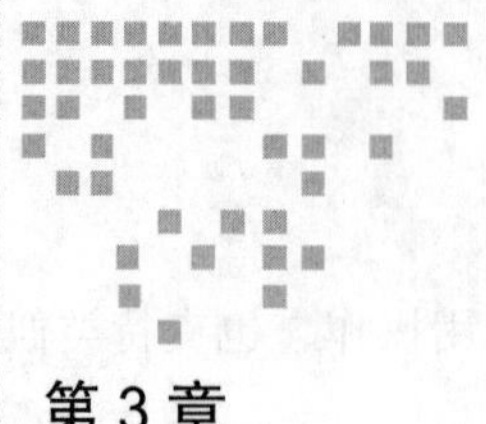

Chapter 3 第3章

容器类型

在第2章中，我们梳理了Python的数据类型体系。除了布尔、数字等类型之外，字符串、字节串等其他数据类型基本都是容器类型。在Python中，可以包含其他对象的对象被称为容器。容器是由若干个元素组成的，这些元素本身也可以是容器。

本章将系统介绍Python内置的容器类型。

3.1 容器类型概述

Python的容器类型主要有字符串、元组、列表、集合、字典等。在本节，我们将介绍容器的分类体系和通用特性。

3.1.1 容器的分类

如之前的介绍，Python内置的基础容器类型大致如图3-1所示。容器分为序列、集合和映射，其中序列又分为可变序列和不可变序列。

此外Python的内置模块collections还提供了几个实用的容器类型，如namedtuple()、deque、ChainMap、Counter、OrderedDict、defaultdict、UserDict、UserList、UserString等，是对基础容器类型特性的补充和改进。

容器类型的特点是包含有限个元素，这些元素本身也可以是容器，比如字典的键和值均可以是容器。容器按照元素是否有顺序可分为序列和非序列，集合和字典的元素没有顺序（不提供顺序特性），因而它们是非序列。

容器根据内容是否可以变化（添加修改），又分为可变容器和不可变容器。集合（一般为可变集合）和字典都是可变的，我们更关心序列是否可变，基础序列类型中只有列表和字节数组是可变的。

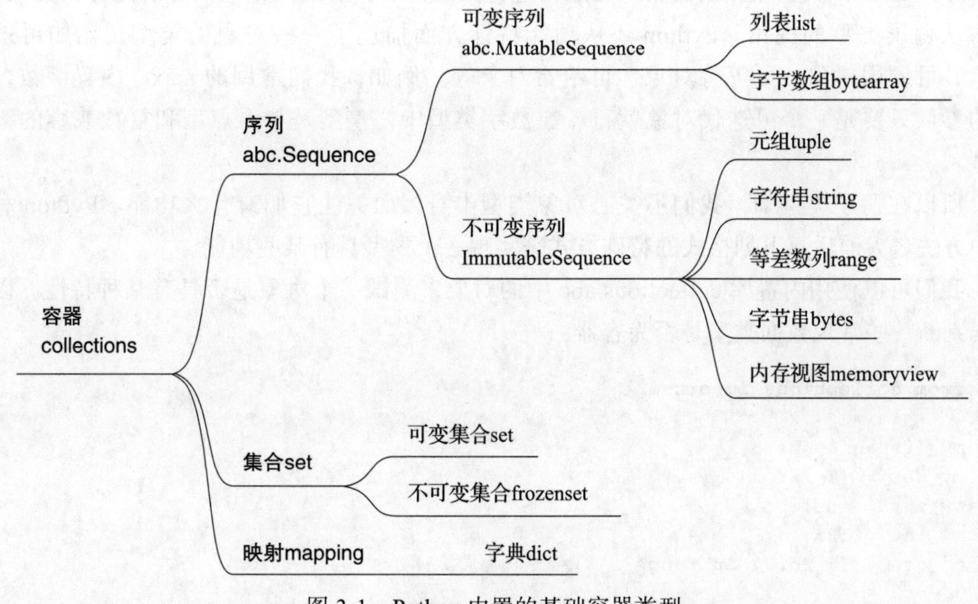

图 3-1 Python 内置的基础容器类型

元组是典型的不可变序列。由于 Python 没有单独的字符类型，若干字符组成字符串后不能再修改，字符串的一些“修改”方法，其实并没有真正修改字符串本身，而是产生了新的字符串对象。

集合的元素不能重复，可以认为集合是没有值只有键的字典，因为字典的每个元素由成对的键值组成，它的所有键也是不能重复的。字典是 Python 仅有的一种内置的标准映射类型。所谓映射类型是指通过名字（键）引用对应值的数据类型。

集合的元素不能重复，字典的键要作为引用，因此它们必须是在生命周期内不发生改变的值，或者说是可哈希的（hashable），可变容器都不能作为它们的取值。

容器有一些共有的操作特性，比如用内置函数 len() 求容器的长度，用 max() 和 min() 求容器的最大值和最小值，用 in/not in 关键字进行成员检测，用 for 语句迭代元素，等等。

3.1.2 鸭子类型

动态语言中，在介绍一个数据类型时，经常会听到它是一个 list-like、array-like、dict-like、bytes-like、file-like、path-like 等概念，这种类型被称为鸭子类型（duck typing），这种对象类型描述视角不是类型和类型的继承关系，而是从对象当前方法和属性的集合来看的。鸭子类型的叫法源于这样表述：“如果一只鸟走起来像鸭子，游起泳来像鸭子，叫起来也像鸭子，那么它就可以被称为鸭子。”

比如，很多自定义容器类型会设计成list-like鸭子类型，会实现类似于列表的功能，具有索引、切片、修改、删除和清空等方法，甚至方法的名称也是一样的。这样，我们写代码逻辑时，list-like类型数据只需要一套逻辑进行处理，而不需要判断它们分别是什么类型。

从鸭子类型的视角，Python还从功能特性方面描述了一些对象的类型，比如可迭代对象、可调用对象、可等待对象、可哈希对象等。例如，我们常用的max()内置函数，传入的参数只要是一个可迭代对象就行。在数字类型中，整型是与浮点型和复数兼容的鸭子类型。

所以在鸭子类型中，我们不关心对象类型本身，而关注它们有什么功能。Python利用类中方法名为前后双下划格式的特殊方式来实现一个类型具有某些功能。

我们可以使用内置库collections.abc中的对象来测试一个对象是否具有某种特性。以下代码判断一些常规数据类型是否为容器：

```
from collections import abc

my_list= [1, 2, 3]
my_set = {1, 2, 3}
my_str = 'hello'
my_int = 123
my_gen = (i for i in range(3)) # 迭代生成器

# 是否为容器
isinstance(my_list, abc.Container)
# True
isinstance(my_set, abc.Collection)
# True
isinstance(my_str, abc.Collection)
# True
isinstance(my_int, abc.Collection)
# False
isinstance(my_gen, abc.Collection)
# False

# 其他类型
dir(abc)
'''
['AsyncGenerator',
 'AsyncIterable',
 'AsyncIterator',
 'Awaitable',
 'ByteString',
 'Callable',
 'Collection',
 'Container',
 'Coroutine',
 'Generator',
 'Hashable',
```

```
 'ItemsView',
 'Iterable',
 'Iterator',
 'KeysView',
 'Mapping',
 'MappingView',
 'MutableMapping',
 'MutableSequence',
 'MutableSet',
 'Reversible',
 'Sequence',
 'Set',
 'Sized',
 'ValuesView',
 '...其他输出略...']
'''
```

collections.abc 模块定义了一些抽象基类，这些基类可用于判断一个类是否具有某特性。abc.Container 是提供了 __contains__() 方法的抽象类型，abc.Collection 是提供了 __len__() 和 __iter__() 方法的抽象基类。我们通过定义这些特殊方法来模拟一个容器鸭子类型。

3.1.3 成员检测

运算符 in 和 not in 用于成员检测操作，即判断一个元素是不是容器全集中的一员，如果是，返回 True，否则返回 False。容器类型均支持成员检测运算，在类型内部可以实现 __contains__() 特殊方法来支持成员检测。对于字符串来说，成员检测计算的是它是否为目标的子字符串。空字符串是所有字符串的子字符串。

```
'a' in 'abc'
# True
'ab' in 'abc'
# True
'ac' in 'abc'
# False
'' in 'abc'
# True
'' in ''
# True
2 in range(4)
# True
4 not in range(4)
# True
'abb' in ['abc', 'efg']
# False
'ac' in ['abc', 'efg']
# False
['abc', 'efg'][0] in ['abc', 'efg']
# True
```

```
('abc') in ('abc', 'efg', 'hij')
# True
('abc', 'hij') in ('abc', 'efg', 'hij')
# False
('abc', 'efg') in (('abc', 'efg'), 'hij')
# True
'a' in {'a': 'b', 'c': 'd'}
# True
'b' in {'a': 'b', 'c': 'd'}
# False

# 字典与字典不能进行成员检测
# {'a': 'b'} in {'a': 'b', 'c': 'd'}
# TypeError: unhashable type: 'dict'

'a' in {'a', 'b'}
# True
```

要注意的是字典检测的成员是键。我们定义一个价格区间类型，然后让一个金额（数值类型）与它进行成员检测计算，来判断此金额是否在金额区间内。代码如下：

```
class PriceRange:
    def __init__(self, low, high):
        self.low = low
        self.high = high

    def __contains__(self, value):
        return self.low <= value <= self.high


pr = PriceRange(10, 20)
15 in pr
# True

21 in pr
# False

9 not in pr
# True
```

通过 __contains__() 特殊方法就让对象支持了 in 运算符的运算。

在处理数据量大且需要频繁进行 in 操作时，最好使用集合和字典，这样将会大幅提升处理速度。

3.1.4 拼接

两个容器可以通过 +（加号）和 *（乘号）运算符完成拼接与重复拼接操作。拼接总是会生成新容器对象。

```
'a' + 'b', 'a' * 3
# ('ab', 'aaa')

(1, 2, 3) + (4,)
# (1, 2, 3, 4)

(1, 2, 3) * 3
# (1, 2, 3, 1, 2, 3, 1, 2, 3)

[1, 2] + [(1, 2)]
# [1, 2, (1, 2)]

[] + [], [] * 4
# ([], [])

['a'] * 4
# ['a', 'a', 'a', 'a']
```

range 对象、字典和集合由于其定义的特点，不支持拼接操作。

如果要对一个以字符串为元素的序列（可迭代对象）进行拼接，可以使用 str 对象的 join() 方法，该方法它还支持连接字符串。例如：

```
''.join(('a', 'b', 'c'))
# 'abc'
' '.join('bye bye')
# 'b y e   b y e'
'-'.join(['a', 'b', 'c'])
# 'a-b-c'
','.join({'a': 1, 'b': 2})
# 'a,b'
''.join({'a', 'b', 'c'})
# 'abc'
```

其实它就是连接字符串的一个实例方法。

3.1.5 迭代

我们知道，程序最大的特点之一是可以不断重复做事情，每做一次就完成了“一次迭代”，整个过程称为迭代（iteration）。比如，我们将购买的散装鸡蛋放入冰箱，每次捡拾、搁放就是一次迭代，直到将所有的鸡蛋都放进冰箱。

在编程中，还有一个类似的概念叫递归（recursion），我们可以将它们放在一起理解。简单来说，递归就是函数自己调用自己，如同经典的山里有座庙，庙里有个老和尚，正在给小和尚讲故事，讲的故事也是“山里有座庙”这件事。

Python 有一个专门的可迭代对象鸭子类型，属于此类型的对象都可以进行迭代，容器类型均可以进行迭代。那么 Python 是如何操作迭代的呢？

最常用的迭代语句是 for 语句，它将容器内的值一一取出，一一处理，如：

```python
for i in ['a', 'b', 'c']:
    print(i)
'''
a
b
c
'''
```

接下来是 while 语句，它在满足一定条件的情况下，不断重复处理容器数据，如：

```python
foo = ['a', 'b', 'c']

# 不断删除元素
while foo:
    print(foo.pop())
'''
c
b
a
'''
```

另外，列表、字典、集合的推导式也都可以进行类似的迭代操作。我们可以将数据转为一个列表和字典：

```python
foo = 'abc'
[i for i in foo]
# ['a', 'b', 'c']

{i:0 for i in foo}
# {'a': 0, 'b': 0, 'c': 0}
```

上面的过程可以附带操作或者调用函数：

```python
[print(f'哎呀！迭代 {i} 了') for i in foo]
'''
哎呀！迭代 a 了
哎呀！迭代 b 了
哎呀！迭代 c 了

[None, None, None]
'''
```

不过不建议这么操作。最后，Python 内置函数 next() 可以对一个迭代器进行迭代，我们将在后文中详细介绍。

除了容器可以迭代外，Python 还专门设计了用于迭代的数据类型，比如迭代器和生成器。所有可用于迭代的对象称为可迭代对象（iterable）。

3.1.6 原地操作

Python 的有些方法被设计成原地操作（in-place），不返回新对象，而是直接对原对象进行修改。Python 的很多可变对象都有这种机制，众多第三方库包也大量采用这种机制。

以最为常见的列表的 append() 方法为例，它在列表的尾部追加一个元素，是一个典型的原地操作。

```
a = [1, 2]
b = a.append(3)
print(a)
# [1, 2, 3]
print(b)
# None

a = a.append(4)
print(a)
# None
```

可以看到，它对原对象进行了修改，返回的是 None 值，因此我们不能再用 append() 操作进行赋值，因为赋值的标识符号的对象为 None，如果再赋值给原对象，原对象的标识符绑定的对象也会成为 None。

原地操作又叫就地操作。支持原地操作的函数和方法会改变对象自身的值，这种操作的好处是更加面向对象，并且可以节省一定的数据存储空间。

Python 内部就有很多原地操作，如 operator 模块提供的数值计算中以 i 开头的函数来提供原地操作版本。例如，iadd 是一个原地加法，它是 add 的原地操作版本，将两个字符串拼接起来：

```
from operator import iadd

a = 'hello'
iadd(a, ' world')
# 'hello world'
a
# 'hello'
```

Python 的多重赋值语句，如 a+=b，是语法上的一个原地操作，如：

```
a = 'hello'
a += ' world'
a
# 'hello world'
```

第三方库的很多方法会设计 inplace 参数，来判断是否执行原地操作，一般默认为 False，为 True 时执行。例如 Pandas 的重置索引功能：

```
df.reset_index(inplace=True)
```

Python 中常见的内置数据类型的原地操作方法如下：

- append()，支持列表、字节数组等；

- ❑ extend()，支持列表、字节数组等；
- ❑ update()，支持字典；
- ❑ insert()，支持列表、字节数组等；
- ❑ clear()，支持列表、字典、集合；
- ❑ pop()，支持列表、字节数组、字典、集合等；
- ❑ remove()，支持列表、字节数组、集合等；
- ❑ reverse()，支持列表、字节数组等；
- ❑ sort()，支持列表等。

实现对象的原地操作方法非常容易。我们来写一个原地操作的函数，对原对象进行修改，返回值可以是任意的，但最好按照习惯返回 None。

```
class Wallet():
    def __init__(self, n):
        self.n = n

    def add_money(self, other):
        self.n += other
        return

    def __repr__(self):
        return f'<Wallet: {self.n}>'

wallet = Wallet(10)
wallet
# <Wallet: 10>
wallet.add_money(8)
wallet
# <Wallet: 18>
```

以上代码实现了一个钱包类型，可以通过 add_money() 方法向钱包里装钱，执行后钱包里的金额会原地增加。在实现 add_money() 方法时，return 语句后没有写值，默认会返回 None。

3.1.7 clear() 方法

Python 内置可变容器对象的 clear() 方法会从容器中移除所有项 ()。此方法只支持可变容器类型，比如列表、字节数组、字典和集合等。它的语法如下：

```
s.clear()  # 通用语法
list.clear()  # 列表
bytearray.clear()  # 字节数组
dict.clear()  # 字典
set.clear()  # 集合
```

一些使用示例如下：

```
lst = [1, 2, 3]
bta = bytearray(b'abc')
dct = {'a': 1, 'b': 2}
st = {1, 2, 3}

lst.clear()
bta.clear()
dct.clear()
st.clear()

lst # []
bta # bytearray(b'')
dct # {}
st  # set()
```

对于序列来说，此操作等同于 del s[:] 和 s[:]=[]，但不是 del s，即只清空容器里的内容，而不会将容器对象删除。测试如下：

```
s = [1, 2, 3]
s.clear()
s
# []

s2 = [1, 2, 3]
del s[:]
s
# []

s3 = [1, 2, 3]
del s3
s3
# NameError: name 's3' is not defined
```

对序列中的切片子序列进行 clear() 操作，不会对原序列起作用：

```
s4 = [1, 2, 3]
s4[:2].clear()
s4
# [1, 2, 3]
```

进行 clear() 及 copy() 操作是为了与不支持切片操作的可变容器（例如字典和集合）的接口保持一致。clear() 是一个原地操作。

3.1.8 remove() 方法

Python 的内置可变容器对象的 remove() 方法可以在序列、容器中删除指定内容，支持列表、字节数组、集合。remove() 的语法为：

```
# 通用语法
s.remove(x)

# 各类型语法
list.remove(x)  # 列表
bytearray.remove(x)  # 字节数组
set.remove(x)  # 集合
```

删除s中第一个等于x的项目，执行原地操作，返回值为None。不同类型的规则如下。

- 列表：传入任意对象，如果不存在会引发ValueError。
- 字节数组：只能传入整型，如果不存在会引发ValueError。
- 集合：传入任意对象（不可变），如果不存在会引发KeyError。

以下是一些使用示例：

```
# 列表
lst = [1, 2, 3, 3]
lst.remove(3)
lst
# [1, 2, 3]

# 字节数组
bta = bytearray(b'ABC')
# bta.remove(1)
# ValueError: value not found in bytearray
bta.remove(66)
bta
# bytearray(b'AC')

# 集合
st = {1, 2, 3}
st.remove(3)
st
# {1, 2}
# st.remove([1])
# TypeError: unhashable type: 'list'
```

如果删除一个不存在的元素，会报错，可以用以下方法处理：

```
st = {'a', 'b', 'c'}
try:
    st.remove('d')
except KeyError:
    pass

st
# {'a', 'b', 'c'}
```

如果想全部删除，可以使用clear()方法，或者进行支持切片的del操作、赋值等操作。如果想按索引删除序列中的元素，可以使用pop()方法。

3.1.9 copy() 方法

Python 的内置可变容器对象的 copy() 方法可用来创建浅拷贝。此方法只支持容器类型，如列表、字节数组、字典和集合等。

容器类型的 copy() 方法的语法为：

```
s.copy()            # 通用语法
list.copy()         # 列表
bytearray.copy()    # 字节数组
dict.copy()         # 字典
set.copy()          # 集合
frozenset.copy()    # 冻结集合
```

由于 Python 的特性，对可变对象重新赋值是将多个标识符指向同一个对象。浅拷贝其实拷贝的是原始元素的引用（内存地址），所以当拷贝可变对象时，原对象内可变对象的对应元素的改变会在拷贝对象的对应元素上有所体现。

深拷贝在遇到可变对象时，会在内部新建一个副本。不管副本内部的元素如何变化，都不会影响到原始的可变对象。

copy() 方法不是原地操作，执行时需要将拷贝的对象赋值给一个变量。冻结集合（frozenset）虽然是不可变对象，但它也实现了 copy() 方法，可能是为了与 set 兼容。

以下是一些操作示例：

```
lst = [1, 2, [3, 4]]
lst_c = lst.copy()
lst_c
# [1, 2, [3, 4]]

# 对原数据进行修改
lst[0] = 0
# 对原数据内部元素进行修改
lst[-1][-1] = -1

# 原数据
lst
# [0, 2, [3, -1]]

# 新数据：内部也发生了修改，但第一层没有修改
lst_c
# [1, 2, [3, -1]]
```

不可变对象不支持通过 copy() 方法进行浅拷贝，因为没有意义，这相当于直接改变引用。如果需要深拷贝，则需要使用内置库的 copy.deepcopy() 函数。

关于浅拷贝和深拷贝的更多知识可以访问 https://www.gairuo.com/p/python-library-copy。

3.1.10 pop() 方法

Python 的内置可变容器对象的 pop() 方法可以删除指定索引、指定键的内容。它的语法为：

```
# 通用语法
s.pop()
s.pop(i)

# 各类型语法
list.pop(index=-1, /)  # 列表
bytearray.pop(index=-1, /)  # 字节数组
dict.pop(k[,d])  # 字典
set.pop()  # 集合
```

s.pop(i) 的作用是提取在 i（字典是键，不能为空）位置上的项，并将其从 s 中移除。应用该方法时，不同类型的数据的行为如下。

- 列表和字节数组：默认删除最后一项，如果容器为空或索引超出范围则抛出 KeyError。
- 字典：删除指定的键并返回相应的值。如果找不到键，就返回默认值（如果给定），否则引发 KeyError。
- 集合：删除并返回任意元素，如果集合为空，则引发 KeyError。

以下是一些操作示例：

```
# 列表
lst = [1, 2, [3, 4]]
lst[2].pop()
# 4
lst
# [1, 2, [3]]
lst.pop()
# [3]
lst
# [1, 2]
lst.pop(0)
# 1
lst
# [2]

# 字典
d = {'a': 1, 'b': 2}
# d.pop('c')
# KeyError: 'c'
d.pop('c', 0)
# 0
d.pop('b')
# 2
d
# {'a': 1}

# 集合
st = {1, 2}
st.pop()
```

```
# 2
st
# {1}
st.pop()
# 1
st
# set()
st.pop()
# KeyError: 'pop from an empty set'

# 字节数组
bta = bytearray(b'abc')
bta.pop(1)
# 98
bta
# bytearray(b'ac')
```

pop() 方法是一个原地操作。注意，传值时只能用位置参数，不能传关键字参数，即不能写成 index=n 这种形式。

如果想全部删除，可以使用 clear() 方法，或者进行支持切片的 del、赋值等操作。如果要按值删除，可以使用 remove() 方法。

3.1.11 推导式

在构造列表、集合、字典时，Python 提供了名为“显示”的特殊句法，用方括号和花括号将容器的元素包裹起来，括号里的内容支持两种形式：一种是显式地写元素，并用逗号分隔；另一种是写 for 语句来迭代生成元素，可以有多个 for 子句和 if 子句。这是一个非常方便、紧凑地定义列表的方式，可以大幅减少代码量。

以下是推导式构造列表的示例：

```
# 将一个可迭代对象展开，得到一个列表
[i for i in range(5)]
# [0, 1, 2, 3, 4]

# 可以处理结果
['第'+str(i) for i in range(5)]
# ['第0', '第1', '第2', '第3', '第4']

# 可以进行条件筛选，实现取偶数
[i for i in range(5) if i%2==0]
# [0, 2, 4]
# 拆开字符串，过滤空格，全变成大写
[i.upper() for i in 'Hello world' if i != ' ']
# ['H', 'E', 'L', 'L', 'O', 'W', 'O', 'R', 'L', 'D']
# 对于复杂逻辑可以分行编写
[i.upper()
 for i in 'Hello world'
```

```
 if i != ' '
]

# 条件分支
data= ['good', 'bad', 'bad', 'good', 'bad']
[1 if x == 'good' else 0 for x in data]
# [1, 0, 0, 1, 0]
```

以下是集合的推导式：

```
{i**2 for i in range(1, 4)}
# {1, 4, 9}

my_list = [1, 2, 3]
{i**2 for i in my_list}
# {1, 4, 9}
```

以下是利用推导式生成新字典的示例：

```
d = {i: i*10 for i in range(1, 5)}
# {1: 10, 2: 20, 3: 30, 4: 40}

# 键值互换
d = {'name': 'Tom', 'age': 18, 'height': 180}
{v:k for k, v in d.items()}
# {'Tom': 'name', 18: 'age', 180: 'height'}
```

如果要将两个序列对齐为对应的键值，可以借助 Python 的内置函数 zip()，示例如下：

```
names = ('Tom', 'Lily', 'Lucy')
ages = [18, 19, 20]

# 对齐
list(zip(names, ages))
# [('Tom', 18), ('Lily', 19), ('Lucy', 20)]

{
    name:age
    for name, age in zip(names, ages)
}
# {'Tom': 18, 'Lily': 19, 'Lucy': 20}
```

以下是一个有多个 for 语句的示例，生成了一个排列组合数列：

```
# 生成排列组合数列
[
    (i, j)
    for i in range(10)
        for j in range(5)
            if i > 6
]
'''
```

```
[(7, 0),
 (7, 1),
 (7, 2),
 (7, 3),
 (7, 4),
 (8, 0),
 (8, 1),
 (8, 2),
 (8, 3),
 (8, 4),
 (9, 0),
 (9, 1),
 (9, 2),
 (9, 3),
 (9, 4)]
'''
```

可见，如果推导式语句比较复杂，可以将代码物理换行，利用容器中的隐式拼接特性使代码更加易读、易写。

集合和字典的括号都是花括号，但字典必须生成的元素是键值格式的，语句执行时会自动认定为字典，而不是集合。

要注意的是，元组没有推导式，在圆括号内写类似的代码生成的是一个迭代器，后文将会介绍。

3.1.12　collections 容器类型

Python 的内置容器类型已经可以满足我们日常进行数据存储和处理的需要了，但在一些特殊场景下，需要对这些数据类型的特性进行增强。比如让元组的每个元素有名字，方便我们像字典一样根据名称来读取数据。

Python 标准库 collections 模块实现了一些增强功能的容器数据类型，具体如下

- namedtuple()：创建命名元组子类的工厂函数。
- deque：类似列表的容器，实现了在两端快速添加（append）和弹出（pop）。
- ChainMap：类似字典的容器类，将多个映射集合到一个视图里面。
- Counter：字典的子类，提供了可哈希对象的计数功能。
- OrderedDict：字典的子类，保存了它们被添加的顺序。
- defaultdict：字典的子类，提供了一个工厂函数，为字典查询提供一个默认值。
- UserDict：封装了字典对象，简化了字典子类化。
- UserList：封装了列表对象，简化了列表子类化。
- UserString：封装了字符串对象，简化了字符串子类化。

这些数据类型需要先用 import 语句导入才能使用，比如要使用 namedtuple 需要先通过 from collections import namedtuple 导入。要注意的是，容器抽象基类在 collections.abc 模块

下。这些数据类型的详细用法可以访问 https://www.gairuo.com/p/python-library-collections 查看。

3.1.13 小结

在本节我们介绍了 Python 内置容器类型的设计理念、体系、分类和常用操作。理解容器对于我们学习 Python 的基础数据类型至关重要。

接下来，我们逐一来学习这些类型的细节。

3.2 序列类型

序列（sequence）是有顺序的数据列。Python 有三种基本序列类型：列表、元组和 range 对象。二进制数据和文本字符串也是序列类型，不过它们是特殊序列类型，有一些特殊的性质和操作。

本节中，我们将介绍什么是序列类型，序列类型的实现原理是什么，如何自己实现一个序列类型，还将介绍几个序列类型的通用操作方法。

3.2.1 序列简介

虽然序列是容器类型中的一个大类，但由于序列是按顺序存放的，就有了与顺序相关的一些特性。比如，我们可以按照序号来查找，即索引操作，也可以取序列中的片段，即切片操作。如果是可变序列，还可以在指定位置插入新的元素或者片段。

序列是一种可迭代的对象，它的元素数量是有限的，它支持通过 __getitem__() 特殊方法来使用整数索引进行高效的元素访问，并定义了一个返回序列长度的 __len__() 方法。内置的序列类型有字符串、元组、列表和字节串等。

如下用 collections.abc 中的抽象基类来检测一些方法是不是序列：

```
from collections import abc

my_list= [1, 2, 3]
my_set = {1, 2, 3}
my_tuple = (1, 2, 3)
my_str = 'hello'
my_int = 123
my_gen = (i for i in range(3)) # 迭代生成器

# 是否是序列
isinstance(my_list, abc.Sequence)
# True
isinstance(my_set, abc.Sequence)
# False
isinstance(my_gen, abc.Sequence)
```

```
# False
isinstance(my_int, abc.Sequence)
# False

# 可变类型
isinstance(my_list, abc.MutableSequence)
# True
isinstance(my_tuple, abc.MutableSequence)
# False
isinstance(my_str, abc.MutableSequence)
# False
```

序列还可分为可变序列和不可变序列，可变序列提供append()、count()、index()、extend()、insert()、pop()、remove()、reverse()和sort()等方法，是一个list-like鸭子类型。

3.2.2 自定义序列

根据序列的特性，我们定义一个包的序列类。包有名字和存放的一系列物品。根据序列原理，我们将其实现为一个序列，支持序列的一些操作来读取包内物品。

```
from collections import abc

class Bag(abc.Sequence):
    def __init__(self, name, contents) -> None:
        self.name = name
        self.contents = contents

    def __repr__(self) -> str:
        return f'<Bag: {self.name}>'

    def __len__(self):
        return len(self.contents)

    def __getitem__(self, idx):
        return self.contents[idx]
```

我们来实例化并进行操作。实例化一个钱包，里边存放不同面额的人民币：

```
# 实例化一个钱包
w = Bag('wallet', [1, 5, 10, 20, 100])
w
# <Bag: wallet>
```

进行一些序列的操作：

```
# 最大值
max(w)  # 100
# 数量
len(w)  # 5
# 最后一张
```

```
w[-1]  # 100
# 是否包含10
10 in w  # True
# 迭代
for i in w: print(i)
'''
1
5
10
20
100
'''
# 哈希值
hash(w)  # 8766419859204
# 是否全为真
all(w)  # True
# 排序
sorted(w)  # [1, 5, 10, 20, 100]
# 反向排序
[*reversed(w)] # [100, 20, 10, 5, 1]
# 转为迭代器
iter(w)  # <iterator at 0x7f91757771f0>
```

这样，我们就自定义了一个序列类型。

3.2.3 range()

range是Python的一个重要的内置数据类型，它通常用在for循环中循环指定的次数和进行序列构造，我们在第2章介绍属性和方法时以它为例作了详细介绍。虽然被称为函数，但range实际上是一个不可变的序列类型。

以下示例定义了一些range类型数据，需要迭代展开或者转为列表才能看到具体的值。

```
# 定义range对象
r = range(4)
r
# range(0, 4)

# 展开方法
[i for i in range(4)]
list(r)
[*r]  # 解包
# [0, 1, 2, 3]
tuple(r)
# (0, 1, 2, 3)

# 定义示例
range(4)  # [0, 1, 2, 3]
range(0, 4)  # [0, 1, 2, 3]
range(2, 6)  # [2, 3, 4, 5]
```

```
range(2, 10, 3)  # [2, 5, 8]

# 负数
range(-10, 10, 5) # [-10, -5, 0, 5]
range(10, 1, -2) # [10, 8, 6, 4, 2]
range(1, 10, -1) # []
```

相比常规元组和列表，range 对象总是占用固定数量的（较小）内存，而不论其所表示的范围有多大，因为它只保存了 start、stop 和 step 值，并会根据需要计算具体单项或子范围的值。

range() 函数创建的 rangeobject 有 3 个属性和 2 个方法，不过用得相对较少。

```
# 属性
r.start  # 1 开始值
r.stop  # 10 终止值
r.step  # 2 步长

# 方法
# 返回值的出现次数
r.count(1)  # 1
r.count(10)  # 0

# 返回值的索引
r.index(3)  # 1
# 如果该值不存在，则引发值错误
r.index(10)  # ValueError: 10 is not in range
```

range 对象实现了一般序列的所有操作，但不支持拼接和重复，因为 range 对象只能表示符合一定规则的序列，而重复和拼接通常都会违反这种规则。

3.2.4 索引和切片

在 Python 的序列中，索引和切片可以选择某个范围的数据，还可以对这部分数据进行修改、删除等操作。内置类型元组、列表、字符串等均支持索引和切片。

选择操作有以下几类：

- 单个元素值，使用序列的元素索引，从 0 开始；
- 只有单个元素的子序列；
- 部分序列，包含连续的和按步长跳跃筛选的；
- 全部元素；
- 空序列。

序列支持方括号形式的索引（下标访问），第一个元素的索引是 0。取单个值称为索引操作，取多个值（形式上的，实际可能取到单值或者取不到值）为切片操作。下面以一个字符串为例标示索引和切片的位置：

```
'''
  -5  -4  -3  -2  -1
   0   1   2   3   4       # 索引位置
 +---+---+---+---+---+
 | H | e | l | l | o |
 +---+---+---+---+---+
 0   1   2   3   4   5     # 切片位置
-5  -4  -3  -2  -1
'''
```

还可以这样理解，索引指向的是元素位置，第一个元素标为0，最后一个元素标为n-1，n是元素长度（个数）。例如上方最右的5减1，标为4。序列元素的编号左从0开始，右从-1开始。

索引是在方括号里一个数字，如果不在索引范围内，则抛出IndexError错误，提示超出索引范围。如：

```
a = 'Hello'

a[0], a[-1], a[2]
# ('H', 'o', 'l')

a[5], a[-6]
'''
----------------------
IndexError     Traceback (most recent call last)
Input In [49], in <cell line: 1>()
----> 1 a[5], a[-6]
IndexError: string index out of range
'''
```

切片的使用相对复杂，可以理解为切片的序号标在元素左下角，从左开始第一个是0，从右开始第一个是-1，在做切片操作时，按规则切中部分元素。

切片支持以下几种语法。

- a[start:stop]，从start到stop-1的索引位置，不包含stop索引位。
- a[start:]，从索引位start开始，包含右边的其余部分。
- a[:stop]，从开头到stop-1索引位。
- a[:]，整个序列的副本。
- a[start:stop:step]，step为步长，表示从a[start:stop]部分中每隔step个选择一次，可以不写，默认为1。如果为负数，则反向选择。
- a[::step]，将全部元素按步长选择，a[::-1]相当于将整个序列反过来。

start、stop和step都是整数，可以为负值，如切片不越界，所选择的数量一般为(stop-start)/step。切片不存在超出范围的情况。

根据切片的性质和语法，我们来进行序列的查询。以字符串为例，其他的序列道理是一样的。要注意的是单字符没有专用的类型，就是长度为1的字符串，空字符（序列）没有索引。

```
# 字符串切片下标示例
'''
 +---+---+---+---+---+---+
 | P | y | t | h | o | n |
 +---+---+---+---+---+---+
 0   1   2   3   4   5   6
-6  -5  -4  -3  -2  -1
'''
```

第一行数字是字符串中索引0～6的位置，第二行数字是对应的负数索引位置。i到j的切片由i和j之间所有对应的字符组成。

首先看看索引操作，示例操作如下：

```
word = 'Python'
word[0]  # 位置 0 中的字符
# 'P'
word[5]  # 位置 5 中的字符
# 'n'

# 支持负值
word[-1]  # 末字符
# 'n'
word[-2]  # 倒数第二个字符
# 'o'
word[-6]
# 'P'
```

索引可以提取单个字符，切片则提取子字符串。以下是常规的开始和结束切片：

```
word[0:2]  # 从位置 0（含）到 2（不含）的字符
# 'Py'
word[2:5]  # 从位置 2（含）到 5（不含）的字符
# 'tho'
```

切片的开始和结束值可以省略。省略开始索引时，默认值为0；省略结束索引时，默认为到字符串的结尾。

```
word[:2]  # 从开头到位置 2（不含）的字符
# 'Py'
word[4:]  # 从位置 4（含）到结尾的字符
# 'on'
word[-2:]  # 从倒数第二个（含）到结尾的字符
# 'on'
```

如果设定步长，则不能省略开始和结束，如果确定不需要开始和结束，可以只写英文冒号：

```
word[2:6:2]  # 步长为2
# 'to'

word[::2]  # 不指定开始和结束
# 'Pto'
```

步长还可以为负，表示反向取值：

```
word[-1:-5:-1]
# 'noht'

word[::-1]  # 反转序列的技巧
# 'nohtyP'
```

可以对序列连续操作切片：

```
word[::-1][1:3]
# 'oh'
```

索引越界会报错，但是切片会自动处理越界索引：

```
word[4:42]
# 'on'
word[42:]
# ''
```

字符串等类型不能修改，因此为字符串中某个索引位置赋值会报错。要生成不同的字符串，应新建一个字符串：

```
word[0] = 'J'
# TypeError: 'str' object does not support item assignment

'J' + word[1:]
# 'Jython'
word[:2] + 'py'
# 'Pypy'
```

对于可变序列，索引和切片选择数据可以进行赋值修改，以列表为例：

```
nums = [1, 2, 2, 4, 5, 6]  # 一个数列，第三个应该是3，需要修改
nums[2] = 3  # 修改索引位上的值
nums
# [1, 2, 3, 4, 5, 6]

# 将奇数位上的值修改为0
nums[::2] = [0, 0, 0]
nums
# [0, 2, 0, 4, 0, 6]

# 再修改为0, 1, 2
nums[::2] = range(3)
```

```
nums
# [0, 2, 1, 4, 2, 6]
```

可以将选择部分删除，甚至可以将所有内容清空。如：

```
nums = [1, 2, 2, 4, 5, 6]
nums[:] = []
nums
# []

nums = [1, 2, 2, 4, 5, 6]
nums[1:3] = []
nums
# [1, 4, 5, 6]

# nums[::2] = range(3)
# ValueError: attempt to assign sequence
# of size 3 to extended slice of size 2

nums[::2] = []
# ValueError: attempt to assign sequence
# of size 0 to extended slice of size 2
```

对带有步长的切片进行的赋值操作，不支持数量不对应的项。使用del语句同样可以删除选中的切片内容：

```
nums = [1, 2, 2, 4, 5, 6]
del nums[:3]
nums
# [4, 5, 6]

# 支持步长
nums = [1, 2, 2, 4, 5, 6]
del nums[::2]
nums
# [2, 4, 6]
```

有这样一个编程技巧，比较操作返回的是一个布尔值，这个布尔值在作为索引值时会被解释为整型的0和1。例如我们取两个值中的较大值：

```
a, b = 10, 7
a > b
# True

# 取较大值，利用大小判断，0，1 当索引
[b, a][a > b]
# 10
```

3.2.5 slice()

Python内置函数slice()返回一个切片对象，用于切取任何序列（字符串、元组、列表、

range或字节序列等）。它有以下两种使用形式：

```
class slice(stop)
class slice(start, stop[, step])
```

三个参数据start、stop和step与切片中的意义相同，不指定时，值为None。示例如下：

```
text = 'hello'

sliced = slice(3)
sliced
# slice(None, 3, None)
type(sliced)
# slice

text[sliced]
# 'hel'

sliced2 = slice(1, 4, 2)
sliced2
# slice(1, 4, 2)

text[sliced2]
# 'el'

# 属性
sliced.start  # 1
sliced.stop  # 4
sliced.step  # 2
```

给切片传递的键是一个特殊的slice对象，该对象拥有可描述所请求切片方位的属性：

```
a = [1, 2, 3, 4, 5, 6]
x = a[1:5]  # x = a.__getitem__(slice( 1, 5, None))
a[1:3] = [10, 11, 12]  # a.__setitem__(slice(1, 3, None), [10, 11, 12])
del a[1:4]  # a.__delitem__(slice(1, 4, None))
a
# [1, 4, 5, 6]
```

我们可以对任何支持序列协议的对象使用slice()函数的操作，序列协议需要实现__getitem__()和__len()__特殊方法。

最后，我们的切片只单次切片，如果想多次切片返回一个由多段组成的对象，如a[0, 1:2, ::5, ...]，可以自己用特殊方法__getitem__()实现。NumPy数组的查询就有类似机制。

3.2.6 count()方法

Python的内置序列都支持count()方法，该方法可以接收一个元素，并统计这个元素在序列中出现的次数。在有些类型中可选搜索的开始与结束切片位置。以下是不同序列类型的count()语法：

```
s.count(x)  # 通用语法
str.count(sub[, start[, end]]) # 字符串
list.count(x)  # 列表
tuple.count(x)  # 元组
range.count(x)  # 等差数列
bytes.count(sub[, start[, end]])  # 字节串
bytearray.count(sub[, start[, end]])  # 字节数组
```

要统计的内容可以是任意对象。其中，字符串、字节串和字节数组支持可选搜索的开始（包含）与结束索引（不包含）位置，索引是从0开始的；也可以只给出开始索引位，包含此索引及其右（后）边的所有内容。

以下是一些使用示例：

```
# 字符串
'hello'.count('l')
# 2
'hello'.count('l', 0, 3)
# 1
'hello'.count('l', 2)
# 2

# 列表
list('hello').count('l')
# 2
[1, 1, 2, 3, 5].count(1)
# 2
[1, 1, 2, 3, 5].count(6)
# 0

# 元组
tuple('hello').count('l')
# 2
('a', 'b', 'c').count('a')
# 1

# range
range(3).count(1)
# 1
range(1, 10).count(10)
# 0

# 字节串
b'abcabc'.count(b'a')
# 2
b'abcabc'.count(b'a', 3)
# 1

# 字节数组
bytearray(b'abcabc').count(b'a')
# 2
```

```
bytearray(b'abcabc').count(b'a', 2, 4)
# 1
```

要注意辨析下面的操作：

```
foo = ['a', ('a', 'b'), ('a', 'b'), [3, 4]]
foo.count('a')  # 1
foo.count(('a', 'b'))  # 2
foo.count([3, 4])  # 1

bar = ['1', 2, '3', 2]
bar.count(1)  # 0
bar.count(2)  # 2

(1, 11, 111).count(1)  # 1
('aa', 'aaa', 'a').count('a')  # 1
(True, False, True).count(1)  # 2
(True, False, True).count(True)  # 2
```

如果想知道一个序列里所有元素的个数，请使用内置模块中的 collections.Counter，它是一个计数器；如果想知道一个元素是否在序列中，请使用 in 操作。

3.2.7 index() 方法

Python 的内置序列都支持 index() 方法，它接收一个元素，并计算这个元素在序列中首次出现的索引值，索引从 0 开始。在有些类型中可选搜索的开始与结束位置。

不同序列类型的 index() 方法的语法为：

```
s.index(x)  # 通用语法
str.index(sub[, start[, end]])  # 字符串
list.index(x[, start[, end]])  # 列表
tuple.index(x[, start[, end]])  # 元组
range.index(x)  # 等差数列
bytes.index(sub[, start[, end]])  # 字节串
bytearray.index(sub[, start[, end]])  # 字节数组
```

count() 方法返回序列中第一个值为 x 的元素的索引值，当未找到指定元素时，将触发 ValueError 异常。返回的索引是相对于整个序列的开始计算的，而不是切片的 start 参数。列表和元组的 stop 默认值是 9223372036854775807。

以下是一些使用示例：

```
# 字符串
'hello'.index('l')
# 2
'hello'.index('l', 3)
# 3
'hello'.index('l', 0, 2)
# ValueError: substring not found
```

```
# 列表
list('hello').index('l')
# 2
[1, 2, 1, 2, 3].index(2, 2, 5)
# 3
[1, 1, 2, 3, 5].index(6)
# ValueError: 6 is not in list

# 元组
tuple('hello').index('l')
# 2
('a', 'b', 'c').index('a', 1)
# ValueError: tuple.index(x): x not in tuple

# range
range(3).index(1)
# 1
range(1, 10).index(10)
# ValueError: 10 is not in range

# 字节串
b'abcabc'.index(b'a')
# 0
b'abcabc'.index(b'a', 3)
# 3

# 字节数组
bytearray(b'abcabc').index(b'a')
# 0
bytearray(b'abcabc').index(b'a', 2, 4)
# 3
```

要注意辨析下面的操作：

```
foo = ['a', ('a', 'b'), ('a', 'b'), [3, 4]]
foo.index('a')  # 0
foo.index(('a', 'b'), 2)  # 2
foo.index([3, 4])  # 3

bar = ['2', 2, '1', 1]
bar.index(1)  # 3
bar.index(2)  # 1

(111, 11, 1).index(1)  # 2
('aa', 'aaa', 'a').index('a')  # 2
(False, False, True).index(1)  # 2
(True, False, True).index(True)  # 0
```

在使用index()方法未找到指定元素时，会触发ValueError异常。怎么处理这个异常呢？可以用try语句进行捕获。

```
foo = ['2', 2, '1', 1]
foo.index(4)
# ValueError: 4 is not in list

try:
    i = foo.index(4)
except ValueError:
    i = 0
i
# 0
```

如果要判断序列里有无一个元素，最好用 in 操作。

3.2.8 append() 方法

Python 的内置可变序列都支持 append() 方法，它将一个元素添加到序列的末尾。使用 append() 方法的对象必须是一个可变序列，该方法支持列表和字节数组。它的语法为：

```
s.append(x)                      # 通用语法
list.append(object)              # 列表
bytearray.append(self, item, /) # 字节数组
```

append() 方法的操作等同于 s[len(s)]=[x]。它将元素附加到列表的末尾，元素可为任意类型的对象。字节数组将单个项附加到末尾，加入的元素必须是一个可解释为整型的内容。

append() 方法是一个原地操作，执行时会直接修改对象，返回 None。

字符串、元组、字节串等不可变序列以及迭代器不支持 append() 方法，如果要追加内容，则需要生成一个新对象。要向字典中增加内容，可以使用 dict.update() 等方法。

以下是一些使用示例：

```
# 列表
lst = [1, 2, 3]
lst.append(4)
lst
# [1, 2, 3, 4]
lst.append('A')
lst
# [1, 2, 3, 4, 'A']

# 字节数组
ba = bytearray(b'abc')
ba
# bytearray(b'abc')

ba.append(65)
ba
# bytearray(b'abcA')
ba.append('a')
# TypeError: 'str' object cannot be interpreted as an integer
```

要注意辨析以下操作：

```
# 列表
lst = [1, 2, 3]
lst.append([4, 5])
lst
# [1, 2, 3, [4, 5]]
lst.append(True)
lst
# [1, 2, 3, [4, 5], True]

lst2 = [1, 2, 3]
lst2 = lst2.append(4)
lst2                        # None

# 字节数组
ba = bytearray(b'abc')
ba.append(True)
ba
# bytearray(b'abc\x01')
```

append() 方法将追加一个元素，即使它追加的是一个元组或者列表这样的序列，也会被认为是一个元素。如果要追加多个元素，可以使用 extend() 方法。

append() 方法将元素插到末尾，如果想将元素插到指定的其他位置，请使用 insert() 方法。

3.2.9 extend() 方法

Python 的内置可变序列对象的 extend() 方法可以对原对象的元素进行批量扩展，支持列表、字节数组等类型。extend() 方法的语法为：

```
s.extend(x)  # 通用语法
list.extend(x)  # 列表
bytearray.extend(x)  # 字节数组
```

其作用是用 x 的内容扩展原对象，x 必须是一个可迭代对象，基本上等同于 s[len(s):len(s)]=x，追加的多个元素在序列的尾部。字节数组传入的必须是一个可迭代的字节序列。它是一个原地操作。

以下是一些使用示例：

```
# 列表
lst = [1, 2, [3, 4]]
# lst.extend(1)
# TypeError: 'int' object is not iterable
lst.extend([5, 6])
lst.extend([])
```

```
lst
# [1, 2, [3, 4], 5, 6]
lst.extend(range(1, 3))
lst
# [1, 2, [3, 4], 5, 6, 1, 2]

# 字节数组
bta = bytearray(b'abc')
bta
# bytearray(b'abc')
bta.extend(b'efg')
bta
# bytearray(b'abcefg')
bta.extend(['g'])
# TypeError: 'str' object cannot be interpreted as an integer
```

如果只追加单个元素，可以使用 append() 方法。如果想在指定位置增加元素，可以使用 insert() 方法。要对字典和集合扩展元素，可以使用它们的 update() 方法。

3.2.10 insert() 方法

Python 的内置可变序列对象的 insert() 方法可以在原对象的指定索引位置后面插入新内容，支持列表、字节数组等类型。它的语法为：

```
s.insert() # 通用语法
list.insert(index, object)  # 列表
bytearray.insert(index, item)  # 字节数组
```

insert() 方法在指定位置插入元素，第一个参数是要插入内容的索引位置。因此，s.insert(0, x) 在列表开头插入元素，s.insert(len(s), x) 等同于 s.append(x)。

以下是一些示例：

```
# 列表
lst = [1, 2, 3, 4]
lst.insert(1, 99)
lst
# [1, 99, 2, 3, 4]
lst.insert(10, 99)
lst
# [1, 99, 2, 3, 4, 99]

# 字节数组
bta = bytearray(b'abc')
bta.insert(0, 65)
bta
# bytearray(b'Aabc')
bta.insert(10, 66)
bta
# bytearray(b'AabcB')
```

insert() 是一个原地操作，执行时它会修改原对象，并返回 None。要看到对原对象修改的结果，需要再次打印原对象。

如果只追加单个元素，可以使用 append() 方法。如果追加多个元素，可以使用 extend() 方法。要对字典和集合扩展元素，可以使用它们的 update() 方法。

3.2.11　reverse() 方法

Python 的内置可变序列对象的 reverse() 方法可以将序列内容就地反转顺序，它支持列表和字节数组。它的语法为：

```
s.reverse()  # 通用语法
list.reverse()  # 列表
bytearray.reverse()  # 字节数组
```

以下是 reverse() 方法的使用示例：

```
# 列表
lst = [4, 2, 1, 3]
lst.reverse()
lst
# [3, 1, 2, 4]

# 字节数组
bta = bytearray(b'bca')
bta.reverse()
bta
# bytearray(b'acb')
```

之前介绍过的切片操作 s[::-1] 也能实现序列反转，但 reverse() 是一个原地操作，而切片不会修改原对象。例如：

```
lst = [4, 2, 1, 3]
lst[::-1]
# [3, 1, 2, 4]

bta = bytearray(b'bca')
bta[::-1]
# bytearray(b'acb')
```

注意，reverse() 方法会按原顺序对序列进行反转，但它并不会排序。Python 内置函数 reversed(x) 返回给定序列值的反向迭代器。

3.2.12　小结

Python 中常用的数据类型大多为序列类型。序列类型模拟的是现实生活中同类事件的并存性，因而序列类型的操作也有比较大的共性。

在本节中，我们重点介绍了如何构造一个序列类型，同时对序列的共同操作方法做了统一介绍，这将有助于我们从全局视角来分析、理解序列类型。

3.3 列表和元组

列表和元组是两个最为常见的序列，它们除了一个可变，一个不可变，在使用上并没有多大差异。可变用列表，不可变用元组，使用时因时而异。

在本节，我们分别介绍它们的构造、操作、方法，以及与它们紧密相关的圆括号语法、解包等内容。

3.3.1 构造列表

列表是用方括号组织起来的，元素之间用逗号隔开，每个元素可以是任意类型的内容，通常元素的类型是相同的，但也可以不同。

Python 提供了多种构造列表的方式，还提供了内置的构造器 list()。总结一下，构建列表有以下方式：

- 使用一对方括号（[]）来表示空列表；
- 使用方括号，其中的项以逗号分隔，形如 [a], [a, b, c]；
- 使用列表推导式，形如 [x for x in iterable]；
- 使用类型的构造器，即 list() 构造空列表或 list(iterable)，传入的是一个可迭代对象。

以下是通过显示语法（括号与字面值的形式）构造的列表：

```
x = []  # 空列表
x = [1, 2, 3, 4, 5]
x = ['a', 'b', 'c']
x = ['a', 1.5, True, [2, 3, 4]]  # 各种类型混杂
type(x)  # list 类型检测
# list

# 列表推导式
[i for i in range(3)]
# [0, 1, 2]
```

元素值可以使用标识符来引用所有类型的对象。

3.3.2 list()

通过 list() 可以将其他类型的数据转换为列表。以下是一些简单的使用示例：

```
list()  # 空列表
# []

list((1, 2, 3))  # 元组
# [1, 2, 3]
```

```
list('abc')  # 字符串
# ['a', 'b', 'c']

list(range(3))  # range 对象
# [0, 1, 2]

list({'a', 'e', 'i', 'o', 'u'})  # 集合
# ['a', 'e', 'o', 'i', 'u']

list(b'python')  # 字节串
# [112, 121, 116, 104, 111, 110]

# 迭代器
iter('abc')
# <str_iterator at 0x7f9dd9c48a30>
list(iter('abc'))
# ['a', 'b', 'c']
```

list() 需要传入一个可迭代对象。如果不传入值，则构建一个空列表；如果传入字典，则列表元素的值是字典的键；如果要让元素的值为字典的值，则需要应用字典的值视图方法；如果元素均包含键值，则要应用字典的项目视图对象。使用示例如下：

```
list()  # [] 空列表

# 字典
d = {'Name': 'Tom', 'Age': 7, 'Class': 'First'}
list(d)  # ['Name', 'Age', 'Class'] 将字典的键转成列表
list(d.values())  # ['Tom', 7, 'First'] 将字典的值转成列表
# 将字典的键值对（一个元组）转成列表
list(d.items())  # [('Name', 'Tom'), ('Age', 7), ('Class', 'First')
```

列表是可变序列，支持之前介绍过的迭代、拼接、索引和切片等操作。

3.3.3 列表的操作

因有序、可变、对元素类型没有要求，列表是功能最为丰富的数据类型。首先我们看看一些索引和切片的示例：

```
var = ['a', 'b', 'c', 'd', 'e', 'f']
# 按索引取部分内容，索引从 0 开始
var[0]  # 'a'
# 从右开始取内容，索引从 -1 开始
var[-1]  # 'f'
var[-3:-1]  # ['d', 'e']
var[1:5]  # ['b', 'c', 'd', 'e']
var[3:]  # ['d', 'e', 'f']
var[:]  # ['a', 'b', 'c', 'd', 'e', 'f']（相当于复制）
var[0:5:2]  # ['a', 'c', 'e']（2 为步长，按 2 的倍数取）
```

```
var[1:7:3]  # ['b', 'e']
var[::-1]  # ['f', 'e', 'd', 'c', 'b', 'a'] 实现反转功能
```

列表支持拼接和成员检测：

```
['a', 'b'] + ['c', 'd']  # ['a', 'b', 'c', 'd'] 拼接
['a', 'b'] * 2  # ['a', 'b', 'a', 'b''] 复制
'a' in ['a', 'b']  # True 检测指定元素是否在列表里
```

常用方法如下：

```
a = [1, 2, 3]
len(a)  # 3 元素个数
max(a)  # 3 最大值
min(a)  # 1 最小值
sum(a)  # 6 求和
a.index(2)  # 1 指定元素位置
a.count(1)  # 1 求元素的个数
for i in a: print(i)  # 迭代元素
sorted(a)  # 返回排序后的列表，但不改变原列表
any(a)  # True 是否至少有一个元素为真
all(a)  # True 是否所有元素为真
```

修改操作如下：

```
a = [1, 2, 3]
a.append(4)  # a: [1, 2, 3, 4] 增加一个元素
a.pop()  # 每执行一次，删除最后一个元素
a.extend([9, 8])  # a: [1, 2, 3, 9, 8] # 和其他列表合并
a.insert(1, 'a')  # a: [1, 'a', 2, 3] 在指定索引位插入元素
a.remove('a')  # 删除第一个指定元素
a.clear()  # [] 清空
```

元素排序如下：

```
a.reverse()  # 反转顺序
a.sort()  # 排序
a.sort(reverse=True)  # 反序
a.sort(key=abs)  # 传入函数关键字作为排序规则
```

sort() 方法支持复杂的排序列表，我们接下来介绍。

3.3.4 列表的 sort() 方法

列表除了支持 Python 序列类型支持的方法外，还额外拥有 sort() 方法，该方法用于对元素排序。由于 sort() 方法会对序列进行操作，因此不可变序列（如元组、字符串等）不支持该方法。如果要对不可变序列进行排序，可以使用 Python 内置函数 sorted()，这会返回一个排序后的新对象。

sort() 的语法为：

```
list.sort(self, /, *, key=None, reverse=False)
```

sort() 有两个可选参数 key 和 reverse。key 代表键函数，对每个列表项应用函数（如 key=str.lower），以便根据它们的返回值进行排序。传入的是一个可调用对象，首个参数是列表的每个元素，返回的是此函数处理后的值。reverse 是一个布尔值，用来设置排序方式，默认为升序，设置为 True 时为降序。

列表的 sort() 方法是一个原地操作。以下是一些操作示例：

```
a = [3, 1, 4, 1, 5, 9]

a.sort()
a
# [1, 1, 3, 4, 5, 9]

a.sort(reverse=True)
a
# [9, 5, 4, 3, 1, 1]
```

键函数 key 的使用方法如下：

```
b = ['B10', 'C02', 'A05']

b.sort(reverse=True)
b
# ['C02', 'B10', 'A05']

b.sort(reverse=True, key=lambda x: int(x[1:]))
b
# ['B10', 'A05', 'C02']
```

以上代码将字符串按其所包含的数字从大到小排列。

3.3.5 双向队列 deque

队列是我们处理消息时最常用的数据结构，Python 内置模块 collections 提供的 deque 类型是一个双向队列，它能带来比列表更好的操作性能。相比于列表实现的队列，deque 有着更低的时间复杂度和空间复杂度，既可以表示队列，又可以表示栈，它实现了高效的两端插入和删除操作。

以下是一些相关的操作：

```
import collections

# 定义长度为 4
d = collections.deque('abc', maxlen=4)
d
# deque(['a', 'b', 'c'])

# 从左插入 0
```

```
d.appendleft(0)
d
# deque([0, 'a', 'b', 'c'])

# 队列长度
d.maxlen
# 4

# 追加
d.append('c')
d
# deque(['a', 'b', 'c', 'c'])

# 元素 'c' 出现的次数
d.count('c')
# 2

# 右端增加一个序列，支持可迭代对象
d.extend(range(2))
d
# deque(['c', 'c', 0, 1])

# 左端增加一个序列，支持可迭代对象
# 注：左端增加时，新增元素的顺序将被反过来
d.extendleft(['x', 'y'])
d
# deque(['y', 'x', 'c', 'c'])

# 返回值的第一个索引，未找到会引发 ValueError
# d.index("c", 0, 4) # 指定查找的区间
d.index('c')
# 2

# 在位置 i 插入 x
# 如插入会导致超出长度 maxlen，会引发 IndexError
# d.insert(2, 'z')
# IndexError: deque already at its maximum size

# 移除最右边的那个元素并返回
# 如没有元素，会引发 IndexError
d.pop()
# 'c'
d
# deque(['y', 'x', 'c'])

# 移除最左边的那个元素并返回
# 如没有元素，会引发 IndexError
d.popleft()
# 'y'
```

```
d
# deque(['x', 'c'])

# 移除找到的第一个指定值
# 如没有该值，引发 ValueError
d.remove('c')
d
# deque(['x'])

# 将两个队列拼接
d = d + collections.deque(['y', 'z'])
d
# deque(['x', 'y', 'z'])

# 逆序排列，返回 None
d.reverse()
d
# deque(['z', 'y', 'x'])

d[0]
# 'z'
d[-1]
# 'x'

# 向右循环移动 n 步
# 如果 n 是负数，就向左循环
d.rotate(2)
d
# deque(['y', 'x', 'z'])

d.clear()
# 移除所有元素，使序列的长度为 0
d
# deque([])
```

更加详细的介绍可以访问 https://www.gairuo.com/p/python-deque 查看。

3.3.6 元组构造

元组与列表非常相似，二者的差异是：元组不可改变（包括值和位置顺序），而列表是可以改变的；元组使用圆括号，列表使用方括号。

元组一般在编程中表达固定的内容及项目，它的构造方式有以下几种：

- 使用一对圆括号来表示空元组，即 ();
- 使用一个后缀逗号来表示单元组，形如 a, 或 (a,);
- 使用以逗号分隔的多个项，形如 a, b, c 或 (a, b, c);
- 使用内置函数 tuple()，即用 tuple() 构造空元组或者用 tuple(iterable) 传入可迭代对象构造一个元组。

以下是一些构造元组的示例：

```
a = ()  # 空元组
a = (1, )  # 只有一个元素
a = (1, 2, 3)  # 定义一个元组

# 没有括号也可以定义元组
a = 1, 23, 4, 56  # a: (1, 23, 4, 56)
a = 1,  # a: (1, )

# 元组内的元素可以是多种类型
a = ('a', 1.5, True, [2, 3, 4])  # 各种类型混杂
```

需要特别注意的是，**决定生成元组的其实是逗号而不是圆括号**。圆括号是可选的，生成空元组或需要避免语法歧义的情况除外。

在表达式列表中，如果至少有一个逗号，将产生一个元组，比如：

```
max('abc'),
# ('c',)
1 > 4, len('abc')
# (False, 3)
```

在给函数传值时如果传入元组，需要加圆括号。例如，func(a, b, c) 是在调用函数时传入 3 个参数，而 func((a, b, c)) 则是在调用函数时传入一个元组，该元组有 3 个元素。

3.3.7 tuple()

Python 的内置函数构造器 tuple() 用来构造元组，其中的项与 iterable 中的项具有相同的值和顺序。iterable 可以是序列、支持迭代的容器或其他可迭代对象。

以下是 tuple() 的使用示例：

```
tuple('abc')
# ('a', 'b', 'c')

tuple({'a': 1, 'b': 2})
# ('a', 'b')

tuple(range(3))
# (0, 1, 2)

tuple()
# ()

tuple((0, 1, 2))
# (0, 1, 2)

tuple(b'abc')
# (97, 98, 99)
```

如果 iterable 已经是一个元组，会不加改变地将其返回。如果没有给出参数，构造器将创建空元组 ()。

3.3.8 圆括号形式

我们在介绍 Python 语法时了解到，圆括号有特殊的语法意义，在构造元组时也说过，决定元组生成的不是圆括号，而是逗号。在这里，我们将系统说明下圆括号在 Python 中的使用场景。

1. 元组构建

首先是它构建元组的情况。元组的展示形式总是以圆括号包裹，比如与字面值配合，我们可以通过逗号分隔来定义一个元组，一个无内容的圆括号可以定义一个空元组：

```
a = (1, 'b', 3.0)
b = 1, 'b', 3.0  # 用逗号隔开
c = ()

type(a), type(b), type(c)  # 注意，这里整体也是一个元组
# (tuple, tuple, tuple)

a == b
# True
```

再次强调，元组并不是由圆括号构建的，实际起作用的是逗号操作符，以上空元组只是一个例外，是为了让人们方便定义空元组。

要理解元组是由逗号构建的，可以再看看这个例子，怎么用圆括号创建一个元素的元组：

```
a = (3)
a
# 3
type(3)  # 没有创建成功，竟然是整型
# int

b = (3,)
b
# (3,)
type(b)  # 创建成功
# tuple

c = 3,
c
# (3,)

b == c
# True
```

所以，我们要根据圆括号中有没有逗号来确定它是否为元组。注意区别以下两部分代码的返回数据类型：

```
('b' 'c')
('b''c')
('bc')
# 'bc'

type(('bc'))
# str

('b' 'c',)
('b''c',)
('bc',)
# ('bc',)

type(('bc',))
# tuple
```

2. 代码组织

再来看看圆括号的代码组织作用。可以将表达式放入圆括号，让代码更加紧凑、清晰，也可以将单行表达式进行换行格式化：

```
(1+1)
# 2

(1 > 3)
# False

a, b = 1, (1, 2, 3)
(a in b)
# True

(c := 10, d := 20)
c, d
# (10, 20)

if (a in b) or (c>d):
    print(1)
# 1

(1 if a==1 else 0)
# 1

(
    1
    if a==1
    else
    0
)
```

```python
# 匿名函数表达式
(lambda x, y: x+y)(1, 2)
# 3
```

适当地使用圆括号可以让你的代码更直观，阅读体验更好。例如，需要写大段字符串时，可以用圆括号将其分行：

```python
# 这是一个断言语句
assert 1 + 1 == 3, (
    "Lorem ipsum dolor sit amet, consectetur adipiscing elit. "
    "Donec id magna id lectus gravida finibus. In gravida, "
    "mauris condimentum rhoncus sagittis, mi nisl lacinia "
    "tortor, non interdum nisl diam et lectus. Sed vitae "
    "ante vestibulum, volutpat neque non, vehicula erat. "
    "Nullam aliquam risus orci, blandit varius metus pulvinar id."
)
```

在写比较长的代码时，可以用圆括号让代码排列更加整齐：

```python
# 需要安装pandas，在终端执行pip install pandas
import pandas as pd

(
    # 生成100年时间序列
    pd.Series(pd.date_range('1920', '2021'))
    # 筛选12月25日的所有日期
    .loc[lambda s: (s.dt.month==12) & (s.dt.day==25)]
    .dt.day_of_week  # 转为星期数
    .add(1)  # 由于0代表周一，对序列加1，符合日常认知
    .value_counts()  # 重复值计数
    .sort_values()  # 排序，星期从1到7
    .plot
    .bar()  # 绘制柱状图
)
```

以上是pandas常用的链式方法的写法。

在圆括号里写类型列表推导的语句，并不会产生一个元组，而是产生一个生成器，也就是说，**在Python中没有所谓的元组推导式**。

以下是生成器表达式的示例：

```python
i = (i for i in range(3))
i
# <generator object <genexpr> at 0x7ff1bea5c580>
type(i)
# generator

next(i)  # 0
next(i)  # 1
# ...
```

生成器是一个不定长的容器，可以用 next() 来迭代取值，后面会专门介绍。如果确实需要写 for 语句来生成元组，可以将表达式写在 tuple() 的传参中，如：

```
tuple(i for i in range(3))
# (0, 1, 2)
```

这样近似实现了“元组的推导式”。

3.3.9 元组操作

元组作为一个序列，也支持序列的通用操作，比如成员检测、拼接、索引和切片等，但它不支持与修改相关的方法。以下是针对元组的一些操作和方法：

```
a = (1, 2, 3)

len(a)  # 3 元素个数
max(a)  # 3 最大值
min(a)  # 1 最小值
sum(a)  # 6 求和

4 in a  # False 成员检测

# 索引和切片
a[1]  # 2
a[-1]  # 3
a[1:]  # (2, 3)

# 拼接
a + (4,)  # (1, 2, 3, 4)
a * 2  # (1, 2, 3, 1, 2, 3)

a.count(1)  # 1 求元素的个数
a.index(2)  # 1 指定元素位置

for i in a: print(i)  # 迭代元素

sorted(a, reverse=True)  # [3, 2, 1] 返回一个排序后的列表，但不改变原列表
any(a)  # True 是否至少有一个元素为真
all(a)  # True 是否所有元素都为真
```

元组的方法较少，主要有 count() 和 index() 两个。

3.3.10 元组解包

元组还经常用在指定赋值上，即利用元组不用写圆括号的便利，将一个数据批量指定给多个标识符。其实这个特性是针对所有可迭代对象的。

比如 a, b, c, d=1, 2, 3, 4 可以将 4 个值分别指定给 4 个名称。还可以用星号将其中多个对象以列表的形式归集给指定的名称。

以下是一些示例：

```
foo, bar = 'hello', 'world'
foo  # 'hello'
bar  # 'world'

x = (1, 2, 3, 4, 5)
x = 1, 2, 3, 4, 5  # 同上
a, *b = x  # a占第一个，剩余的组成列表全给b
# a -> 1
# b -> [2, 3, 4, 5]
a, b
# (1, [2, 3, 4, 5])

a, *b, c = x  # a占第一个，c占最后一个，剩余的组成列表全给b
# a -> 1
# b -> [2, 3, 4]
# c -> 5
a, b, c
# (1, [2, 3, 4], 5)
```

可以想象一个包里有很多东西，但是分的人不够，用星号让指定的人分得多一些。关于星号的功能后续会再介绍。

3.3.11 命名元组namedtuple()

Python的namedtuple()命名元组为元组上的每个位置赋予一定的意义，通过名称可以直接访问对应位置的值，它结合了元组的不变性（结构）和字典键的便利性。它是元组的一个子类。

namedtuple()是一个工厂函数。称一个函数为工厂函数，是因为这个函数能生成一个新的子类，就像工厂生产商品一样。这个子类实例同样有文档字符串、类名和字段名。使用方法如下：

```
from collections import namedtuple

# 声明
Student = namedtuple('Student', ['name', 'age', 'city'])

# 添加值，实例化
s = Student('Xiaoming', '19', 'Beijing')

# 类型为自定义类型，是元组的子类
type(s), issubclass(Student, tuple)

# 使用索引访问
s[1]  # 19

# 使用名称访问
```

```
s.name  # 'Xiaoming'

# 使用 getattr()
getattr(s, 'city')  # 'Beijing'
```

namedtuple() 的语法如下：

```
namedtuple(
    typename,
    field_names,
    *,
    rename=False,
    defaults=None,
    module=None,
)
```

参数 typename 和 field_names 是必传的，typename 字符串为子类的名称，field_names 是一个像 ['x', 'y'] 一样的字符串序列，代表各元素的名称，也可以是用空格或逗号分隔开的字符串，比如 'x y' 或者 'x, y'，分别代表对应位置的名称。

以下是更多的子类创建方法：

```
# 以下 3 行代码效果相同
Student = namedtuple('Student', ['name', 'age', 'city'])
Student = namedtuple('Student', 'name, age, city')
Student = namedtuple('Student', 'name age city')

Student.__doc__
# 'Student(name, age, city)'

# 支持可迭代对象，如不是合法的标识符可设置 rename
Student2 = namedtuple('Student', range(3), rename=True)
Student2.__doc__
# 'Student(_0, _1, _2)'
```

读取和操作数据非常方便，示例如下：

```
s[1]  # 19 仍然支持切片
s.name  # 'Xiaoming'
getattr(s, 'city')
# 'Beijing'

# 读取所有字段名
s._fields
# ('name', 'age', 'city')

# 将实例内容转为字典
s._asdict()
# {'name': 'Xiaoming', 'age': 19, 'city': 'Beijing'}

# 转为元组
```

```
tuple(s)
# ('Xiaoming', 19, 'Beijing')
```

可以通过私有方法修改实例值：

```
s = s._replace(age=20)
s
# Student(name='Xiaoming', age=20, city='Beijing')
```

这种方法其实是复制一个新的实例，对部分值进行修改。可以用 o._fields 获取现有具名元组构建新的具名元组，例如：

```
Point = namedtuple('Point', ['x', 'y'])
Color = namedtuple('Color', 'red green blue')

Pixel = namedtuple('Pixel', Point._fields + Color._fields)
Pixel(11, 22, 128, 255, 0)
# Pixel(x=11, y=22, red=128, green=255, blue=0)
```

不能向元组子类中添加新名字字段，但可以用现有的子类去组建新的子类，比如：

```
Point3D = namedtuple('Point3D', Point._fields + ('z',))
```

命名元组是从元组继承的一个子类，为了让类更加灵活，我们可以继承它、创建新子类来实现自己想要的功能。下例为学生类增加了新的出生年份计算属性。

```
class Student(namedtuple('Student', 'name age city')):
    __slots__ = ()
    @property
    def born_year(self):
        return 2022 - int(self.age)
    def __str__(self):
        return f'Student: 我叫{self.name}, 生于{self.born_year}年。'

s = Student('小明', 18, 'Beijing')

s.born_year
# 2003

print(s)
# Student: 我叫小明, 生于2004年。
```

除元组的方法外，命名元组还支持 3 个额外的方法和 2 个属性，这些方法和属性以下划线开始以防止与字段名冲突。

3 个额外的方法如下。

- s._make(iterable)：由序列或迭代实例创建一个新实例。
- s._asdict()：返回一个新的字典，将字段名称映射到它们对应的值上。
- s._replace(**kwargs)：返回新的命名元组实例，并将指定域替换为新的值。

2 个属性如下。

- s._fields：字符串元组列出了字段名，可用于由现有元组创建一个新的命名元组类型。
- s._field_defaults：字典将字段名称映射到默认值上。

它们的示例如下：

```
from collections import namedtuple

Student = namedtuple('Student',
                     ['name', 'age', 'city'],
                     defaults=('who', 'old', 'where'))

xiaoming = Student('Xiaoming', '19', 'Beijing')

daming_info = ('Daming', '20', 'Shanghai')
daming = Student._make(daming_info)
daming
# Student(name='Daming', age='20', city='Shanghai')

daming._asdict()
# {'name': 'Daming', 'age': '20', 'city': 'Shanghai'}

daming._replace(age=21, city='Shenzhen')
# Student(name='Daming', age=21, city='Shenzhen')

daming._fields
# ('name', 'age', 'city')

daming._field_defaults
# {'name': 'who', 'age': 'old', 'city': 'where'}
```

命名元组在数据处理时让数据有名字可以访问，避免用无意义的索引来操作。以下是一个从 CSV 文件中读取数据的示例：

```
Employee = namedtuple('Employee', 'name, age, title')

import csv
for emp in map(Employee._make, csv.reader(open("employees.csv", "rb"))):
    print(emp.name, emp.title)
```

更加详细的介绍可以访问 https://www.gairuo.com/p/python-namedtuple 查看。

3.3.12 小结

元组和列表是典型的序列，从不可变的角度来看，它们几乎一模一样。元组作为“稳定”的结构，在编程中广泛使用，比如作为全局的配置。为了更好地操作元组，Python 又以模块的形式提供了命名元组，使得我们可以用访问属性的方式来使用它。

本节对列表和元组的介绍相对全面和深入，你可以在日常使用中经常来回顾这部分内容。

3.4 字典和集合

字典是唯一的Python内置映射类型，它适合存储有业务意义索引的值。在列表和元组中，每个元素值是并列的，如果要定义不同值的意义，则要利用无意义的基于0的位置索引。但现实业务中，值的意义是确定的、明显的，比如姓名、年龄等（我们称之为属性），字典可以解决此类需求。

与列表、元组相比，集合则是另一个极端，它不关心元素的位置，而只关注不重复的元素本身。在现实生活中这样的例子有很多，比如一个班级的学生名单，我们不关心顺序，只要完整且不重复即可。

在本节，我们来介绍这两种相似但有着不同设计思路的数据类型。

3.4.1 字典

字典（dict）是Python中重要的数据结构。在客观世界中，所有的事物都有属性和属性对应的值。例如一朵花，它的颜色是红色，有5个花瓣，其中颜色和花瓣数量是属性，红色和5是值。我们把属性（key）和值（value）组成“键值对”（key-value）这样的数据结构。

字典的结构是{k1:v1, k2:v2, k3:v3, k4:v4, ...}，显式式构造一个字典的规则如下：

- 用花括号括起来；
- 每个元素的结构为k:v，键与值用冒号连接；
- 元素之间用逗号隔开；
- k不能重复，构造时如果有重复，虽然不会报错，但前面的键会被后面的键覆盖；
- k的取值一般是字符、数字、元组等不可变对象，准确地说是一个可哈希的对象，列表等可变对象不可以作为键；
- v的取值可以是所有类型，没有特别的要求。

除了以上字典显示语法，字典还可以使用字典推导式和内置函数dict()来构造，示例如下：

```
d = {}  # 定义空字典
d = dict()  # 定义空字典
d = {'a': 1, 'b': 2, 'c': 3}
d = {'a': 1, 'a': 1, 'a': 1}  # {'a': 1}键不能重复，取最后一个
d = {'a': 1, 'b': {'x': 3}}  # 嵌套字典
d = {'a': [1, 2, 3], 'b': [4, 5, 6]}  # 嵌套列表

# 以下每行代码均可定义以下字典：
# {'name': 'Tom', 'age': 18, 'height': 180}
d = dict(name='Tom', age=18, height=180)
d = dict([('name', 'Tom'), ('age', 18), ('height', 180)])
d = dict(zip(['name', 'age', 'height'], ['Tom', 18, 180]))

# 字典推导式
```

```
{i: i*10 for i in range(1, 5)}
# {1: 10, 2: 20, 3: 30, 4: 40}
```

内置函数 dict() 可以将其他数据类型转为字典，它的构造能力更为强大。

此外，在字典中，我们还需要明确以下概念。

- 项或者元素：键值对组成的整体也称为字典的元素，字典项数可以是 0 个或多个，理论上没有最大限制。
- 键：用于索引（查找）一个项的标识，要求可哈希、不能重复。
- 值：项的具体值，通过键可以找到，与键成对。可以是任意的 Python 对象，也可以是个字典。

在花括号中，还可以利用两个星号来解包一个字典，将这个字典的项作为构造字典的项。代码示例如下：

```
x = {'a': 1, 'b': 2}
y = {'b': 3, 'c': 4}
z = {**x, **y, 'd': 5}
z
# {'a': 1, 'b': 3, 'c': 4, 'd': 5}
# {**y, **x, 'd': 5} # 试试调换位置
```

对于星号解包后文将专门介绍。

3.4.2 dict()

Python 的内置函数 dict() 将创建一个新字典。dict 对象也是一个字典类，它是 Python 的内置映射类。映射类型（Mapping Type）是一种关联式的容器类型，它存储对象之间的映射关系。

dict() 的语法如下：

```
class dict(**kwargs)
class dict(mapping, **kwargs)
class dict(iterable, **kwargs)
```

其中 mapping 是映射类型，比如字典自己，iterable 是可迭代对象，kwargs 是若干个关键字参数。如果没有给出位置参数，将创建一个空字典；如果给出的位置参数值为映射类型，将创建一个与映射对象具有相同键值对的字典。位置参数也可以是一个可迭代对象，该可迭代对象中的每一项本身必须为一个刚好包含两个元素的可迭代对象，每一项中的第一个对象将成为新字典的一个键，第二个对象将成为其对应的值。

根据语法定义，示例如下：

```
# 以下示例返回的字典均等于
# {"one": 1, "two": 2, "three": 3}
a = dict(one=1, two=2, three=3)
b = {'one': 1, 'two': 2, 'three': 3}
```

```
c = dict(zip(['one', 'two', 'three'], [1, 2, 3]))
d = dict([('two', 2), ('one', 1), ('three', 3)])
e = dict({'three': 3, 'one': 1, 'two': 2})
f = dict({'one': 1, 'three': 3}, two=2)

a == b == c == d == e == f
# True
```

上例中，a 的方法所生成字典的所有键都必须是合法的 Python 标识符，如若不然，比如有个键为 '2nd'，就不能用 a 的方法，而可以用其他方法，因为在其他方法中键可以是任意字符串。

3.4.3　hash() 和可哈希

字典的键和集合的元素必须是一个可哈希的对象，接下来我们就介绍一下什么是可哈希对象。简单来说，如果一个对象在它的生命周期内哈希值不变，那么它就是可哈希的，Python 内置了对象哈希值的算法。

哈希值又叫散列值，通常用一个短的由随机字母和数字组成的字符串来代表。Python 内置函数 hash() 可以计算一个对象的哈希值。不可变对象才有哈希值，可变对象没有哈希值，我们称其不可哈希。典型的不可哈希对象如列表、集合、字典等。

下面是一些示例：

```
hash('你好')
# 2439288928012809752

hash(123)
# 123

hash(123.0)
# 123

hash(range(2))
# 7853416581674910768

hash((1, 2))
# -3550055125485641917

hash([1, 2])
# TypeError: unhashable type: 'list'
```

哈希值随环境因素变化，不同电脑、不同时间运行代码产生的哈希值可能是不同的，这意味着上述代码在你电脑上多次执行的结果极有可能是不同的。

值相等的两个对象的哈希值一定是相同的，如 1 和 1.0，但反过来不一定成立。一定长度的数字的哈希值是它自己，如 hash(2) 是 2，hash(100000) 是 100000。所有对象的哈希值都不可能是 -1，hash(-1) 是 -2。

哈希值保证了在同一个解释器进程里相同对象是一致的，它们在字典查找元素时用来快速比较字典的键。哈希值还应用在密码验证、数据传输验证等场景。计算哈希值的常用算法有 MD5、SHA-1 等。

自定义数据类型要实现可哈希特性，需要自定义 __hash__() 特殊方法并返回一个整数，一般同时实现 __eq__() 和 __hash__()，示例如下：

```
class Person:
    def __init__(self, name, age):
        self.name = name
        self.age = age

    def __eq__(self, other):
        return (self.name == other.name
                and self.age == other.age
               )

    def __hash__(self):
        return hash((self.name, self.age))


tom = Person('Tom', 28)
hash(tom)
# 5654817746242496720
```

如果要实现可重现、可跨进程保持一致性的哈希值，可以使用 Python 提供的内置模块 hashlib。关于哈希和内置函数 hash() 的更多内容可以访问 https://www.gairuo.com/p/python-hash。

3.4.4 字典视图

因为字典相比其他数据类型更为复杂，因此在操作字典时，需要在不同场景下操作元素、键、值等内容。为此，Python 引入了字典视图（dictionary view）对象，它是字典的动态视图，与字典保持同步，能实时反映出字典的变化。

字典视图共有 3 种。

- 元素视图（items view）：由 dict.items() 返回的对象。
- 键视图（keys view）：由 dict.keys() 返回的对象。
- 值视图（values view）：由 dict.values() 返回的对象。

当字典改变时，这些视图也会相应改变。它们都是可迭代的。以下是分别取三种视图的代码示例：

```
d = {'three': 3, 'one': 1, 'two': 2}

# 元素视图、键视图、值视图
d.items()
```

```
# dict_items([('three', 3), ('one', 1), ('two', 2)])
d.keys()
# dict_keys(['three', 'one', 'two'])
d.values()
# dict_values([3, 1, 2])
```

三种视图自己与自己会被认为是不同的对象，因此用is比较对象时均返回False。在进行值比较时，除值视图之外，项目视图与键视图被认为自身与自身是相同的。测试结果如下：

```
# 对象比较
(
    d.items() is d.items(),
    d.keys() is d.keys(),
    d.values() is d.values()
)
# (False, False, False)


# 值比较
(
    d.items() == d.items(),
    d.keys() == d.keys(),
    d.values() == d.values()
)
# (True, True, False)
```

键视图类似于集合，所有元素不重复且可哈希，所以键视图支持类似集合（set-like）的操作。视图支持的方法如下：

```
d = {'a': 111, 'b':222, 'c': 333}
dictview = d.items()
dictview
# dict_items([('a', 111), ('b', 222), ('c', 333)])

len(dictview)
# 3

# 迭代器
iter(dictview)
# <dict_valueiterator at 0x7faf514558f0>
[*iter(dictview)]
# [('a', 111), ('b', 222), ('c', 333)]

# 成员检测
('a', 111) in dictview
# True

# 反转，产生一个反转迭代器
reversed(dictview)
# <dict_reverseitemiterator at 0x7faf5146d8f0>
```

```
[*reversed(dictview)]
# [('c', 333), ('b', 222), ('a', 111)]

# 返回 types.MappingProxyType 对象,
# 字典视图指向的原始字典
dictview.mapping
# mappingproxy({'a': 111, 'b': 222, 'c': 333})
dictview.mapping.items()
# dict_items([('a', 111), ('b', 222), ('c', 333)])
dictview.mapping.keys()
# dict_keys(['a', 'b', 'c'])
dictview.mapping.values()
# dict_values([111, 222, 333])
```

字典视图也支持序列类型的一般通用方法。在迭代过程中，一般用视图来迭代相应的内容。示例如下：

```
d = {'a': 1, 'b': 2, 'c': 3}

for i in d:
    print(i)
# a
# b
# c

# 遍历键
for i in d.keys():
    print(i)
# 结果同上

# 遍历值
for i in d.values():
    print(i)
# 1
# 2
# 3

# 遍历键值组成元组
for i in d.items():
    print(i)
# ('a', 1)
# ('b', 2)
# ('c', 0)

# 分别取键和值进行遍历
for k, v in d.items():
    print(k, v)
# a 1
# b 2
# c 0
```

字典的三种视图还支持集合运算，相关内容会在后面讲解在字典的集合操作时介绍。

3.4.5 字典获取值

序列有基于位置索引操作，可以取到任意位置的元素值。字典有着天然的键，就是为了快速找到对应的值。字典提供 d[key] 形式，在对象后的方括号内传入键就能取到对应的值。

```
d = {'name': 'Tom', 'age': 18, 'height': 180}
d['name']  # 'Tom' 获取键
d['age'] = 20  # 将 age 的值更新为 20
d['Female'] = 'man'  # 增加属性
d.get('any', 180)  # 180 为没有的键提供一个默认值

# 嵌套取值
d = {'a': {'name': 'Tom', 'age':18}, 'b': [4, 5, 6]}
d['b'][1]  # 5
d['a']['age']  # 18

# 注意，这不是切片操作
d = {0: 10, 2: 20}
d[0]
# 10
```

获取指定值后，可以对此项的值进行修改、删除。

3.4.6 字典的操作和方法

字典支持容器的通用操作，也有一些自己特有的方法，如 get()、update()、setdefault() 等。以下是一些常见操作的示例：

```
d = {'name': 'Tom', 'age': 18, 'height': 180}

'age' in d  # True 'age' 作为键在 d 中
18 in d  # False

d.pop('name')  # 'Tom' 删除指定键
d.popitem()  # 随机删除某一项

d = {'name': 'Tom', 'age': 18, 'height': 180}
del d['name']  # 删除键值对
d.clear()  # 清空字典

# 按类型访问，可迭代
d.keys()  # 列出所有键
d.values()  # 列出所有值
d.items()  # 列出所有键值对元组 (k, v)

# 操作
d.setdefault('a', 3)  # 插入一个键，指定默认值，不指定为 None
```

```
d1.update(d)  # 将字典 d 的键值对添加到字典 d1
# 如果键存在，则返回其对应值；如果键不在字典中，则返回默认值
d.get('math', 100)  # 100
d2 = d.copy()  # 深拷贝，d 变化不影响 d2

# update 更新方式
d = {}
d.update(a=1)
d.update(c=2, d=3)
d
# {'a': 1, 'c': 2, 'd': 3}

d = {'a': 1, 'b': 2, 'c': 3}
max(d)  # 'c' 最大的键
min(d)  # 'a' 最小的键
len(d)  # 3 字典的长度
str(d)  # "{'a': 1, 'b': 2, 'c': 3}" 字符串形式
any(d)  # True 有一个键为 True
all(d)  # True 所有键都为 True
sorted(d)  # ['a', 'b', 'c'] 将所有键当列表排序
```

下面，我们重点介绍一下 update() 方法，它用于添加和更新字典内容。

3.4.7 update() 方法

Python 内置字典对象的 update() 方法将新的键值对添加到原字典中，如果键已存在，则会更新值。update() 是一个原地操作，集合类型也支持此方法。

update() 不传值时无操作；如果传入的是一个字典，对已有键进行更新，添加没有的键；如果传入的是成对元组组成的序列，将成对的元组分别视为键和值；如果传入的是关键字参数，将关键字视为键、取值视为值。这几个方法可以混用。

示例如下：

```
d = {'a': 1, 'b': 2}
d2 = {'b': 3, 'd': 4}

# 以下示例的效果相同
d.update(d2)  # 传入字典
d.update(**d2)  # 字典解包，效果同上
d.update(b=3, d=4)  # 关键字参数
d.update([('b', 3), ('d', 4)])  # 成对元组序列，下同
d.update((('b', 3), ('d', 4)))
d.update({('b', 3), ('d', 4)})
d.update(zip(['b', 'd'], [3, 4]))

d.update()  # 无操作
d
# {'a': 1, 'b': 3, 'd': 4}
```

```
d.update(**d2, e=5)                         # 混用
d.update((('b', 3), ('d', 4)), f=7)         # 混用
# {'a': 1, 'b': 3, 'd': 4, 'e': 5, 'f': 7}
```

合并字典可以使用后面将会介绍的 d |= d2 操作。集合也支持 update()，传入的是一个可迭代对象，将里边的元素添加到集合里。

3.4.8 字典的集合操作

字典和键视图支持集合中的求并集操作，运算形式为 d | other，还支持它的原地操作版本 d |= other。并集操作会将两个字典（映射类型）合并，当有相同的键时，other 中的键优先，它对应的值会覆盖左边字典中相同键的值。这是从 Python 3.9 版本开始有的新功能。示例如下：

```
d1 = {'a': 1, 'b': 2}
d2 = {'b': 3, 'd': 4}
d1 | d2
# {'a': 1, 'b': 3, 'd': 4}

d1 |= d2
d1
# {'a': 1, 'b': 3, 'd': 4}
```

字典的视图之间可以进行交、差、并、对称差等集合操作，示例如下：

```
d1 = {'a': 1, 'b': 2}
d2 = {'b': 3, 'd': 4}

# 交集
d1.keys() & d2.keys()
# {'b'}

# 并集
d1.values() | d2.keys()
# {1, 2, 'b', 'd'}

# 差集
d1.values() - d2.keys()
# {1, 2}

# 差集
d1.items() - d2.items()
# {('a', 1), ('b', 2)}

# 对称差集
d1.keys() ^ d2.keys()
# {'a', 'd'}
```

它们是集合的鸭子类型。

3.4.9 字典的顺序

我们知道，字典不是序列。但从 Python 3.7 开始，字典顺序会确保为插入顺序，此行为是自 Python 3.6 版开始有的 CPython 实现细节。因此，有时字典及字典视图也被按序列来对待。

比如，字典支持反转：

```
d = dict({'a': 1, 'b': 2, 'c': 3})
d
# {'a': 1, 'b': 2, 'c': 3}

# 顺序反转
reversed(d)        # 字典反转迭代器
# <dict_reversekeyiterator at 0x7fac1d959e40>

[*reversed(d)]     # 将顺序进行了反转
# ['c', 'b', 'a']
```

字典键的更新不会影响顺序，删除并再次添加的键将被插到末尾。

从字典的设计理念上讲，字典是一个容器，其各个项是独立的，并没有先后顺序，每个项都是一个键，我们能快速获取它。键是访问元素的唯一方式，从这个角度看，字典应该是无序的。

但从字典的实现角度来看，字典的背后是一个哈希表，通过 hash() 函数将键转为一个“索引”，从而用它访问元素。这些元素存储在一个连续的“列表”上，是有顺序的，但用户不能获取实际位置，只能通过键来访问元素，由键来映射到具体的位置。因此，实际上它又是有序的。

笔者建议，对于线上项目，需要明确表达顺序时不使用字典的有序特性，将其有序视为一种实现细节，不要过度依赖这个特性。

3.4.10 有序字典 OrderedDict

如果要使用显式的、有明确类型意义的、有顺序的字典，可以使用 collections 模块下的 OrderedDict（有序字典）类型，它是字典的子类型，具有字典的方法和操作。

以下是一些有序字典的构造方法：

```
from collections import OrderedDict

od = OrderedDict()
od["a"] = 1
od["a"] = 2
od["c"] = 3

od = OrderedDict(a=1, b=2, c=3)
od = OrderedDict([("a", 1), ("b", 2), ("c", 3)])
```

```
od = OrderedDict({("a", 1), ("b", 2), ("c", 3)})
od = OrderedDict({"a": 1, "b": 2, "c": 3}) # 在 Python 3.6 以上版本中顺序是确定的

od
# OrderedDict([('one', 1), ('two', 2), ('three', 3)])
```

OrderedDict 还提供了 fromkeys() 方法，它将一个序列的值作为一个新字典的键，并将另一个值作为公共值：

```
od = OrderedDict()

od.fromkeys(['a', 'b', 'c'])
# OrderedDict([('a', None), ('b', None), ('c', None)])

od.fromkeys(['a', 'b', 'c'], 0)
# OrderedDict([('a', 0), ('b', 0), ('c', 0)])

od.fromkeys(['a', 'b', 'c'], [0, 1])
# OrderedDict([('a', [0, 1]), ('b', [0, 1]), ('c', [0, 1])])

od.fromkeys(range(3), 0)
# OrderedDict([(0, 0), (1, 0), (2, 0)])
```

有序字典的其他方法与原生字典基本相同，可以访问 https://www.gairuo.com/p/python-ordered-dict 查看详细介绍。

3.4.11 映射链 ChainMap

Python 内置模块 collections 提供的 ChainMap 类型可以将多个字典或者其他映射类型数据组合在一起，形成一个单一的可更新的视图，原数据修改，该视图也会被修改，也可以在此视图中修改数据。以下是基本的创建和使用方法：

```
from collections import ChainMap

ChainMap()
# ChainMap({})

dict1 = dict(a=1, b=2)
dict2 = dict(b=3, c=4)

cm = ChainMap(dict1, dict2)
cm
# ChainMap({'a': 1, 'b': 2}, {'b': 3, 'c': 4})

type(cm)
# collections.ChainMap

cm.get('a') # 1
cm.get('b') # 2
```

```
cm.maps
# [{'a': 1, 'b': 2}, {'b': 3, 'c': 4}]

cm.maps[0]
# {'a': 1, 'b': 2}

cm.maps[1]['b']
cm.maps[1].get('b') # 同上
# 3

cm.items()
# ItemsView(ChainMap({'a': 1, 'b': 2}, {'b': 3, 'c': 4}))

cm.values()
# ValuesView(ChainMap({'a': 1, 'b': 2}, {'b': 3, 'c': 4}))

for i in cm.items():
    print(i)
'''
('b', 2)
('c', 4)
('a', 1)
'''

for i in cm.values():
    print(i)
'''
2
4
1
'''
```

接下来对它进行修改：

```
# 修改b值
cm['b'] = 12

cm
# ChainMap({'a': 1, 'b': 12}, {'b': 3, 'c': 4})
dict1
# {'a': 1, 'b': 12}
dict2
# {'b': 3, 'c': 4}


# 修改第二个字典的b值
cm.maps[1]['b'] = 13

cm
# ChainMap({'a': 1, 'b': 2}, {'b': 13, 'c': 4})
dict2
# {'b': 13, 'c': 4}
```

简单来讲，ChainMap 其实是把多个字典放在一个序列中，对字典的修改只会在首个字典上进行，查找时会从第一个字典往后依次查找。详细介绍可以访问 https://www.gairuo.com/p/python-chain-map 查看。

3.4.12 默认字典 defaultdict

Python 内置模块 collections 的 defaultdict 类型提供的是默认值字典功能，它是字典的一个子类，在程序访问字典中不存在的键时返回一个默认值，保证在任何时候访问字典键都有值。

defaultdict 的参数有两部分：第一部分需传入一个可调用对象来产生默认值，这个可调用对象应该是无参数的；第二部分和内置函数 dict() 类似，用来构造默认字典本身的内容。

以下是代码示例：

```
from collections import defaultdict

dd = defaultdict(list)
dd['a'] = 1
dd['b'] = 2

# 还可以用以下方式
defaultdict(list, {'a': 1, 'b': 2})  # 默认值是空列表
defaultdict(int, a=1, b=2)  # 默认值是整型 0
defaultdict(lambda: 9, a=1, b=2)  # 默认值为 9

dd
# defaultdict(list, {'a': 1, 'b': 2})

dd['x']
# [] 返回默认值空列表

dd.default_factory  # 查看默认值
# list

dd.default_factory = lambda:'missing'  # 修改默认值
dd['y']
# 'missing'
```

字典有了默认值就可以放心使用键来取值，不用关心存不存在某个键，也不用担心报错，因为至少有默认值可用。下面是用 int() 返回 0 的这个特性实现的一个对字符串各字符计数的程序：

```
s = 'aaabbcd'
d = defaultdict(int)
for k in s:
    d[k] += 1

d
```

```
# defaultdict(int, {'a': 3, 'b': 2, 'c': 1, 'd': 1})
sorted(d.items())
# [('a', 3), ('b', 2), ('c', 1), ('d', 1)]
```

要实现以上计数，更好的办法是使用接下来要介绍的计数器 Counter。如果要指定其他值，可以如之前的示例一样，用 lambda 来指定。

3.4.13 计数器 Counter

Python 内置模块 collections 的 Counter 类型是字典的一个用于计算序列中重复值数量的子类。代码示例如下：

```
from collections import Counter

issubclass(Counter, dict)
# True

words = '我爱花花草草'
Counter(words)
# Counter({'我': 1, '爱': 1, '花': 2, '草': 2})
```

实例化一个 Counter 有以下几种方法：

```
from collections import Counter

# 实例化元素为空的 Counter 对象
a = Counter()

# 用可迭代对象实例化
c = Counter('abbccc')
c = Counter(['a', 'b', 'b', 'c', 'c', 'c'])

# 从映射 (mapping) 中构造
c = Counter({'a':1, 'b':2, 'c':3})
c = Counter({'a':1, 'b':2, 'a':2, 'c':3})  # 只保留一个 a

# 用关键词参数实例化
c = Counter(a=1, b=2, c=3)
# 读取
c
# Counter({'a': 1, 'b': 2, 'c': 3})

c['a']  # 1
c['x']  # 0 不存在的键
c.get('y', 120)  # 120 字典的 get() 方法
```

关于 Counter 的详细介绍可以访问 https://www.gairuo.com/p/python-counter 查看。

3.4.14 字典的应用

Python 中的字典是一个非常实用的数据类型，它具备简单的业务抽象能力，因此在实际业务场景中，经常会有字典的身影。在本节，我们通过一些示例来理解字典的用途。

（1）逻辑分支

对于一些简单逻辑分支功能，字典可以做路由，免去编写 if else 语句的麻烦：

```
route = {True: 'case1', False: 'case2'} # 定义路由
route[7>6]          # 'case1' 传入结果为布尔值的变量、表达式、函数调用

# 定义计算方法
cal = {'+': lambda x, y: x+y, '*':lambda x, y: x*y}
# 使用
cal['*'](4, 9)    # 36
```

（2）格式化字符串

在格式化字符串时，如果字典包含多个变量，可以将字典中的值用键在模板中占位传入：

```
# 字符串模板使用键占位
tpl = '我的名字叫 %(name)s, 今年 %(age)i 岁了。'
info = {'name':'小明', 'age': 10}
# 字符串模板中用键传值
print(tpl % info)
# 我的名字叫小明，今年 10 岁了。
```

对于变量较少的情况，可以按有序的方式提供变量；但对于变量较多的情况，用字典更为适合，会使模板清晰、可读性强。

（3）统计词频

以下有一个句子，需要对其中每个单词的数量进行统计。我们利用字典的形式进行存储，键为单词，值为数量：

```
# 句子
s = 'to be or not to be'
# 拆分为单词列表
s.split()
# ['to', 'be', 'or', 'not', 'to', 'be']

# 定义一个空字典
s_dict = {}

# 对单词列表进行迭代，对项的值加一
for i in s.split():
    s_dict[i] = s_dict.get(i, 0) + 1

# 统计结果
s_dict
# {'to': 2, 'be': 2, 'or': 1, 'not': 1}
```

这里利用的是新值会替换同键的值这个特性，字典如果不存在此项，其 get() 方法可给出默认值 0。以上操作可用字典推导式直接完成：

```
{i: s.split().count(i) for i in s.split()}
# {'to': 2, 'be': 2, 'or': 1, 'not': 1}

# 为了减少同单词的循环计算，可转为集合
{i: s.split().count(i) for i in set(s.split())}
```

（4）数值统计

records 是一个学生成绩表，我们需要计算这个成绩表中数学成绩的平均分：

```
records = [
    {'name': 'Tom', 'math': 88},
    {'name': 'Lily', 'math': 77},
    {'name': 'Xiaoming', 'math': 85},
    {'name': 'Lilei', 'math': 90},
]

# 可以用列表推导式将成绩提取出来
[i.get('math') for i in records]
# [88, 77, 85, 90]

# 也可用生成器表达式生成一个迭代器
(i.get('math') for i in records)
# <generator object <genexpr> at 0x7f931edcaab0>

# 用 sum 计算迭代器里的数值
sum(i.get('math') for i in records)

# 除以数据个数，算出平均数
sum(i.get('math') for i in records)/len(records)
# 85.0
```

通过以上示例，我们可以更加深入地了解字典的特点和应用方法。

3.4.15 集合

集合是存放无顺序无索引内容的容器。在 Python 中，集合用花括号 {} 编写。用集合可以消除重复的元素，也可以进行交、差、并、补等数学集合运算。

集合可以认为是仅有键的字典，它的所有元素不重复，是可哈希的。集合里不能有列表、集合、字典等可变的内容。无法更改集合中的元素，但可以向其中添加新元素。

集合可以用将元素以花括号包裹、以逗号隔开的显示语句构建，也可以用内置的 set() 函数创建。一个空的花括号是一个空字典，而不是空集合，空集合只能用 set() 不传值来创建。

以下是一些常规的示例：

```
s = {'5元', '10元', '20元'} # 定义集合
s = set()  # 空集合
s = set([1, 2, 3, 4, 5])  # {1, 2, 3, 4, 5}使用列表定义
s = {1, True, 'a'}
s = {1, 1, 1}  # {1}去重
type(s)  # set类型检测

{[1, 2], 2}
# TypeError: unhashable type: 'list'
```

集合有推导式，利用集合推导式可以“计算出”一个集合来：

```
{i**2 for i in range(1, 4)}
# {1, 4, 9}

my_list = [1, 2, 3]
{i**2 for i in my_list}
# {1, 4, 9}
```

使用内置函数set()可以更加“明显”地创建一个集合。

3.4.16 set()

Python的内置类set()创建集合对象，可以选择带有从可迭代对象获取的元素，无传参则创建一个空集合。set是一个内置类型。

以下是一些用set()创建集合的示例：

```
# 空集合
set()
# set()

# 字符串
set('hello')
# {'e', 'h', 'l', 'o'}

# 元组
set((1, 2, 3, 4))
# {1, 2, 3, 4}

# 列表
set(['a', 'e', 'i', 'o', 'u'])
# {'a', 'e', 'i', 'o', 'u'}

# range对象
set(range(3))
# {0, 1, 2}

# 字典
set({'a': 1, 'b': 2, 'c':3})
# {'a', 'b', 'c'}
```

如同在讲解 tuple() 时介绍的一样，可以直接向 set() 中传入一个生成器表达式，它会将元素迭代成集合的元素。

3.4.17 集合的操作和方法

集合支持容器和部分序列的通用方法。集合没有顺序，没有索引，所以无法以指定位置访问，但可以用遍历的方式进行读取。

以下是一些常规的集合操作及方法示例：

```
# 迭代集合
s = {'a', 'b', 'c'}
for i in s:
    print(i)

# b
# c
# a

# 成员检测
s = {'a', 'b', 'c'}
'a' in s  # True

# 添加元素
s = {'a', 'b', 'c'}
s.add(2)  # {2, 'a', 'b', 'c'}
s.update([1, 3, 4])  # {1, 2, 3, 4, 'a', 'b', 'c'}

# 删除和清空元素
s = {'a', 'b', 'c'}
s.remove('a')  # {'b', 'c'} 删除不存在的元素会报错
s.discard('3')  # 删除一个元素，无则忽略，不报错
s.clear()  # set() 清空

# 容器类型的一些通用操作
s = {'a', 'b', 'c'}
len(s)  # 3 长度
max(s)  # 'c' 最大值
min(s)  # 'a' 最小值
any(s)  # True 是否有一个为真
all(s)  # True 是否全为真
sorted(s)  # ['a', 'b', 'c'] 返回排序后的列表
s.pop()  # 'b' 删除最后一个，因为无序，所以随机
s2 = s.copy()  # 浅拷贝
```

集合是没有顺序的，所以我们在操作集合时完全不需要关注元素的顺序。

3.4.18 集合运算

Python 中集合的元素不重复，可以用来处理数学意义上集合的运算，如交集、并集、

差集、补集等。除了有专门的方法来进行操作外，还有专门的运算符来支持。集合运算符见表 3-1。

表 3-1 Python 的集合运算符

集合运算符	功能描述
S & T	交集，返回新集合，元素包含 S 和 T 中都有的元素
S | T	并集，返回新集合，元素为 S 和 T 中的所有元素（去重后）
S – T	差集，返回新集合，元素为在集合 S 中但不在集合 T 中的元素
S ^ T	补集（对称差集），返回新集合，元素为属于 S 和 T 但不包含它们共有部分的元素
S <= T	是否子集，返回布尔值，判断 S 是否与 T 相同或是 T 的子集（T 更大）
S < T	是否真子集，返回布尔值，判断 S 是否为 T 的子集并且与 T 不相同
S >= T	是否超集，返回布尔值，判断 S 是否与 T 相同或是 T 的超集（S 更大）
S > T	是否真超集，返回布尔值，判断 S 是否为 T 的超集并且与 T 不相同

表 3-1 中，前 4 个均有原地操作版本，如 S &= T 会将结果更新到 S 中。

以下是一些集合运算的代码示例：

```
s1 = {1, 2, 3}
s2 = {2, 3, 4}

s1 & s2  # {2, 3} 交集
s1.intersection(s2)  # {2, 3} 交集
s1.intersection_update(s2)  # {2, 3} 交集，会覆盖 s1

s1 | s2  # {1, 2, 3, 4} 并集
s1.union(s2)  # {1, 2, 3, 4} 并集

s1.difference(s2)  # {1} 差集
s1.difference_update(s2)  # {1} 差集，会覆盖 s1

s1.symmetric_difference(s2)  # {1, 4} 对称差集

s1.isdisjoint(s2)  # False 是否没有交集
s1.issubset(s2)  # False s2 是否为 s1 的子集
s1.issuperset(s2)  # False s1 是否为 s2 的超集
```

注意，集合的方法 union()、intersection()、difference()、symmetric_difference()、issubset() 和 issuperset() 可以接收一个可迭代对象进行操作，但运算符操作则要求参数为集合对象。比如 set('abc') & 'cbs' 是错误的，正确的应该是 set('abc').intersection('cbs')，这样的设计更加易读。

关于集合运算可以访问 https://www.gairuo.com/p/python-func-set 查看详细内容。

3.4.19 冻结集合 frozenset()

Python 的内置函数 frozenset([iterable]) 可构建不可变集合（称为冻结集合），返回一个

新的 frozenset 对象，该对象包含可选参数可迭代对象中的元素。frozenset 是一个内置的类。它是集合的不可变版本，和集合一样也是无序的。

以下是使用 frozenset() 构建冻结集合的示例：

```
frozenset('abc')
# frozenset({'a', 'b', 'c'})

frozenset([1, 2, 3])
# frozenset({1, 2, 3})

frozenset({'a':1, 'b':2})
# frozenset({'a', 'b'})

frozenset(range(3))
# frozenset({0, 1, 2})

frozenset()
# frozenset()
```

为什么需要不可变的冻结集合呢？因为在集合实践中，有集合包含的元素也是集合的情况，而普通集合是可变的，不能作为集合的元素，这时 frozenset 提供了不可变的集合，这样就可以将集合放在另一个集合中了。

冻结集合除了容器和集合的通用操作外，还支持交、差、并、补等集合操作。

```
fs = frozenset([1, 2, 3])
fs
# frozenset({1, 2, 3})

fs.intersection([2, 3, 4])  # 交集
# frozenset({2, 3})

fs.symmetric_difference([1, 2])  # 差集（对称差集）
# frozenset({3})

fs.union([2, 3, 4])  # 并集
# frozenset({1, 2, 3, 4})

fs.isdisjoint([2, 3, 4])  # 是否交集为空
# False

fs.issubset([1, 2, 3, 4])  # 是否子集
# True

fs.issuperset([1, 2])  # 是否超集
# True

# 浅拷贝
fs.copy() is fs
# True
```

由于冻结集合是一个容器类型，因此它也支持取长度、最大值、返回重排序列等操作。

3.4.20 小结

字典是 Python 中最基础的数据结构，它可以通过键直接取到值。Python 内也有着大量的字典使用场景，比如使用内置函数 globals() 和 locals() 就可以查看以字典形式保存的全局变量表和本地字符表。

集合类型与数学中的集合可以对应，它擅长以集合的概念来抽象事物，可以快速完成交、差、并、补等集合运算。不重复性使它成为我们处理数据的利器。

本节介绍了字典和集合的各种特性、各种操作，同时还讲解了内置模块 collections 带来的多个不同特点的字典子类，是基础性、实用性较强的内容。

3.5 可迭代对象

Python 支持对容器类型数据进行迭代处理，迭代会对所有元素按照一个逻辑进行计算操作，因此在 Python 所有数据范围内就存在类型是否可迭代的话题。可迭代对象是一个鸭子类型。

迭代器无须事先计算出容器内所有元素的值，在使用（迭代）时才进行计算并返回，可以简单理解成，迭代器（包括它的子类型生成器）存储的是一个元素计算规则或算法，这样有利于节省空间。

在本节，我们将介绍与可迭代对象相关的数据类型和操作方法。

3.5.1 可迭代对象简介

我们发现支持迭代操作的一般是容器类型的数据，数字类型是无法进行迭代的，这就引申出了可迭代对象的概念。

可迭代对象就是可以被迭代的对象。简单来说，一个对象只要实现了__iter__() 方法，那么用 isinstance() 函数就可以检测出它是可迭代对象。容器类型都是可迭代对象。

我们来检测基础的内置数据类型是否为可迭代对象：

```
from collections.abc import Iterable

isinstance('abc', Iterable)      # str
# True
isinstance([1, 2, 3], Iterable) # list
# True
isinstance({}, Iterable)         # dict
# True
isinstance(123, Iterable)        # 整数
# False
```

通过内置函数 dir() 和 hasattr() 查看，可以发现可迭代对象都实现了 __iter__() 特殊方法，以列表为例，示例代码如下：

```
lst = [1, 2, 3]
dir(lst)
'''
...
'__iter__',
...
'''
hasattr(lst, '__iter__')
# True
iter(lst)
# <list_iterator at 0x7f84826a9300>
```

使用内置函数 iter() 会调用对应的 __iter__() 方法，这里返回的是一个列表迭代器，所以列表是一个可迭代对象。

可迭代对象支持迭代操作，我们在介绍容器类型时就提到过 for、while 循环等都是迭代操作。

此外，Python 还专门设计了迭代器和生成器用于迭代工作。在 Python 中，可迭代、迭代器和生成器是与迭代相关的三个概念，它们从左到右是包含关系。

3.5.2 星号解包

Python 提供了很多语法糖，这些语法糖能够为我们节省大量编码时间，星号表达式（Starred Expression）就是其中使用频率比较高的一个。Python 中星号表达式的形式有 *、*args、** 和 **kwargs，作用是将可迭代的数据或者参数序列按一定的数据形式解析出来，这个过程叫解包（unpack）。

关于星号表达式，可以如下简单理解。

- 它能将可迭代的数据（由多个元素组成、能拆分的数据类型）拆成一系列独立元素。
- 拆开时要指定整体的数据类型（就是指定这一个个元素最终形成什么数据结构），通常放在列表的方括号、集合和字典的花括号或者函数调用的圆括号内。
- 一个星号是拆开序列（类似列表），即 *iterable；两个星号是拆开字典（mapping），即 **dictionary。
- *args 和 **kwargs 中星号后为什么有变量名呢？因为在它们作为函数的参数时，需要有变量名才能使用它们。这两个变量名是约定俗成的，你也可以用别的，但不推荐。

我们来看一些例子：

```
h = 'gairuo'      # 一个普通字符串，可以拆开（迭代）
[*h]              # ['g', 'a', 'i', 'r', 'u', 'o'] 列表
{*h}              # {'a', 'g', 'i', 'o', 'r', 'u'} 集合

# 将两个元组合并为一个元组
```

```
x, y = ('a', 'b'), (1, 2)
(*x, *y)  # ('a', 'b', 1, 2)

# 合并字典
x = {'a': 1, 'b': 2}
y = {'b': 3, 'c': 4}
# 拆成字典（还是自己）
{**x}
# {'a': 1, 'b': 2}
{**x, **y}  # 合并
# {'a': 1, 'b': 3, 'c': 4}
{**y, **x}  # 换位置合并（其实字典一般不用在意位置）
# {'b': 2, 'c': 4, 'a': 1}
```

在函数传参时，星号解包的使用方法如下：

```
print(*[1], *[2, 3], *(4, 5), 6)
# 1 2 3 4 5 6
dict(**{'x1': 0, 'x2': 1}, y=2, **{'z': 3})
# {'x1': 0, 'x2': 1, 'y': 2, 'z': 3}
```

上例中：第一行代码将两个列表和一个元组拆开，最终返回的是单个元素；第二行代码将字典拆开，拆开后它与其他字典的定义组成了一个新的字典，完成了字典合并的工作。

解包操作有以下特点：

- 被解包的数据必须是可迭代的，可以是字符串、元组、列表、字典、数组等；
- 解包后要有一定的数据结构去承接（接纳），只用星号是错误的（如不能用 *a，而应该用 [*a]）；
- *iterable 和 **dictionary 对应解包的是无键的与有键的（mapping，映射类型）。

有了星号表达式，我们的操作就快捷多了，省去了各种类型转换，可以像写列表、集合、字典显示那样直观地表达产生的数据结构。再看一个第三方库 pandas 的数据类型转换的例子：

```
import pandas as pd

dict(**pd.Series([*'abcd'], index=[*'1234']))
# {'1': 'a', '2': 'b', '3': 'c', '4': 'd'}

{**pd.Series([*'abcd'], index=[*'1234'])}
# 效果同上
```

构建序列时的索引和值都可以将字符串解包成列表，由于序列是一个有键的数据结构，我们可以将其用两个星号解包成字典。

再来看一些其他的例子，方便大家理解。

```
# 在元组、列表、集合和字典中允许解包
*range(4), 4
# (0, 1, 2, 3, 4)
```

```
[*range(4), 4]
# [0, 1, 2, 3, 4]
{*range(4), 4}
# {0, 1, 2, 3, 4}
{'x': 1, **{'y': 2}}
# {'x': 1, 'y': 2}

# 在字典中，后面的值将始终覆盖前面的值
{'x': 1, **{'x': 2}}
# {'x': 2}
{**{'x': 2}, 'x': 1}
# {'x': 1}

# 推导式
ranges = [range(i) for i in range(5)]
[[*item] for item in ranges]
# [[], [0], [0, 1], [0, 1, 2], [0, 1, 2, 3]]

{i:[*item] for i, item in enumerate(ranges)}
# {0: [], 1: [0], 2: [0, 1], 3: [0, 1, 2], 4: [0, 1, 2, 3]}

a = [1, 2]
'{}+{}={}'.format(*a, sum(a))
# '1+2=3'
```

在合并序列时就非常方便了：

```
a = [1, 2]
b = (3, 4)
c = a + b
# 报错
c = [*a, *b]
c
# [1, 2, 3, 4]
```

星号表达式可以让定义变量变得非常简便，利用它为变量赋值，可以将变量变成一个容器（catch-all）来容纳未分配的内容。

```
a, *b, c = range(5)
a # 0
c # 4
b # [1, 2, 3]

# 如果不想要中间部分，可用下划线标识符来承接
a, *_, c = range(5)
```

以上代码中，b使用了星号表达式，容纳中间的所有元素形成了一个列表，减少了代码量，更加便捷。对于更复杂的解包模式，新语法看起来更干净。

定义函数时，经常会使用*args和**kwargs来声明元组变量（位置变量）和字典变量（关键字变量）。

```
args = [1, 3]
range(*args) # 这样就将两个位置变量传入了
# range(1, 3)

def f(a, b, c, d):
    print(a, b, c, d, sep='&')

f(1, 2, 3, 4)
# 1&2&3&4
f(*[1, 2, 3, 4])
# 1&2&3&4
```

星号能够减少显式类型转换、for 循环和推导式，虽然初学者可能需要一段时间来掌握它，但待你掌握后相信你会喜欢上它。

需要注意的是，**对于无限元素迭代器，千万不要用星号解包**，要用 next()。

3.5.3 迭代器

迭代器就是一个封装了迭代的对象，可以认为它是容器的一种特殊结构，它支持无限长度的元素。Python 中内置的序列，如列表、元组、字符串等都是可迭代对象，但它们不是迭代器。迭代器可以被 next() 函数调用，并不断返回下一个值。Python 从可迭代对象中获取迭代器。

```
from collections import abc

isinstance([1, 2, 3], abc.Iterator)
# False

isinstance((1, 2, 3), abc.Iterator)
# False

isinstance({'name': 'lily', 'age': 18}, abc.Iterator)
# False

isinstance({1, 2, 3}, abc.Iterator)
# False

isinstance('abc', abc.Iterator)
# False

isinstance(123, abc.Iterator)
# False

# 生成器表达式，见下文
isinstance((x*2 for x in range(5)), abc.Iterator)
# True
```

可以看到，常见的类型不是迭代器类型。我们来看看如何让一个对象成为迭代器类型。

要将对象转为迭代器类型，需要使用内置函数 iter()，而要使用 iter()，需要该对象支持此函数。

对于容器类型，需要实现 container.__iter__() 这个特殊方法来提供可扩展的支持，来支持使用内置函数 iter() 将其转为迭代器类型。Python 的大多数内置容器已经实现了这个方法。

```
from collections import abc

it = iter('abc')
it
# <str_iterator at 0x7f8482595e70>

isinstance(it, abc.Iterator)
# True
```

对于其他类型的对象，从技术上讲，Python 迭代器对象必须支持迭代器协议。所谓迭代器协议，就是要求一个迭代器必须实现以下两个方法。

- iterator.__iter__()：返回迭代器对象本身。
- iterator.__next__()：从容器中返回下一项，当没有下一项时抛出 StopIteration 异常。

也就是说，一个对象只要支持上面两个方法，就是迭代器。按这个协议，我们来自己实现一个迭代器，它就是斐波拉契数列（值是前两个数之和）生成器。代码如下：

```
class FibNums:
    """ 实现一个指定个数的
    斐波拉契数列生成器 """

    def __init__(self, num=0):
        self.num = num
        self.n = 0
        self.a = 3 # a、b是斐波拉契数列的开始两个数
        self.b = 4

    def __iter__(self):
        return self

    def __next__(self):
        if self.n < self.num:
            self.n += 1
            result = self.a
            self.a, self.b = self.b, self.a + self.b
            return result
        else:
            raise StopIteration
```

以下是应用这个自定义对象的代码：

```
FibNums(3)
# <__main__.FibNums at 0x7fb897325d20>

it = FibNums(6)
```

```
list(it)
# [3, 4, 7, 11, 18, 29]

[*FibNums(5)]
# [3, 4, 7, 11, 18]

it = FibNums(5)

from collections import abc
isinstance(it, abc.Iterator) # 类型检测
# True

it = FibNums(5)

next(it)  # 3
next(it)  # 4
next(it)  # 7
next(it)  # 11
next(it)  # 18
# next(it)  # StopIteration

it = FibNums(5)  # 重新创建对象
next(it)  # 3
for i in it:
    print(i)

# 3 已经在上一个 next 中消费，从 4 开始
'''
4
7
11
18
'''
```

在迭代操作中，迭代器的元素只能“消费一次”，直到耗尽。迭代器的另一个特点是支持无限长度的元素，永远无法迭代完。我们来实现一个所有偶数的无限迭代器：

```
class Even:
    """ 无限迭代器返回
    全部偶数 """

    def __iter__(self):
        self.num = 2  # iter() 的初始值
        return self

    def __next__(self):
        num = self.num
        self.num += 2
        return num

# 注意！不要对它执行解包、for 循环，会死循环
```

```
# [*Even()]

e = iter(Even())
next(e)  # 2
next(e)  # 4
next(e)  # 6
next(e)  # 8
next(e)  # 10
# ...
```

不要对无限迭代器执行 for 循环、解包等操作，需要用 next() 来迭代。

迭代器并不像容器一样把所有的元素值都先计算出来，它存储的是一个个元素的计算规则，在需要时才计算并返回，这样相对于容器来说节省空间。这种先记录计算方法、使用时再计算的机制是惰性的，也被称为惰性计算。

与容器相比，迭代器的另一个特点是，它支持无限个元素，因为它依赖的是计算规则，只要有计算规则，它就可以依照这个规则源源不断地产生值。

最后，在迭代使用上，对于每一个元素迭代器都是用完即丢的，不能再次迭代，所有的项都是“一次性”的。正是这种“阅后即焚”似的机制，让迭代器腾出空间，减少了内存占用。

3.5.4 iter() 和 next()

Python 内置函数 iter() 用来生成迭代器，它可以将字符串、列表、元组等序列转换为迭代器，供 for 循环、next() 等进行迭代操作。next() 是专门用来从迭代器中检索下一项的内置函数。iter() 有两种使用方式：

```
iter(iterable) -> iterator
iter(callable, sentinel) -> iterator
```

以下是第一种方式的一些示例：

```
my_list = [1, 2, 3]
it1 = iter(my_list)
next(it1)  # 1
next(it1)  # 2
next(it1)  # 3
# next(it1)  # StopIteration

# 将 range() 对象转为迭代器
it2 = iter(range(3))
next(it2)  # 0
next(it2)  # 1
next(it2)  # 2
# next(it2)  # StopIteration
```

第二种方式传入一个可调用对象和一个称为哨兵的对象，迭代过程中如果返回的值等于 sentinel，则将引发 StopIteration，用 for 语句迭代时则会结束迭代，否则将返回该值。如果哨兵是一个不可能达到的值，则迭代器会成为一个无限迭代器。我们来实现一个交互式的计算器，它支持输入 exit 退出：

```
def sentinel_objects():
    string = input("输入计算式进行计算，输入 exit 退出 .")
    return string

for string in iter(sentinel_objects, 'exit'):
    print("你的计算结果是：", eval(string))


'''
输入计算式进行计算，输入 exit 退出 . 1+1
你的计算结果是：2
输入计算式进行计算，输入 exit 退出 . 3214*673
你的计算结果是：2163022
输入计算式进行计算，输入 exit 退出 . exit
'''
# # 可以改成匿名函数，效果相同
# for string in iter(lambda :input("输入计算式进行计算，输入 exit 退出 ."), 'exit'):
#     print("你的计算结果是：", eval(string))
```

我们为之前编写的无限偶数迭代器 Even 增加 __call__ 特殊方法，让它变成一个可调用对象，然后传入 iter() 中，并设置哨兵：

```
class Even:
    """无限迭代器返回
    全部偶数"""
    def __init__(self):
        self.num = 0 # 初始值

    def __iter__(self):
        return self

    def __next__(self):
        self.num += 2
        return self.num

    __call__ = __next__

# 遇到 12 停止迭代
for i in iter(Even(), 12):
    print(i)
'''
2
4
6
8
10
'''
```

Python 官方提供了一个读取数据库或者文件的例子，将文件分块读取并迭代处理，当文件块为空的时候就停止处理。代码大致如下：

```
from functools import partial
with open('mydata.db', 'rb') as f:
    for block in iter(partial(f.read, 64), b''):
        process_block(block)
```

由于可调用对象不能带任何参数，需要先用偏函数处理。下面是一个无限输出 0 的迭代器，因为 int() 输出的是 0，永远达不到 1：

```
int()
# 0

inf = iter(int, 1)
next(inf)  # 0
next(inf)  # 0
# ...
```

在对迭代器进行迭代时，不要忘记处理（捕获）StopIteration 异常，否则有可能导致程序无法正常运行。正确的处理方法是用 try 语句捕获并阻断：

```
it = iter([1, 2, 3])
while True:
    try:
        x = next(it)
        print(x)
    except StopIteration:
        print('Over')
        break

'''
1
2
3
Over
'''
```

这样我们就能写出高质量的 next() 迭代代码。for 语句遇到 StopIteration 异常会自动停止迭代，不需要我们额外处理。

next() 也可以给定一个默认值，迭代完就返回这个默认值：

```
it2 = iter(range(3))
next(it2, 99)  # 0
next(it2, 99)  # 1
next(it2, 99)  # 2
next(it2, 99)  # 99
```

一个对象如果要支持 next() 函数，需要在内部实现 __next__() 特殊方法。这一点我们在之前的示例中可以看到。

3.5.5 生成器和yield表达式

在构建自己的生成器类型时要编写特殊方法，这项工作太麻烦了，有了生成器，这项工作变得格外简单。**生成器（Generator）是一种特殊的迭代器**，是更为简单的创建迭代器的方法，它的各种特性和优点与迭代器是一样的。显而易见，生成器是可迭代对象。

Python提供两种生成器，一种是生成器函数，另一种是生成器表达式。

- 生成器函数，定义与常规函数相同，区别在于它使用yield语句而不是return语句返回结果。
- 生成器表达式，与列表推导式类似，区别在于它使用小括号()包裹，这就是没有“元组表达式”的原因。

我们先来看看生成器函数。可以说包含yield的函数就是生成器。

在调用生成器函数的时候，yield表达式返回一次结果就会暂停并保存当前的运行信息，以便在下一次执行next()时从暂停位置继续执行，直到所有逻辑执行完成。它可以表达有限元素和无限元素。

我们来看一个十分简单、以硬编码方式编写的生成器函数：

```
def gen():
    yield 1
    yield 2
    yield 3

g = gen()

for i in g:
    print(i)
'''
1
2
3
'''

# 已经消费结束
next(g)
# StopIteration
```

再来看一个产生无限偶数的生成器：

```
def gen():
    i = 2
    while True:
        yield i
        i+=2

type(gen)
# function
```

```
g = gen()
type(g)
# generator

next(g)  # 2
next(g)  # 4
next(g)  # 6
# ...
```

我们再将之前的斐波那契数列改写成无限长的生成器函数：

```
# 生成器函数
def fib_gen():
    a, b = 0, 1
    while True:
        yield a
        a, b = b, a + b

fib = fib_gen()
type(fib)  # generator

next(fib)  # 0
next(fib)  # 1
next(fib)  # 1
next(fib)  # 2
next(fib)  # 3
next(fib)  # 5
next(fib)  # 8
# ...
```

Python 在 yield 表达式的基础上增加了 yield from 表达式，允许生成器将部分操作委托给另一个生成器，让生成器可以继续封装。yield from 后面必须跟一个可迭代对象，这个可迭代对象所产生的值会直接传递给生成器方法的调用者。

以下代码给定一个数字，将两段 range() 对象构造的数字返回：

```
def gen_range(x):
    yield from range(1, x, 2)
    yield from range(2, x+1, 2)

[*gen_range(10)]
# [1, 3, 5, 7, 9, 2, 4, 6, 8, 10]
```

以下代码将多种容器拼接进来并用生成器返回：

```
def gen(*args):
    for item in args:
        yield from item

str_ = 'abc'  # 字符串
list_ = [1, 2, 3]  # 列表
```

```
dict_ = {'name': 'Tom', 'age': 18}  # 字典
gen_ = (i for i in range(4, 8))  # 生成器

# 传入生成器，再转为列表
[*gen(str_, list_, dict_, gen_)]
```

相比 yield，yield from 能让代码更加简洁，结构更加清晰。最后，再来总结一下生成器函数与普通函数的区别。

生成器函数包含一个或多个 yield 语句，调用时，它返回一个对象（迭代器），但不会立即开始执行，省去我们自己实现 __iter__() 和 __next__() 特殊方法。它是自动实现的，我们可以使用 next() 遍历这些项。

一旦生成器函数的 yield 表达式产生项，函数就立即暂停，并将控制权转移给调用者。生成器函数的局部变量及其状态在连续调用之间被记住，等待下次调用继续执行。最后，当生成器函数终止，在进一步调用时会自动引发 StopIteration 异常。

接下来看看另一种产生生成器的方法：生成器表达式。

3.5.6 生成器表达式

如同列表推导式，对于逻辑比较简单的生成器，我们可以选择使用生成器表达式来编写。生成器表达式在语法上与列表推导式相似，但它由圆括号来包裹。很多人一开始会不自觉地认为这是“元组表达式”，但其实没有元组表达式，因为元组不可变。

之前介绍过，如果想要用类似列表推导式的方式构造元组，可以在 tuple() 中写 for 语句，传入其中的其实是一个生成器表达式，产生的也是一个生成器。它是一个可迭代对象，tuple() 会将它转为元组，这是函数传参的一个小技巧而已。

我们定义一个生成若干个偶数的生成器：

```
ge = (i for i in range(2, 1000000) if i%2==0)
ge
# <generator object <genexpr> at 0x7f8bde6e0660>
type(ge)
# generator

next(ge)  # 2
next(ge)  # 4
next(ge)  # 6
# ...
```

在将生成器作为参数传入一个函数，并且刚好这个函数只传入一个参数时，可以省去生成器表达式中的圆括号，“借用”函数调用操作的圆括号。以下是计算列表中偶数的和的示例：

```
num_list = [2, 5, 3, 7, 8, 9, 10]

# 打印偶数，列表推导式
```

```
print([i for i in num_list if i%2 == 0])
# [2, 8, 10]

# 打印偶数，传入生成器表达式，省去括号
print(i for i in num_list if i%2 == 0)
# <generator object <genexpr> at 0x7f9f67bef4c0>

# 求和，传入生成器表达式，省去括号
sum(i for i in num_list if i%2 == 0)
# 20
```

sum() 支持传入一个可迭代对象，print() 接收的是一个普通的位置参数。

这样我们就无须编写函数形式的代码，从而快速构造一个生成器。生成器表达式的其他编写技巧和列表推导式类似，可以参见 3.1.11 节的介绍。

但是，函数式的生成器非常灵活，能用多个语句实现复杂的数据产生规则，同时还可以通过利用 send() 方法作为协程使用。

3.5.7 send() 方法

作为对象，生成器有几个方法。之前我们定义过 fib_gen() 生成器函数，下面来查看它的生成器对象 fib 的方法：

```
dir(fib)
'''
[...
 'close',
 'gi_code',
 'gi_frame',
 'gi_running',
 'gi_yieldfrom',
 'send',
 'throw']
'''
```

其中最值得注意的是 send() 方法，该方法在恢复执行时会向生成器发送一个值，而这个值会参与生成器下个值的产生过程。可以认为它是调用者和规则制定者的一个交互，这样就实现了双向数据交换。

下面通过一个简单的示例来理解这种机制。

```
def foo():
    msg = yield 'raw'
    yield msg

coro = foo()
print(next(coro))  # raw
result = coro.send('test')
print(result)  # test
```

第一次，next() 迭代生成器时，将 yield 后面的值返回；第二次，生成器调用 send() 方法传入一个字符串，这时暂停的生成器函数会再次执行，将传入的值给 yield 并赋值给 msg，最后 yield 再将这个值返回。

我们通过一个简单的例子来看看怎么影响生成器生成下个值。我们实现了以下生成器，产生的值从 0 开始，每次迭代值加 2。当我们不想加 2 时，可以通过 send() 传入想加的值，生成器就会按我们指定的值增加并产出：

```
def gen():
    i = 0
    while True:
        n = yield i
        i = i + (n or 2)


g = gen()
next(g)  # 0
next(g)  # 2
next(g)  # 4
g.send(3)  # 7
next(g)  # 9
next(g)  # 11
g.send(4)  # 15
next(g)  # 17
```

以上代码实现了执行 next(g) 增加 2，执行 g.send(n) 增加 n。要注意的是，如果第一次调用生成器对象时就用 send() 的话，只能传入 None，即 g.send(None)，或者直接使用 next() 再用 send() 传值，达到激活生成器的目的。yield 处接收的是 None 值，上例中 n or 2 在 n 为 None 时取 2。

利用生成器的以上特性可以实现协程。协程可以理解成多个处理过程协作。对于多步骤、大量重复的操作，可以先处理所有可以顺利进行的任务，待完成后再调用下一个流程处理剩余任务，而不用等待单个任务完成再依次进入下一个重复步骤的任务。

3.5.8 all() 和 any()

Python 内置函数 all() 的作用是，如果传入的可迭代对象的所有元素均为 True（或可迭代对象为空），则返回 True。any() 的逻辑与 all() 不同，只需有一个元素为 True 它便返回 True。它们传入的均为可迭代对象。

对于字典来说，所有键都为 False 或字典为空，any() 将返回 False。如果至少有一个键为 True，any() 将返回 True。它以键而不是值为检测目标。

以下是 all() 和 any() 的一些示例：

```
# 所有值为 True
iterable = [1, 2, 3, 4]
all(iterable)  # True
```

```
# 所有值为 False
iterable = [0, False]
all(iterable)  # False

# 一个为 True
iterable = [0, False, 1]
all(iterable)  # False

# 一个为 False
iterable = [1, 3, 4, 0]
all(iterable)  # False

# 空对象
iterable = ()
all(iterable)  # True

# 字符串
iterable = 'Hello'
all(iterable)  # True

# 字典
d = {0: 'False', 1: 'False'}
all(d)  # False

all([False, None, 0, 0.0, 0 + 0j, '', [], {}, ()])
# False

any([False, None, 0, 0.0, 0 + 0j, '', [], {}, ()])
# False

not any([False, False, False])
# True

not all([True, False, False])
# True

# 列表推导式
l = [0, 1, 2, 3, 4]
all([i > 2 for i in l])
# False
any([i > 2 for i in l])
# True

# 可以直接在生成器上使用，比列表快很多
(i > 2 for i in l)
# <generator object <genexpr> at 0x7fe33e7e3dd0>
all(i > 2 for i in l)
# False
any(i > 2 for i in l)
# True
```

all() 和 any() 在编写逻辑代码时非常有用。

3.5.9 sorted()

Python 的内置 sorted() 函数的作用是按特定顺序（升序或降序）对给定可迭代对象（如列表和元组）的元素进行排序，并将其作为列表返回。

和列表的 sort() 方法一样，它也有一个键函数 key（用于排序规则定义）和一个 reverse 参数（用于升降序的指定）。

```
# 使用第二个元素进行排序
def take_second(elem):
    return elem[1]

random = [(2, 2), (3, 4), (4, 1), (1, 3)]

# 带关键字的排序列表
sorted_list = sorted(random, reverse=True, key=take_second)
# 可以使用 lambda 来编写
sorted_list = sorted(random, reverse=True, key=lambda x: x[1])

# 打印列表
sorted_list
# [(3, 4), (1, 3), (2, 2), (4, 1)]
```

列表的 list.sort() 方法的执行方式与内建函数 sorted() 相同，唯一的区别是：list.sort() 方法不返回任何值（其实是返回 None）并会更改原始列表，是一个原地操作；而 sorted() 返回一个新列表，而不是在原来的基础上进行操作。详细内容可以参考 https://www.gairuo.com/p/python-sorted。

3.5.10 reversed()

Python 内置函数 reversed() 会返回给定序列的反向迭代器，如果要查看返回的这个迭代器的内容，需要迭代输出或者将其转换为列表、元组等数据类型。

以下是一些使用示例：

```
reversed('abc')
# <reversed at 0x7fb8dae187f0>

list(reversed('abc'))
# ['c', 'b', 'a']

[*reversed(range(3))]
# [2, 1, 0]

[*reversed([1, 2])]
# [2, 1]
```

```
d = {'a': 1, 'b': 2}

[*reversed(d)]
# ['b', 'a']
[*reversed(d.items())]
# [('b', 2), ('a', 1)]
```

以上示例使用 list() 函数或者解包的方法将 reversed() 返回的迭代器转换为列表。我们也可以对任意实现了 __reverse__() 特殊方法的对象使用 reversed()。

3.5.11 小结

可迭代对象是 Python 中经常需要处理的、设计函数时传入最多的鸭子类型。从一般的容器类型到专门设计的迭代器，再到进化版本生成器，甚至到从生成器进化出的处理多任务的异步操作——协程，我们看到了 Python 在解决问题上的专业性。

在本节，我们站在迭代操作的角度对之前学习的容器类型进行了升华，使你在使用 Python 编程时可以站得更高。

3.6 本章小结

本章内容极为丰富，甚至可以说是 Python 的核心内容。我们日常使用 Python 时绝对少不了使用容器类型和可迭代对象。

本章知识虽繁多，但成体系。从容器分两条路线：一条深入序列，对于序列先介绍通用性内容，后介绍列表和元组细节；另一条则伸向字典和集合，探寻它们的奥秘。最后，跳出集合，从迭代的角度来总结和归纳所介绍的内容。

到此，我们基本介绍完 Python 的内置数据结构，接下来将继续介绍 Python 的流程控制方法，看如何对这些数据结构进行复杂的逻辑操作。

第 4 章 Chapter 4

流程控制与函数

程序是由数据和算法组成的。在前几章，我们着重介绍了 Python 的数据类型系统及各种数据结构。在本章，我们将集中介绍 Python 中与算法相关的语法规则和应用。

在编程思想中，经常会有面向对象和面向过程并存的情况。面向对象是先将要解决的问题抽象成一个对象，然后给这个对象以相应的行为能力；面向过程则是先创建工具，然后用这些工具来处理要解决的问题。

在本章，我们将介绍如何制造工具，流程控制语句、函数等都是制造工具的零件。

4.1 基础流程控制语句

我们之前学习了各类数据的结构以及它们的方法，要让这些方法行动起来，并且按照我们设计的“流水线”运转下去，就需要做流程控制。Python 的流程控制语句比较丰富，除了传统的 while 循环、if 条件判断、for 循环，还有创新的 match 结构化模式匹配。

本节，我们先了解一下基本流程控制语句的使用方法。

4.1.1 while 语句

while 语句可以让代码按设定的时机一直执行下去，这个时机是 while 后面的布尔表达式结果为 True。在 while 中要执行的代码要与 while 保持缩进。

while 里的代码逻辑一定得有条件让后边的表达式为 False，否则会造成死循环，死循环可能造成电脑宕机。如果遇到死循环，需要关闭或者重启终端（快捷键为 CTRL+C）。

以下是用 while 编写的小于某个数的斐波那契数列（当前值是前两个值之和）:

```
# 小于 15 的斐波那契数列
a, b = 0, 1
while a < 15:
    print(a, end=' ')
    a, b = b, a+b

print('生成完毕')

# 0 1 1 2 3 5 8 13 生成完毕
```

再看一个输入内容进行交互的示例：

```
var = 5
while int(var) >= 5:
    var = input("输入数字，小于或等于 5 的数会退出：")
    print(f'你输入了{var}')

print('你已退出')
```

因此，我们可以简单总结一下，while语句的逻辑如下：

```
#0. [while之前的代码]

#1. [while {表达式}]
    #1.1 { while 循环代码}

#2. [else]
    #2.1 {终止循环后执行的代码}

#3. [while之后的代码]
```

按照顺序执行while语句之前的代码，然后根据while关键词引导进行while循环。while循环中先对while后面的表达式进行逻辑值检测。while后面的表达式如果是一个逻辑表达式，会产生布尔值；如果是一个其他对象，会隐匿执行bool(obj)产生布尔值。如果布尔值为True，则进行while子语句体中的代码，执行完后再判断表达式，如果为真，则继续执行while循环代码。

如果表达式为False，则跳出while循环代码。如果有else字句，则执行else子句中的代码；如果没有或者执行完毕，则执行while之后的代码。while子句体和else子句体的代码要与这两个关键字保持缩进。

以下是一个带有else子句的示例：

```
# 数到 3
num = 1

while (num <= 3):
    print(f'你拍{num}，我拍{num}')
    num = num + 1
else:
```

```
    print("再见！")

'''
你拍 1，我拍 1
你拍 2，我拍 2
你拍 3，我拍 3
再见！
'''
```

在 while 里如果还需要逻辑判断，可以嵌套 if 语句，也可以嵌套 for 循环：

```
roster = {'tom': 'boy', 'lily': 'girl', 'lucy': 'girl', 'xiaoming': 'boy'}
boy_roster = []                              # 男生名单

# 如果 boy_roster 不为空
while not boy_roster:
    for name, gender in roster.items():
        if gender == 'boy':
            boy_roster.append(name)     # 将男生加入新列表
            print(f'{name}是男生。', '已加入列表！')
        else:
            print(f'{name}是女生。')
else:
    print('男生名单是：', boy_roster)
'''
tom 是男生。已加入列表！
lily 是女生。
lucy 是女生。
xiaoming 是男生。已加入列表！
男生名单是：['tom', 'xiaoming']
'''
```

while 可以让程序一直执行下去，有时会将 while 后面的表达式直接写成 True。这在用脚本监控相关信息时非常有用，以下代码可以不断输出当前时间（在终端执行）：

```
import time

while True: print(time.ctime())

# 可以按 CTRL+C 组合键中断循环
```

从以上代码可以看到，对于简单的逻辑不用换行和缩进。

设计 while 循环的难点在于要让表达式有为假的情况，否则非常容易造成死循环。不过，对于有些业务场景来说，程序本身就是一个死循环，比如游戏、监控、Web 服务等。

4.1.2　if 语句

现实世界并不是整齐划一的，会出现各种各样的情况，我们将这些情况分类并进行处理，于是形成了多个逻辑分支。if 语句是流程控制中最常用的语句，所以我们一定要理解它的代码运行机制，熟练掌握它并能灵活应用。

if 语句的整体语法结构如下：

```
if <条件1>:
    <代码逻辑1>
elif <条件2>:
    <代码逻辑2>
else:
    <代码逻辑3>
```

执行逻辑为：

- 如果 <条件 1> 为真，则执行 <代码逻辑 1>，结束后不再执行，否则往下继续执行；
- 如果 <条件 2> 为真，则执行 <代码逻辑 2>，结束后不再执行，否则往下继续执行；
- 执行 <代码逻辑 3>。

我们来看一个简单的例子：

```
age = 20

if age >= 18:
    print('成年人')

# 增加elif
if age <= 6:
    print('小朋友')
elif age >= 18:
    print('成年人')
else:
    print('未成年人')
```

if 语句只按顺序执行第一个为 True 的代码块，后续代码不再执行。关键字有 if、elif、else，关键字与表达式之间有空格分隔，表达式后加冒号并换行，else 后不跟表达式，直接加冒号。elif 和 else 是可选的，意味着只有一个逻辑，满足就执行，不满足不执行。elif 可以有多个，if 和 else 各只能有一个。逻辑代码块需要注意按层级缩进。

如果表达式比较长，可以用圆括号形式和换行来组织代码，比如：

```
a = 1
b = 2

if (a > 1
    or
    b > 3
    or
    a < b
   ):
    print(1)
else:
```

```
    print(2)

# 1
```

对于单一逻辑的 if 语句，也可以写成一行：

```
if(age >= 18): print('成年人')
```

if 语句也经常用在单行代码中进行赋值：

```
var = '成年人' if age >= 18 else '未成年人'
```

if 语句还能用在列表、集合、推导式中，用来筛选数据，之前介绍过。

4.1.3 break 和 continue

break 和 continue 可分别实现跳过（终止）和继续执行操作。它们出现于 for 或 while 循环所嵌套的代码中，但不会出现于这些循环内部的函数或类定义所嵌套的代码中。

break 会终止最近的外层循环，而 continue 语句只结束本次循环，继续执行最近的外层循环的下一个轮次。

例如以下代码，当迭代值大于 4 时会跳出 for 循环：

```
for i in range(10000):
    if i > 4:
        break    # 大于 4 时终止循环
    print(i)

'''
0
1
2
3
4
'''
```

以下代码中 continue 会跳过本次剩余的代码，进入下一次 while 循环：

```
a = 0
while a < 5:
    a += 1
    if a == 4:
        continue # 为 4 时跳过，继续执行
    print(a, end=' ')

# 1 2 3 5
```

4.1.4 for 语句

for 循环从一个可迭代对象（可以是我们指定的元素）中每次取出一个元素执行，直到

全部执行完，执行过程可搭配 if 语句进行逻辑分支执行。for 循环的语法结构如下：

```
for <变量> in <可迭代对象>:
    <逻辑代码>
```

执行流程如下：

1）从 <可迭代对象> 中取出第一个元素，赋值给 <变量>；

2）执行 <逻辑代码>，一般 <逻辑代码> 中会用到 <变量>；

3）从头开始，从 <可迭代对象> 中取出第二个元素；

4）如此往复，直至执行完 <可迭代对象> 中的最后一个元素为止。

对于此处的可迭代对象，Python 会隐匿执行 iter(obj) 将其转换为一个迭代器。最常见的可迭代对象是序列，它们都是可拆开的，如字符串（每个字串）、列表、字典、集合等。

一般我们只让 for 循环做一定次数的事，这时可以用 range()，它是一个典型的可迭代对象，常用于迭代的场景。

如果 for 循环中的变量不会在逻辑代码中使用，可以用下划线标识符（_）代替，这是一个比较规范的写法，如：

```
print('重要的事说三遍！')

for _ in range(3):
    print('你能学会 Python.')

# 重要的事说三遍！
# 你能学会 Python.
# 你能学会 Python.
# 你能学会 Python.
```

如果迭代完还有必须执行的逻辑，可以增加 else 语句，与 for 语句平行缩进：

```
for i in [1, 2, 3, 5]:
    print(i)
else:
    print('执行结束')

# 1
# 2
# 3
# 5
# 执行结束
```

如果迭代的每个元素都可以拆开，可以在 <变量> 处定义相同数量的变量，如对于字典可以定义 k、v，然后在 <逻辑代码> 中分别用 k 和 v 代表键与值。

```
# 迭代字典
tom = {'name': 'Tom', 'age': 18, 'height': 180}
for k, v in tom.items():
```

```
    print(k, v)

# name Tom
# age 18
# height 180


# 迭代列表（与上面的字典做下对比）：
tom = [('name', 'Tom'), ('age', 18), ('height', 180)]

for k, v in tom:
    print(k, v)
# name Tom
# age 18
# height 180


# 下面的代码也可以得到一样的结果，但比较烦琐
for i in tom:
    print(i[0], i[1])
```

for 语句可以再嵌套 if 等语句，甚至还可以嵌套 for 语句，层级没有限制，但需要注意不同层级的缩进，如：

```
# 嵌套 if 语句
for i in range(100):
    if i*2 - i == 10:
        print(i)
# 10


# 100 以内的偶数相加
num = 0
for x in range(101):
    if x%2 == 0:
        num = num + x

print(num)

# 自身嵌套
a = [(1, 2, 3), (4, 5, 6)]
for i in a:
    for x in i:
        print(x)
```

我们之前讲过列表、集合、字典支持推导式生成方式，这些都是使用 for 语句实现的。

4.1.5 with 语句

上下文管理器的作用是管理代码在执行业务逻辑时的环境，包括执行核心逻辑前的准

备工作和之后的收尾工作。上下文就是语境、环境，是为代码执行提供的信息。我们通过一些编程业务场景来理解上下文的概念。以下是一些经常遇到的场景。

- 文件处理：将文件打开，进行操作，完成后将文件关闭。
- 数据库数据处理：通过数据地址和账号密码先与数据库建立连接，利用这个连接对数据库进行查询和修改，操作完成后将这个连接关闭，释放资源。
- 摄像头拍摄：通过硬件连接打开摄像头，拍照，最后关闭摄像头。

我们发现，这些操作有一个共同的特点，都是获取资源（上文）、操作资源（操作）、释放资源（下文）。这些都是基于I/O（Input/Output，输入/输出）的操作，而这些资源往往是有限的，如果不及时关闭会造成浪费甚至错误。操作系统同时支持的操作数量也是有限的，如果同时打开多个资源，处理后又不关闭，会造成资源耗尽。

因此，上下文管理器会在一段代码执行之前做一些预处理工作，在执行之后做一些清理工作，比如上面的几种场景。如同我们看书，看前打开书，看后合上书。

Python引入with语句，让我们用简单的代码实现上下文管理，省去try/finally的烦琐操作，让代码简化。

比如，我们要创建一个新文件，并向文件中写入一些内容，使用with语句会非常容易实现：

```
with open('gairuo.txt', 'w') as file:
    file.write('hello world !')
```

可以看到，代码同目录下生成了一个txt文档，且其内容就是我们写入的内容。如果不使用上下文管理器，代码会是这样的：

```
# 1. 以写的方式打开文件
f = open("gairuo.txt", "w")

try:
    # 2. 写入文件内容
    f.write("hello world")
finally:
    # 3. 关闭文件
    f.close()
```

在with语句体中的代码不用考虑资源的获取（第1行）和释放（第3行），只需要专心写资源的处理逻辑即可，其他的问题上下文管理器都会帮你解决。

在上例中，Python的内置文件打开函数open()实现了上下文管理器，使我们可以使用with语句来操作。如果想自己实现一个上下文管理器，需要实现对象的__enter__()和__exit__()特殊方法，前者负责打开资源，后者负责关闭资源。

以下代码模拟实现一个简单的支持上下文的文件写入对象：

```
# 一个简单的文件写入对象
class FileWriter(object):
    def __init__(self, file_name):
```

```
        self.file_name = file_name

    def __enter__(self):
        self.file = open(self.file_name, 'w')
        return self.file

    def __exit__(self, type, value, trace):
        self.file.close()

# with 使用 FileWriter
with FileWriter('my_file.txt') as f:
    f.write('hello world')
```

因此，同时包含 __enter__() 和 __exit__() 方法的对象就是上下文管理器。更加详细的介绍可以参考 https://www.gairuo.com/p/python-with-as。

4.1.6 raise 语句

我们的代码会在不同阶段，比如编写与调试时、运行时出现错误，如果在运行时出现异常，Python 会抛出错误提示信息。一般来说，错误分为语法错误和其他异常。

现代编辑器会在我们编写代码时进行语法检测和一些简单的逻辑检测并给出提示，这在一定程度上可以帮我们检查代码的语法，但是由于代码的复杂性及我们对语法的理解问题，仍然会经常出现语法错误。遇到语法错误时我们一般只需按照提示进行修正，很快就会解决。

比如以下代码中，字符串少了一个引号，这会抛出 SyntaxError，告知错误内容，并将箭头指向错误发生的位置。

```
print('hello world!)
'''
    Input In [1]
        print('hello world!)
            ^
SyntaxError: unterminated string literal (detected at line 1)
'''
```

以下是缩进不规范引起的错误：

```
for i in range(3):
print(i)
'''
    Input In [2]
        print(i)
        ^
IndentationError: expected an indented block after 'for' statement on line 1
'''
```

语法错误其实是比较初级的一类错误，我们在初学 Python 时会经常犯。但随着对

Python 的学习深入，我们应该尽量避免，否则解决语法问题会占用我们大量的时间。养成好的编程习惯，使用效率高的编辑器都可以帮助我们降低出错的概率。

其他异常则是在语法正确的情况下，在执行时仍然报错。异常发生后，代码逻辑如果没有做相应的处理，后续代码就停止了运行，让我们的业务无法正常进行。所以，我们在设计代码逻辑时，就要对可能出现的异常按类型进行处理和兜底，防止发生业务中断的情况。

以下分别是用 0 做除数、序列的索引超界引发的错误：

```
>>> 1/0
Traceback (most recent call last):
    File "<stdin>", line 1, in <module>
ZeroDivisionError: division by zero


>>> 'hello'[10]
Traceback (most recent call last):
    File "<stdin>", line 1, in <module>
IndexError: string index out of range
```

我们发现，错误信息中除了报错位置信息外，还给出了错误类型，比如 SyntaxError、IndentationError、ZeroDivisionError、IndexError 等。它们是 Python 在本地命名空间下内置的关于错误的类型，可以通过 dir(__builtins__) 来查看。执行结果为 Python 的内置函数、异常和其他对象，结尾为 Error 均为错误类型。如果你不打算处理这些异常，可以直接用 raise 语句抛出。如：

```
def fn(x, y):
    try:
        return x/y
    except TypeError:
        raise TypeError('参数不能是字符')

fn(9, '9')
# ...
# TypeError:参数不能是字符
```

这样，程序就会停止运行。但是为了保证程序稳定运行，我们还是要处理这些异常，当异常发生时，让代码走向另一个逻辑分支。

4.1.7 try 语句

Python 关键字引导的 try 语句是用来处理异常的更好的办法。它的语法结构如下：

```
try:
    <语句>  # 正常运行的代码
except <错误类型 1>:
    <语句>  # 在 try 引发 <错误类型 1> 异常后执行的代码
except <错误类型 2>:
```

```
    <语句>  # 在try引发<错误类型2>异常后执行的代码
else:
    <语句>  # 如果没有异常发生
finally:
    <语句>  # 无论如何都会执行
```

try 后的语句为正常的逻辑代码语句，如果遇到下面 except 中第一个匹配的异常，则按异常处理中的语句执行。如果没有指定，则执行 else 中的语句，else 不是必需的。finally 是可选的，有 finally 代码块时，无论是否出现异常都会执行代码块，它必须放在所有的 except 子句和 else 之后。

以下例子为打开一个文件并读取内容，可是这个文件不存在，会抛出 IOError 异常。我们通过 except 进行捕获：

```
try:
    file = open("haha.txt")
    file.read()
except IOError:
    print('读取文件错误')
```

有时需要识别多种异常，可以写多个 except 子句：

```
def fn(x, y):
    try:
        return x/y
    except ZeroDivisionError:
        return 'y不能为0'
    except TypeError:
        return 'x或y都不能为字符'
```

有时不需要区别具体是什么错误，可以让这些异常组成元组，统一进行处理：

```
def fn(x, y):
    try:
        return x/y
    except (ZeroDivisionError, TypeError):
        return '参数不合法'
```

另外，我们可以对 y 为 0 时不合法的情况做特殊处理，例如，让 y 为 1：

```
def fn(x, y):
    try:
        return x/y
    except ZeroDivisionError:
        y = 1
        return x/y

fn(-1, 0)          # -1.0
```

执行时，如果给 y 传 0 就按 y 为 1 处理。

Exception是异常的基类，所有的错误都继承自它，所有用户自定义异常也应当派生自它。我们来自定义一个异常类。如果你写了一个加法的函数，但加数都不能大于或等于10，否则就报错，这时你可以定义一个名为Gte10Error的错误：

```
class Gte10Error(Exception):
    def __init__(self, ErrorInfo='不能大于或等于10'):
        super().__init__(self)  # 初始化父类
        self.errorinfo=ErrorInfo
    def __str__(self):
        return self.errorinfo

# 使用
def add(x, y):
    if x >=10 or y >=10:
        raise Gte10Error
    else:
        return x + y

# 执行效果
add(1, 1)  # 2
add(12, 1)
'''
...
Gte10Error: 不能大于或等于10
'''
```

4.1.8 赋值表达式（海象符运算）

Python 3.8版本加入了赋值表达式（Assignment Expression），不过它更广泛的叫法是海象符运算，因为表达式的操作符是冒号和等号的组合（:=），看起来很像海象，有着小小的眼睛和长长的牙。

赋值表达式将表达式的值赋给标识符，同时返回表达式的值，而普通的赋值语句只进行赋值操作并不会返回表达式的值。赋值表达式一般用在流程控制语句中，设计初衷是减少多余的赋值操作。试比较以下两种写法：

```
# 原写法
a = 11
if a > 10:
    print(a)  # 11

# 使用赋值表达式
if (b := 11) > 10:
    print(b)  # 11
```

可以看到，使用赋值表达式可以少写一个赋值语句。再看几个if语句中的使用示例：

```
# 如果a的长度大于2则输出a的长度
a = range(3)
```

```
if (n := len(a)) > 2:
    print(n)      # 3

# 如果 range(100) 的和大于 1000 则输出这个和
if (x:=sum(range(100))) > 1000:
    print(x)
else:
    0

# 4950
```

以上示例中，if (n:=len(a))>2 和不带括号的 if n:=len(a) >2 逻辑不一样，后者中 n 为海象符后面的表达式 len(a)>2 的值，是一个布尔值。以下是几个在 while 语句中的使用示例：

```
# 循环累加 x，输出累加过程值
x = 0
while (x:= x+1) < 5:
    print(x)

'''
1
2
3
4
'''

# 输入密码，如果不正确则提示这个密码不正确
while (psw := input("请输入密码：")) != "123":
    print('密码', psw, '不正确！')
    continue

print('登录成功！')

'''
请输入密码：test
密码 test 不正确！
请输入密码：123
登录成功！
'''
```

赋值表达式可以用于各种表达式中，甚至可以在赋值中使用。以下是在定义元组、列表、集合时为部分元素赋值的示例：

```
a = (a1:=1, 2, 3)
b = [4, b1:=5, 6]
b[b2:=0]           # 4 可以用在索引切片中
c = {7, 8, c1:=9}

# 用在模式匹配中
match m1:=100:
```

```
    case 100:
        print('满分！')

# 用在赋值表达式中
n = (n1:=88)

# 定义的变量
a, b, c, n
# ((1, 2, 3), [4, 5, 6], {7, 8, 9}, 88)

# 赋值表达式中定义的变量
a1, b1, b2, c1, m1, n1
# (1, 5, 0, 9, 100, 88)
```

以下是一个创建列表时，利用赋值表达式重用计算成本高昂的值的示例：

```
# 假如 f 是一个消耗资源的运算
f = lambda x: (x+1)**12
y = 2
# y 计算出后，后续的两个式子直接使用，不用再调用 f 函数
[y := f(x), y**2, y**3]
# [2176782336, 4738381338321616896, 10314424798490535546171949056]
```

赋值表达式还可以用在lambda中，让匿名函数可以复用。以下示例为在m列表上写了一个lambda排序方法，但n列表也需要使用该排序方法，这时便可以用赋值表达式给lambda函数赋值，方便后面直接使用。

```
# 按字母后面的数字排序，复用匿名函数
m = ['B10', 'C02', 'A05']
m.sort(key=(f:=lambda x: int(x[1:])))
m
# ['C02', 'A05', 'B10']

n = ['T11', 'P09', 'H13']
n.sort(key=f)
n
# ['P09', 'T11', 'H13']
```

列表推导式中for的标识是临时性的，使用赋值表达式可以将最后一个值赋给变量，也能将if语句中的计算过程值赋值，例如：

```
# 列表推导式中的最后一个值
[m:=i for i in range(100)]
m
# 99

# if 子句中满足条件的值
[n for i in range(10) if (n:=i%5)]
# [1, 2, 3, 4, 1, 2, 3, 4]
```

可以记录以表达式传入函数参数时表达式的值。比如将一个 range 对象传入 sum() 求值，赋值表达式同时得到了 range 对象的变量：

```
sum(r:=range(101))
# 5050
r
# range(0, 101)
```

赋值表达式还有非常丰富的使用场景，它主要的作用是在求值过程中赋值新的中间变量，而这些中间变量可以继续在代码块中使用。海象运算符是 Python 的一个语法创新，可以在适合的场景下降低代码复杂性，简化逻辑，有利于写出更加优雅、简洁的代码。海象运算符目前使用者较少，但随着时间的推移，会有更多人使用起来。

4.1.9 小结

流程控制是编程思维的核心。计算机不怕重复，它最擅长的是给定一个规则，不停地执行。本节介绍的流程控制语句用来驱动数据发生变化，模拟现实问题并进行解决。

while 语句在满足一定条件时会无休止地重复逻辑；if 语句实现了不同分支的逻辑控制；for 循环将一堆材料一一处理，直到全部处理完；异常处理语句把将要发生和已经发生的异常情况兜底处理；上下文管理器对于有前置工作和后续工作的任务进行自动处理，让我们只需关注业务逻辑。

接下来，我们还将介绍一个全新的、功能更加强大的流程工具——模式匹配。

4.2 模式匹配

在流程控制方面，很多语言支持 switch 语句，该语句可以根据不同的值将流程引导到不同的逻辑分支，用来实现复杂、逻辑分支非常多的需求。Python 3.10 开始支持的 match 语句不仅具备 switch 语句的功能，还可以通过模式匹配实现更加强大的功能。

模式匹配是一个新功能，因为要考虑向低版本的兼容，所以使用的人不是太多，但随着 Python 新版本的不断发布，相信它会成为一个非常受欢迎的功能。

4.2.1 基本语法

虽然 match 和 case 都不是 Python 的关键字，但它们是在特定代码上下文下的软关键字（soft keyword），因此需要尽量避免将它们用作标识符。match 语句的语法如下：

```
match subject:
    case <pattern_1>:
        <action_1>
    case <pattern_2>:
        <action_2>
```

```
    case <pattern_3>:
        <action_3>
    case _:
        <action_wildcard>
```

首先在match后设定一个表达式作为目标，然后在case后输入若干个模式，让模式（可以是子模式）与目标进行匹配，如果匹配就执行相应的语句。如果所有case的模式都无法与目标匹配，并且提供了使用通配符（_）的最后一个case语句，则它被认为是匹配的模式，类似于if语句的else。

如果没有匹配到任何一个模式，也没有使用通配符的case语句，则整个match语句不执行任何操作。case语句中可以将模式的部分值与标识符绑定，用于匹配后的代码引用。下面是一个匹配元组值的示例，通过它可以简单理解这种机制：

```
flag = 100

match (100, 200):
    case (100, 300):  # 不匹配：200 != 300
        print('Case 1')
    case (100, 200) if flag > 100:  # 模式匹配成功，但守卫为假
        print('Case 2')
    case (100, y):  # 匹配成功，并将y绑定到200
        print(f'Case 3, y: {y}')  # 在语句中使用y
    case (x, 200):  # 不再尝试匹配
        print('Case 4')
    case _:  # 不再尝试匹配
        print('Case 5, I match anything!')
```

第二个case语句中的if语句是约束项，被称为守卫，后面会介绍。

match语句与if语句不同：if语句判断的是表达式的最终值是真还是假，如果为真则认为"匹配"成功，执行代码；而match语句判断的是模式，可以认为是形式、结构或取值，因此比if语句功能更强大，逻辑表达更清晰。

4.2.2 约束项

在case语句块中的模式后可以加if语句，被称为守卫（guard）。除了模式匹配外，if后的表达式成立才算匹配成功。

```
match (100, 100):
    case (x, y) if x == y:
        print(f'x与y相等，值都是{x}。')
    case (x, y):
        print('x与y不相等。')

# x与y相等，值都是100
```

如匹配成功但守卫为假，则继续尝试下一个case代码块，值捕获发生在评估守卫之前。

再来看一个例子：

```
def fun(score):
    match score:
        case 100:
            print('满分！')
        case score if score >= 80:
            print(f'考得{score}高分~')
        case score if score >= 60:
            print('成绩良好！')
        case score if score in [57, 58, 59]:
            print(f'差{60-score}分及格。')
        case _:
            print('没有可反馈的。')

fun(58)
# 差 2 分及格。
```

case 代码块中的变量在匹配时被捕获，赋予对象，在处理语句中可以使用。

4.2.3　字面值匹配

字面值是最简单的匹配方式，即给定一个值，case 中的模式也是一个和它相同的字面值，比如以下代码：

```
grade = 3
match grade:
    case 1:
        print('一年级')
    case 2:
        print('二年级')
    case 3:
        print('三年级')
    case _:
        print('未知年级')

# 三年级
```

字面值支持整数、浮点数、字符串。字面值匹配可以理解为进行 <subject> == 字符值运算，如果为 True，就算匹配成功。

4.2.4　或模式

在一个模式语句中，可以使用竖杠（|）表示或者。给出几个字面值，匹配的时候会从左往右匹配，只要有任意一个匹配成功即匹配成功。例如：

```
grade = 5
match grade:
    case 1:
```

```
        print('一年级')
    case 2:
        print('二年级')
    case 3:
        print('三年级')
    case 4 | 5 | 6:
        print('高年级')
    case _:
        print('未知年级')

# 高年级
```

4.2.5 字面值与变量模式

模式可以像解包一样，将其中的全部或者部分元素用标识符绑定。下例是一个代码平面坐标数据，它是一个元组。

```
# 一个坐标元组
point = (60, 0)

match point:
    case (0, 0):
        print("坐标原点")
    case (0, y):
        print(f"Y={y}")
    case (x, 0):
        print(f"X={x}")
    case (x, y):
        print(f"X={x}, Y={y}")
    case _:
        raise ValueError("非法的坐标数据")

# X=60
```

这个模式的目标是一个元组，元组内是两个字面值，在第二、三个case语句中，部分值被用变量代替，第四个case语句中两个值都被用变量代替，这样看起来像point被解包。

4.2.6 值模式

模式中如果带点（.）会被认为是对象的属性值，会在执行计算后进行匹配，即执行<subject> == name1.name2，为真时匹配成功。

以下是一个命名的常量的示例：

```
from enum import Enum

class Color(Enum):
    RED = 0
    GREEN = 1
```

```
    BLUE = 2

color = Color.GREEN

match color:
    case Color.RED:
        print("I see red!")
    case Color.GREEN:
        print("Grass is green")
    case Color.BLUE:
        print("I'm feeling the blues :(")

# Grass is green
```

如果是 Python 内置常量 None、True 和 False，会使用 is 运算符与目标进行对比。

4.2.7　类模式

通过类对象可以将数据结构化，可以使用类名后跟一个类似于构造函数的参数列表作为一种模式。这种模式可以将类的属性捕捉到变量中。代码示例如下：

```
class Point:
    x: int
    y: int

def location(point):
    match point:
        case Point(x=0, y=0):
            print("坐标原点")
        case Point(x=0, y=y):
            print(f"Y={y}")
        case Point(x=x, y=0):
            print(f"X={x}")
        case Point(x=x, y=y):
            print(f"X={x}, Y={y}")
        case Point():
            print("这个点不在轴上")
        case _:
            raise ValueError("非法的坐标数据")

p = Point()
p.x = 4
p.y = 5

location(p)
# X=4, Y=5
```

4.2.8　序列模式

序列模式包含数个将与序列元素进行匹配的子模式，其语法类似于列表或元组的解包。

以下代码将一个嵌套的列表进行迭代并用 match 匹配：

```
for thing in [[1, 2, 3],
              ['a', 'b', 'c'],
              "this won't be matched"
             ]:

    match thing:
        case [int(), int(second), int()] as y:
            print(y, f'第二个是{second}')
        case _:
            print("unknown")

'''
[1, 2, 3] 第二个是 2
unknown
unknown
'''
```

需要匹配的模式是包含 3 个整型元素的列表，并将匹配成功的数据标记为 y。其中第二个用变量 second 捕获，连同 y 用于代码逻辑处理。

还可以利用星号表达式进行解包操作：

```
# 解析出列表
for thing in [[1, 2, 3], ['a', 'b', 'c'], "this won't be matched"]:
    match thing:
        case [*y]:
            print(y)
        case _:
            print("unknown")

'''
[1, 2, 3]
['a', 'b', 'c']
unknown
'''
```

在以上操作中，字符串不被认为是序列，同样的还有字节串和字节数组，这是一个例外规则。

4.2.9 映射模式

可以用 {key:value} 形式来匹配字典模式。以下示例检查消息是成功还是失败并打印相应的消息：

```
def check_message(message):
    match message:
```

```
        case {'success': msg}:
            print(f'Success: {msg}')
        case {'failure': msg}:
            print(f'Something wrong: {msg}')
        case _:
            print('Unknown')

message_success = {'success': 'OK!'}
message_failure = {'failure': 'ERROR!'}

check_message(message_success)
check_message(message_failure)
'''
Success: OK!
Something wrong: ERROR!
'''
```

如果目标值不是一个映射（字典是 Python 内置的唯一映射类型），则匹配失败。

4.2.10 子模式中的 as

在 case 中模式的子模式可使用 as 关键字来捕获变量。以下示例用序列模式来匹配一个列表，这个列表的模式有两个元素，第一个元素必须是'早上'、'中午'、'晚上'之一，第二个元素没有特殊要求。

```
def alarm(item):
    match item:
        case [('早上' | '中午' | '晚上') as time, action]:
            print(f'{time}好! 是{action}的时间了! ')
        case _:
            print('不是时间! ')

alarm(['早上', '吃早餐'])
# 早上好! 是吃早餐的时间了!
```

这样就实现了一个提醒功能，将列表中的第一个元素提取出来作为提示语。

4.2.11 小结

通过以上案例我们可以感受到，Python 的新语法 match 语句功能非常强大，远远比 if 语句及其他语言中的 switch 语句强大。

match 语句中先设置一个目标，然后用众多 case 中的模式来匹配它，支持字面值、字面值与变量搭配、属性值、常量值、类、序列、字典等形式，还可以用通配符来做托底处理。case 语句可使用 if 语句作为约束项，在序列及映射中可以用星号表达式做类似解包的处理，还能用 as 将模式整体及子模式绑定变量用于代码逻辑中引用匹配到的值。

关于模式匹配的更多内容可以参考 https://www.gairuo.com/p/python-match-case。

4.3 函数

函数是解决某个特定问题的代码，通常这个问题是有共性的，我们会经常遇到。有的函数解决简单的问题，有的函数支持传入各种参数，解决复杂的问题。

在 Python 中，函数的使用和定义非常方便。我们定义函数时会给函数起一个名字，然后通过这个名字使用它，我们把使用函数叫作调用函数或者调用方法。

本节我们将介绍如何定义一个函数和如何调用别人写的函数。

4.3.1 理解函数

理解为什么会有函数这个东西并不难，想象一下，要计算圆的周长，我们知道公式，每次都要自己套公式进行计算。但如果把圆的周长公式定义为一个函数，那么只要告诉它圆的半径或直径就可以马上知道圆的周长了。定义和调用函数的代码如下：

```
def perimeter(r):
    p = 2*3.14*r
    return p

# 调用
perimeter(4) # 25.12
```

再举一个生活中的例子。假如有一天你回家时打不开门锁了，你打个电话叫来开锁师傅，他帮你打开了。整个过程你不用知道开锁技术，师傅都帮你完成了。开锁相当于一个函数，你打电话相当于调用这个函数，而师傅开锁就相当于执行函数。

有下面两种情况之一时就可以考虑定义函数了：

- 通用的解决方案，在整个项目代码中会反复用到这个解决方案，后期在其他项目中也可能用到它。
- 虽然解决方案是针对某个具体需求的，但是其处理逻辑相当复杂，用函数把相关代码组织起来，可以更好地专注于其他业务逻辑。

下面我们来定义一个自己的函数。

4.3.2 定义函数

我们自己定义一个函数时要用 def 关键字编写一个复合语句，函数的名称要符合标识符的命名规范。函数一般会做一些操作和返回一个值，函数定义不会执行函数体内的代码逻辑，只有当函数被调用时代码逻辑才会被执行。

一般函数的定义为如下形式：

```
def <函数名>(<参数>):
    """<函数说明>"""
    <函数代码>
    <pass>
```

```
    return <返回内容>
```

说明如下。

- 几个关键字的作用。
  - def：定义函数的关键字，所有函数的定义都由它来引导，空格后跟着函数名。
  - return：函数经过逻辑处理后最终返回的内容，空格后跟着返回值，不写返回值或者不写整个 return 语句，则返回 None。
  - pass：函数什么都不做，或者部分分支逻辑无操作。
- 函数名：函数的名称，起名按见名知义的原则，需要表达出函数的大体功能。函数名后边跟着括号 ()，括号内写要传入的参数。
- 参数：括号内的内容，调用时传入，作为函数代码中的变量，可以为空，代表此函数不用传参数。函数的参数是控制函数执行的手段，可以将需要函数处理的数据作为参数传入，也可以将对逻辑的影响因素传入，这和你对函数的需求有关，要在设计和编码阶段完成。
- 函数说明：一般是用三引号包裹的一段文本，包括函数说明、参数说明、使用样例等内容，可以不写。
- 返回内容：函数被调用后最终给出的结果，可以是表达式，也可以是函数体中经过计算的变量。

我们来定义一个简单的函数：

```
def city_tier(city_name):
    """返回一个城市是否为一线城市"""
    first_tier = ['北京', '上海', '广州', '深圳']
    if city_name in first_tier:
        return '一线城市'
    else:
        return '非一线城市'
```

这是一个判断一个城市是否为一线城市的函数，参数需要传入城市名称，没有默认值。经过函数体的代码逻辑分支判断，最终返回是否为一线城市。

函数也是对象，它的类型是函数：

```
city_tier
# <function __main__.city_tier(city_name)>
type(city_tier)
# function
# 查看函数的文档字符串
city_tier.__doc__
# '返回一个城市是否为一线城市'
```

有时，我们会定义空函数，往往用于已经有了规划但目前没时间写的场景。

```
def nothing():
```

```
    pass

# 同上
def nothing():
    ...
```

pass语句或省略号常量代表什么都不做和暂时没有内容。

4.3.3 函数的调用

调用函数的语法是在函数对象名称后加圆括号，圆括号内写要传的参数。另外，还可以将函数赋值给变量，从而可以用这个变量来调用函数。也可以将调用后的执行结果赋值给变量。

```
# 调用函数
city_tier('杭州')  # '非一线城市'
city_tier('上海')  # '一线城市'

# 把调用结果赋值给变量
sh = city_tier('上海')  # sh: '一线城市'
sh = f'上海是{city_tier("上海")}'  # '上海是一线城市'
# 把函数传给变量，然后用此变量调用函数
ct = city_tier
ct('青岛')  # '非一线城市'
```

有必传参数的函数必须传入符合要求的参数，如果函数没有参数，则不能传入参数，例如：

```
# 如果不按要求传参数会报错
city_tier()  # TypeError
'''
...
TypeError: city_tier() missing 1 required positional argument: 'city_name'
'''

def hello():
    print('hello world!')

# 无参数不能传参
hello()
```

有些函数会设计可选参数，我们在调用时可以根据需求选择传参还是不传参。例如：

```
def visit_web(name='百度'):
    print(f'欢迎您访问{name}!')

visit_web()  # 欢迎您访问百度!
visit_web('腾讯网')  # 欢迎您访问腾讯网!
```

上面的函数在参数定义时给出了默认值，如果没有需求，我们在调用时可以不传参数。

4.3.4　函数返回值

一般函数会返回一个对象，但原地操作并不需要返回对象，在这种情况下，函数默认返回的是 None，在将函数返回值进行赋值时要格外注意。

我们看看之前定义的两个函数的返回值类型：

```
type(city_tier('杭州'))  # str
type(visit_web())        # NoneType
```

visit_web() 直接打印了输出字符，并没有写 return 语句，因此返回的是一个 None。大多数情况下，我们会把要返回的值赋给一个变量，由函数统一返回这个变量，但有时 return 语句中 return 关键字后面是一个表达式。比如，以下函数返回的是一个元组：

```
def circle(r):
    """计算圆的周长和面积"""
    l = 2*3.14*r
    s = 3.14*(r**2)
    return l, s

# 调用
circle(4)  # (25.12, 50.24)
```

我们之前讲过，元组其实是逗号分隔的，不要误以为这种情况是返回两个值。另外，Python 还支持类型注解，通过注解，我们可以知道传入参数和返回值的类型。比如对上面的函数增加类型注解：

```
def circle(r: int) -> tuple:
    """计算圆的周长和面积"""
    l = 2*3.14*r
    s = 3.14*(r**2)
    return l, s
```

这样就明显地看到传入的参数 r 为一个整型，函数返回的是一个元组。

4.3.5　递归函数

我们在讲迭代的时候提到过递归，迭代和递归都是将一件事情不断重复做下去，直到做完，不过思路不一样。简单来说，一个函数中有调用自身的情况就是递归，比如 Python 内置模块的 functools.reduce 就是一个典型的递归函数，它在处理可迭代内容时，每次传入两个参数，第一个永远是 reduce 计算过的值。

以下是一个斐波那契数列的例子，可以递归计算出第几位是什么值。

```
def fibo(n):

    if n == 1 or n == 2:
        return 1
    else:
```

```
        return fibo(n-1) + fibo(n-2)

fibo(4)  # 3
```

递归结构清晰，能让计算过程更加直观，但运行效率比较低，会有大量的冗余计算，消耗大量计算资源。

4.3.6 小结

函数如同一个工具、办事员，我们可以将重复的事情和自己不擅长的事情交给函数来完成。在 Python 中，定义一个函数非常简单：设定一些参数，编写逻辑代码，返回处理结果。

在本节我们了解了什么是函数，如何定义函数，如何调用函数以及一种特殊的函数——递归函数。

4.4 函数的参数

为了让函数的功能更强大，使用更灵活，往往需要很多参数来控制不同的逻辑。我们目前接触的内置函数逻辑都比较简单，参数不算太多，但今后我们在解决一些领域问题时，用到的第三方库一般都会设计具有很多参数的函数。

在本节，我们来了解一下参数有哪些类型，如何让数据按规则传入参数。

4.4.1 函数参数简介

一般情况下，我们写的函数都需要定义参数。为了让函数更加通用，Python 支持灵活定义函数的参数。首先，我们要知道参数的两个概念。

- 形参（parameter）：定义参数时编写的参数名称。
- 实参（argument）：调用函数时实际传入的值。

可以简单理解为，形参是变量，实参是值，例如：

```
# 定义
def foo(name, age=18, boy=True, **kwargs):
    pass

# 调用
foo('tom', age=20, city='shanghai')
```

其中，name、age 等是形参，'tom'、20 等是实参。我们在定义函数时可以指定参数的默认值，这样在调用的时候就不必传此参数了，除非有特别的需要。还是看上例中的函数，age 和 boy 有默认值，在调用时我们不用传，只需传 name：

```
foo('小刚')
foo('小刚', 22)  # 也可以给默认参数传值
foo('小刚', age=22)  # 同上
```

建议将参数默认值设置为不可变对象，如数字、元组、字符串等。

4.4.2　位置参数

向函数传参有很多方法，最简单的是按固定位置设计函数参数，在调用时按位置顺序传入。我们设计一个求两个数差的函数，然后按位置调用这个函数：

```
def foo(x, y):
    return x-y

# 调用
foo(10, 8)  # 2
foo(8, 10)  # -2
```

上例中参数的传入位置不同，会得到不同的值。

位置参数依赖于调用函数时将不同的参数放在不同的位置，函数根据位置来获取对应参数的值，这对于一些简单、参数较少的函数来说比较好用，但对于参数较多的函数，就需要关键字参数来指明值传给的是哪个参数。

4.4.3　关键字参数

调用函数时我们可以使用关键字参数，格式为关键字 = 参数值，这样就不用关心顺序问题了。

```
def say(name, age=18, words='hello'):
    print(f'{age} 岁的 {name} 说: {words}')

# 调用
say(name='tom', age=20)  # 20 岁的 tom 说: hello
```

关键字参数后面必须都是关键字参数：

```
say('tom', age=20)  # 20 岁的 tom 说: hello
say('tom', age=20, 'good')  # 报错
# SyntaxError: positional argument follows keyword argument
```

可以看到，提示语法错误，位置参数在关键字参数后面是不合法的。

4.4.4　可变参数

不确定参数的数量时，可以使用可变参数。可变参数用类似于 **kwargs、在参数前加星号的形式表示，这些参数由函数体进行传值读取、解包使用。

可变参数有以下两种。

- *args：一个星号，以元组的形式导入。
- **kwargs：两个星号，以字典的形式导入。

args和kwargs都是习惯写法，已经约定俗成，也可以用其他变量名称，但非必要不建议这么做。

我们通过一些简单的例子来理解这种机制。

```
# 接收元组
def foo(*args):
    print(args)

# 调用
foo(1)  # (1,)
foo(1, 4, 5, 6)  # (1, 4, 5, 6)

# 接收字典
def bar(**kwargs):
    print(kwargs)

# 调用
bar(a=1)  # {'a': 1}
bar(a=1, b=4, c=5)  # {'a': 1, 'b': 4, 'c': 5}
```

可变参数与其他类型的参数混用时，采用元组解包的原则。

```
def baz(a, b, *c, d):
    print(a, b, c, d)

# 调用
baz(1, 2, 3, 4, 5, d=6)  # d要用关键字传入
# 1 2 (3, 4, 5) 6
```

在传参时也可以用星号整体传入序列或字典。

```
# 接收元组
def foo(*args):
    print(args)

lst = [7, 8, 9]
rg = range(4)
str_ = 'abc'

foo(*lst)  # (7, 8, 9)
foo(*rg)  # (0, 1, 2, 3)
foo(*str_)  # ('a', 'b', 'c')

def say(name, age=18, words='hello'):
    print(f'{age}岁的{name}说：{words}')

# 调用
d = {'name':'tom', 'age':20, 'words': 'hello'}
say(**d)  # 20岁的tom说：hello
```

可以看到，一个星号将可迭代对象解包为元组，两个星号解包字典、传递关键字参数。

4.4.5　星号参数

函数的多个参数中间有一个单独的星号（*），**星号后面必须传入关键字参数**。星号本身不是参数，在函数调用时必须带参数名进行调用。例如：

```
def my(x, y, *, name, age):
    print(x, y, name, age)

# 不指定 name 和 age 参数名会报错
# my(1, 2, 'lily', 9)
# TypeError: my() takes 2 positional arguments but 4 were given

# 指定这两个参数名时调用正常
my(1, 2, name='lily', age=9)
# 1 2 lily 9
```

这样就会强制将指定参数用关键字参数传入，在函数参数很多的时候这样会让调用者更加明确传入了什么参数。

4.4.6　斜杠参数

除可变参数外，如果不加以限制，位置参数也可以用关键字来传入。有些功能比较明确或者希望将第一个位置留给重要的传入对象的函数，会要求前一个或几个必须按位置参数传入，不能带关键字。

在 JupyterLab 单元格中输入函数名称加问号可以看到函数的签名特征、字符文档和类型。我们来看看几个 Python 内置函数的设计：

```
len?
'''
Signature: len(obj, /)
Docstring: Return the number of items in a container.
Type:      builtin_function_or_method
'''

sum?
'''
Signature: sum(iterable, /, start=0)
Docstring: Return the sum of a 'start' value (default: 0) plus an iterable of numbers
...
'''

isinstance?
'''
Signature: isinstance(obj, class_or_tuple, /)
Docstring: Return whether an object is an instance of a class or of a subclass thereof.
...
'''
```

可以看到，它们的参数列表中都有一个斜杠参数。**斜杠表示在它之前的形参仅限于位**

置形参。比如 len() 直接传入对象，而不能像 len(obj=foo) 这么传；sum() 的第一个位置必须按位置参数传入，而第二个参数则没有限制；isinstance() 前两个参数也必须按位置参数传入。

再来看一个包含星号和斜杠的参数设计：

```
sorted.__text_signature__ # 签名信息属性
# '($module, iterable, /, *, key=None, reverse=False)'

help()
'''
...
sorted(iterable, /, *, key=None, reverse=False)
...
'''
```

内置 sorted() 函数包含 3 个参数，斜杠前边的必须以位置参数传入，而后边的两个参数必须以关键字参数传入。

4.4.7 小结

本节介绍的是一些函数参数的规则和技巧，了解这些内容，无论对于我们在自定义函数时设定参数还是使用第三方提供的函数均有很大的帮助。

位置参数、关键字参数、可变参数以及控制参数的传入方式，都是为了让函数使用更加明确、统一和规范。更多关于参数的内容可以浏览 https://www.gairuo.com/p/python-function-arguments。

4.5 函数进阶

从面向对象和数据类型的角度看，函数是一个可调用对象，可调用对象是一个比函数更大的概念。在本节，除了可调用对象外，我们还将介绍函数更进一步的内容，比如装饰器（它能调用一个函数）。

4.5.1 可调用对象

可调用对象（callable）是 Python 的一个鸭子类型，它是指可以被调用执行的对象。简单来说，一个对象只要后面可以加圆括号来执行，那么它就是可调用对象。常见的可调用对象如下：

- 函数，包括内置的和自定义的；
- lambda 匿名函数；
- 类；
- 类里的方法，包括类方法和实例方法；
- 实现了 __call__ 特殊方法的实例对象。

检测一个对象是否可调用，可以用 Python 内置函数 callable()，它返回一个布尔值来说明这个对象是否可调用。例如：

```
callable(1), callable('fun')  # (False, False)
callable(str), callable(map), callable(lambda: 1)  # (True, True, True)
# 实例方法
callable('-'.join), callable('hello'.title)
# (True, True)

# 自定义函数
def count(s):
    return len(s)

callable(count)
# True

# 普通类
class C():
    def method(self):
        return 'C -> method'

callable(C)  # 类
# True

c = C()
callable(c)  # 类实例
# False
callable(c.method)  # 实例方法
# True

# 实现 __call__ 的类
class D():
    def __call__(self):
        return 'call D'

d = D()
callable(d), callable(D)
# (True, True)

# callable 自己
callable(callable)
# True
```

要注意的是，callable() 中仅传对象的名称即可，不能在对象的名称外写圆括号，否则检测的就是调用后的值。也可以用抽象基类来检测：

```
from collections import abc

isinstance(int, abc.Callable)
# True
```

另外，callable() 只检测对象是不是可调用的，在实际执行调用时，它不一定能调用成功。callable() 并不检测调用是否成功。

可调用对象也用于高阶函数中，例如装饰器传入的就是一个可调用对象。传入的对象如果不是可调用对象，那么就是非法参数类型。

4.5.2 高阶函数

如果函数包含其他函数（可调用对象）作为参数或返回函数作为输出，则称它为高阶函数，即与另一函数一起操作的函数称为高阶函数。

用于重新排序的内置函数 sorted() 的参数 key 需要传入一个可调用对象，它就是一个典型的高阶函数。

我们来写一个高阶函数，参数中需要传入一个可调用对象：

```
def seq_func(seq, func):
    # 将一个序列使用函数处理
    return func(seq)

# 求最大值
seq_func([1, 2, 3], max)  # 3
# 求和
seq_func([1, 2, 3], sum)  # 6
# 返回第二个值
seq_func([1, 2, 3], lambda x: x[1])  # 2
# 如果传入的不是可调用对象则报错
seq_func([1, 2, 3], 'min')  # TypeError: 'str' object is not callable
```

返回的值就是这个可调用对象处理序列后的结果。还有一种是函数返回另一个函数，在下面的示例中，create_adder 函数返回 adder 函数。

```
# 创建一个加法计算器
def create_adder(x):
    def adder(y):
        return x + y

    return adder

add_15 = create_adder(15)
print(add_15(10))
# 25
```

给 create_adder 函数传入一个值，它将这个值用作 adder 加法函数的一个加数，最后将这个已经有一个加数的函数返回，得到一个新的可调用对象。这个可调用对象只要传入一个值就可以与原有的加数相加。这个特性可以运用到下面要介绍的装饰器的思想中。

Python 中常用的内置高阶函数有 map()、functools.reduce()、filter() 等。内置标准库 functools 专门针对高阶函数和可调用对象提供了一些实用的函数与装饰器。

4.5.3　装饰器

装饰器可以理解为给函数写的函数。我们有时写函数，发现有些针对函数的功能是通用的，比如要把这个函数的执行时间显示出来，又如想将函数的返回值优化一下显示出来。装饰器的作用就是为已经存在的对象添加额外的功能，这个功能可以应用在很多函数上，就是函数的函数。

我们来看一个非常简单的装饰器例子。有一个输出参数的函数：

```
def foo(x):
    print('foo out:', x)

# 调用函数
foo(123)
# foo out: 123
```

我们的需求是给这个函数执行时加上日志，告诉我们是否开始执行和结束执行。可以这样写一个装饰器：

```
def log(func):
    def decorator(*args, **kwargs):
        print(f'开始执行：{func.__name__}')
        func(*args, **kwargs)
        print('执行结束')
    return decorator
```

以上函数的逻辑是，定义了一个 log 函数，也就是装饰器，它的参数是一个函数对象。log 内又定义了一个 decorator 函数，参数可以理解为接收函数 func 的任意参数，在 decorator 内执行 func 函数，并在执行前后增加日志内容的输出。log 最终将 decorator 的执行结果返回。

我们用 @ 符号给 foo 函数应用装饰器：

```
@log
def foo(x):
    print('foo out:', x)

# 再次调用函数
foo('Hello world!')
'''
开始执行：foo
foo out: Hello world!
执行结束
'''
```

装饰器的强大之处就在于不修改原来函数的代码就可以实现对函数功能的扩展。装饰器还大量应用在面向对象编程里，在类中经常使用。Python 内置了 3 种在类中使用的装饰器。

- @property：把函数装饰成属性。

- @staticmethod：不需要实例化，可以直接调用类中的方法。
- @classmethod：用来为一个类创建一些预处理的实例。

装饰器的典型使用场景有权限校验、用户认证、事务处理、日志记录、性能测试、缓存等，能够大大提高代码的复用性。

4.5.4 匿名函数

Python 中用 lambda 关键字来创建匿名函数。lambda 函数可以在需要函数对象的任何地方使用。从语义上来说，它们只是正常函数定义的语法糖，让逻辑简单的函数不用 def 来定义，减少代码量和开发时间。

lambda 的语法为 lambda < 参数 >: < 逻辑代码 >，说明如下。

- 多个参数用逗号隔开，参数可以在后边的逻辑代码里使用，也可以不使用。可以没有参数，如同我们定义无参数的函数一样。
- 参数后紧跟着冒号，冒号后边为逻辑代码。
- 逻辑代码的计算结果为 lambda 的返回值。

无参数的 lambda 可以将函数执行变为可调用对象，在一些高阶函数入参时非常有用，前面有非常多的示例已经使用了 lambda 函数。

我们写一个简单的两个数相加的匿名函数：

```
add = lambda x, y: x+y
add(1, 4) # 5
```

上例利用 lambda 定义 x 和 y 这两个变量，逻辑为把这两个变量相加并返回，再把这个匿名函数赋值给 add，最后就可以把 add 当作一个普通的函数调用。当然，我们也可以不将它赋值给变量，即时定义即时调用，如下：

```
(lambda x, y: x+y)(3, 5)
# 8
```

可以不指定参数，直接返回值：

```
# 无参数
(lambda : 1)()
# 1

f = lambda : 1
f()
# 1
```

还可以对 lambda 中的参数给定默认值，这样在使用时就无须传入该参数。这在高阶函数中有一定的用处，后面会有例子说明。

```
(lambda x, y=10: x+y)(5)  # 15
(lambda x, y=10: x+y)(5, 3)  # 8
```

接下来，我们以 Python 的几个热门内置高阶函数为例介绍 lambda 的使用并进行演示。

```
# 条件判断
# 两个数中的较大值
(lambda x, y: x if x>y else y )(49, 5)  # 49

# 和字典结合
# 可以定义在字典的值里，用键来调用
d = {'+': lambda x, y: x+y, '-': lambda x, y: x-y}
d['+'](3, 8)  # 11

# 内置高阶函数 map
# 作为 map 的迭代方法
a = [1, 2, 3, 4, 5, 6]
result = map(lambda x: x+1, a)
list(result)
# [2, 3, 4, 5, 6, 7]

# 内置高阶函数 filter
# 作为过滤器的过滤逻辑
a = [1, 2, 3, 4, 5, 6]
result = filter(lambda x: x%2==0, a)
list(result)

# 内置高阶函数 reduce
from functools import reduce
# 作为 reduce 累积迭代的方法
a = [1, 2, 3, 4, 5, 6]
result = reduce(lambda x, y: x+y, a)
result
# 21
```

iter() 函数用来生成迭代器，lambda 中可用 next() 调用：

```
# 注: x 变量没有用到，在一些对象中可用来占位
n = lambda x, y=iter('abcdef'): next(y)
# 可调用 6 次，每次返回一个值
n(None)  # 'a'
n(None)  # 'b'
...
```

在这个匿名函数中，x 参数在逻辑表达式中没有使用，它往往起到占位的作用。比如以下在 pandas 中修改列名的场景，rename 的 columns 参数可传入一个可调用对象，这个可调用对象只有一个参数，这个参数就是每个列名，会一一传入这个函数，由函数处理并返回一个修改后的值。

```
import pandas as pd
import numpy as np

df = pd.DataFrame(np.ones([2, 5], dtype=int))
```

```
df
'''
   0  1  2  3  4
0  1  1  1  1  1
1  1  1  1  1  1
'''

# 利用 iter() 函数的 next 特性修改列名
df.rename(columns=lambda x, y=iter('abcdef'): next(y))
'''
   a  b  c  d  e
0  1  1  1  1  1
1  1  1  1  1  1
'''
```

在这里 lambda 的第一个参数 x 应该是一个个原列名，但我们只接收并不处理，而是在 y 参数中定义迭代器，由匿名函数中的逻辑表达式用 next() 一一迭代返回。

可以认为 lambda 是一个不需要起名的快捷函数，可以随时定义随时使用。

4.5.5 断言

Python 中由关键字 assert 引导的断言语句，是将调试断言插入程序的便捷方式。当 assert 语句后的表达式值为真时，程序继续执行；否则报 AssertionError 错误，程序停止执行。assert 语句可以在判断表达式后增加提示语，并用逗号隔开。它可以帮助我们判断代码逻辑是否正确，提早发现程序错误。

以下示例能够帮助我们理解断言。

```
# 正常
assert 10
assert True
assert 1 > 0

# 抛出异常
assert 0
assert False
assert 1 > 2
assert len(range(3)) > 3
assert range(3) == [0, 1, 2]
# AssertionError:

# 提示语
assert 1==2, '1 不等于 2'
# AssertionError: 1 不等于 2

assert 1/0 # 此处不是断言的作用，表达式本身报错
# ZeroDivisionError: division by zero
```

断言和我们之前讲过的异常处理在使用上有什么区别呢？检查先验条件使用断言，检

查后验条件使用异常。也就是说，在执行代码前要检查用断言，在执行代码过程中要检查用异常处理。

比如，针对用户的输入，需要提前判断输入的数字是否符合要求，不符合则报错：

```
number = int(input('请输入小于 10 的数字'))

# 断言
assert number < 10
print("输入正确！", number)
```

设置不支持低于一定版本的 Python 解释器运行此程序：

```
import sys

sys.version_info
# sys.version_info(major=3, minor=10, micro=5, releaselevel='final', serial=0)

assert sys.version_info >= (3, 11), '不支持 Python 3.11 及以下版本'
# AssertionError: 不支持 Python 3.11 及以下版本
```

在编写函数时，先对用户的参数传值进行断言，对于类型不符合的直接报错：

```
def add(x, y):
    assert isinstance(x, int|float), 'x 数字格式不对！'
    assert isinstance(y, int|float), 'y 数字格式不对！'
    return x + y

add(1, 1.2) # 2.2
add('1', 1)
# AssertionError: x 数字格式不对!
```

你可以尝试写一个除法函数，先断言除数不能为 0。

4.5.6　小结

本节介绍的几个关于函数的进阶内容可以说是 Python 函数编程的利器，有了这些工具，我们将能设计出更强大、更健壮、更简单的函数。

Python 内置了众多实用的高阶函数，我们在后面会集中介绍几个。

4.6　常用内置函数

内置函数是指 Python 自带的，不需要定义和用 import 导入就可以使用的函数。Python 的内置函数众多，但也比较克制，每一个都非常实用，能够解决一些场景的通用问题。

本节将介绍一些我们之前基本没有接触过但又会在编程中经常使用的内置函数，其中特别需要掌握的是 zip() 和 enumerate() 函数，在流程控制、循环迭代中经常使用它们。

4.6.1 zip()

zip() 用于将两个或两个以上的可迭代对象（如列表）按位置一一组合起来，它返回的是一个 zip 对象。它是一个元组迭代器，只能消费一次。示例如下：

```
# 无传入
z = zip()
z # <zip at 0x7fe33d1ac440>
list(z)
# []

# 传入一个
z = zip([1, 2, 3])
list(z)
# [(1,), (2,), (3,)]

# 传入两个
z = zip([1, 2, 3], [3, 4, 5])
list(z)
# [(1, 3), (2, 4), (3, 5)]

# 不同长度
z = zip([1, 2], [3, 4, 5])
list(z)
# [(1, 3), (2, 4)]

z = zip([1, 2, 3], [4, 5])
list(z)
# [(1, 4), (2, 5)]
```

将几个序列按位置组合在一起，以便将它们进行迭代和转为字典。例如：

```
names = ['Alice', 'Bob', 'Charlie']
ages = [24, 50, 18]

[*zip(names, ages)]      # 解包
# [('Alice', 24), ('Bob', 50), ('Charlie', 18)]

dict(zip(names, ages))   # 转为字典
# {'Alice': 24, 'Bob': 50, 'Charlie': 18}

# 迭代
for name, age in zip(names, ages):
    print(name, age)

# Alice 24
# Bob 50
# Charlie 18
```

以下是三个人的身高、体重、年龄数据，每人一个列表，现在需要求平均身高。可

以将他们用 zip() 组合到一起，这样同类的数据在一个元组里，我们直接操作这个元组即可。

```
# 每个人的身高、体重、年龄
lily = [168, 50, 22]
lucy = [170, 55, 25]
amy = [175, 53, 24]

z = zip(lily, lucy, amy)
z = list(z)
z
# [(168, 170, 175), (50, 55, 53), (22, 25, 24)]

sum(z[0])/len(z)
# 171.0
```

返回列表中的第一个元组就是所有的身高数据，我们接平均值的计算公式计算即可得到结果。

如果传入的多个可迭代对象的长度不相等，则取最短的进行对应，这类似于木桶效应的短板现象。如果想按最长的处理，将不足的用 None 补足补齐，可以使用 itertools 中的 zip_longest 方法：

```
import itertools

z = itertools.zip_longest([1, 2], [3, 4, 5])
list(z)
# [(1, 3), (2, 4), (None, 5)]
```

4.6.2　enumerate()

Python 的内置函数 enumerate() 将计数器添加到可迭代对象，每个元素连同计数（或者称为索引）组成元组，并返回枚举对象（enumerate object）。

```
names = ['Alice', 'Bob', 'Charlie']
enumerate(names)  # <enumerate at 0x7fc74c748380>
list(enumerate(names))  # 转为列表
# [(0, 'Alice'), (1, 'Bob'), (2, 'Charlie')]
[*enumerate(names, start=1)]  # 从 1 开始
# [(1, 'Alice'), (2, 'Bob'), (3, 'Charlie')]

# 可以按索引编号和元素的顺序获取
for i, name in enumerate(names):
    print(i, name)
# 0 Alice
# 1 Bob
# 2 Charlie
```

enumerate() 常用于序列的代码中，让序列有一个序号或者索引，能免去写计数变量。

访问 https://www.gairuo.com/p/python-enumerate 可查看更多详细介绍。

4.6.3 eval()

Python 的内置函数 eval() 将会执行一个以字符串为形式的 Python 表达式。它非常强大，也非常危险，我们在使用时要格外小心。

```
eval('1+2'), eval('[*"123"]'), eval('{"a": 1}')
# (3, ['1', '2', '3'], {'a': 1})

a = 2
eval('a*4')
# 8

# 指定变量的值
eval('{"b": c}', {'c':10})
# {'b': 10}

eval('[i for i in range(2)]') # 列表推导式
# [0, 1]
```

eval() 虽然方便，但是要注意安全。它可以将字符串转成表达式并执行，用户就可以利用它执行系统命令、删除文件等。比如用户可能通过恶意输入获得当前目录文件。

4.6.4 exec() 和 compile()

Python 的内置函数 exec() 可执行存储在字符串或文件中的 Python 语句，相比 eval()，exec() 可以执行更复杂的 Python 代码。exec() 的返回值永远为 None，除非你打印返回值。它是 Python 留给用户传入代码字符串的一个接口。

```
exec('a=1\nb=1\nprint(a+b)')
# 2

exec('n=2+2')
n
# 4
```

compile() 函数返回的代码对象可以使用 exec() 和 exec() 等函数调用，它们将执行动态生成的 Python 代码。

```
code_string = 'a = 5\nb=6\nsum=a+b\nprint("sum =", sum)'
code_obejct = compile(code_string, 'sumstring', 'exec')

exec(code_obejct)
# sum = 11

eval(code_obejct)
# sum = 11
```

关于 exec() 和 compile() 的更详细介绍可以分别浏览 https://www.gairuo.com/p/python-exec 与 https://www.gairuo.com/p/python-compile。

4.6.5 globals() 和 locals()

Python 有 3 个内置函数 globals()、locals() 和 vars() 都能返回一个字典，这个字典是在一定范围内的符号表。符号表包含一个空间内或者一个对象的一些必要信息，包括变量名、方法、类等。它们的区别如下。

- globals()：当前作用域的全局变量，可以更新。
- locals()：当前作用域（本地）的局部变量，不应该被修改。
- vars()：无参数时同 locals()，可以更新，传入一个对象名称时，输出对象的属性，如同 object.__dict__。

在终端中创建一个对象后，执行 globals() 可以看到，这个对象名称在符号表中：

```
>>> foo = 1
>>> globals()
'''
{'__name__': '__main__', '__doc__': None,
 '__package__': None,
 '__loader__': <class '_frozen_importlib.BuiltinImporter'>,
 '__spec__': None, '__annotations__': {},
 '__builtins__': <module 'builtins' (built-in)>, 'foo': 1}
'''
```

可以修改这个字典来增加对象和重新赋值：

```
foo = 123

globals()['foo'] = 456   # 修改
globals()['bar'] = 789   # 新增

foo                      # 456
bar                      # 789
```

在这里，由于全局符号表还存储所有全局变量，在本例中为 foo，因此可以使用 globals() 函数更改 foo 的值。使用变量 foo 的键访问返回的字典，并将其修改为 456。同时，我们增加了全局变量 bar，并为其赋值为 789。

模块层级上，locals() 和 globals() 是同一个字典，但在如函数等本地命名空间上 locals() 仅是本地符号表。例如：

```
def foo():
    bar = 1
    print('locals', locals())
    print('globals', globals())

'''
```

```
locals {'bar': 1}
globals {'__name__': '__main__', '__doc__':...<更多输出略>
'''
```

可以看到 locals() 仅包含 foo() 函数下的名称。关于它们更加详细的介绍可以分别访问 https://www.gairuo.com/p/python-globals 和 https://www.gairuo.com/p/python-locals 查看。

4.6.6 vars()

Python 的内置函数 vars() 返回对象的属性和属性值的字典对象，同 object.__dict__，它是一个字典。如果没有参数，就返回当前调用位置的属性和属性值，效果类似于 locals()。类的静态函数、类函数、普通函数、全局变量以及一些内置属性都放在类的 __dict__ 里。

```
class Foo:
    def __init__(self):
        self.__dict__ = {'name':'Foo'}


f = Foo()
f.a = 1

vars(f)
# {'name': 'Foo', 'a': 1}
```

vars() 可以帮助我们动态地进行变量赋值，动态生成变量。例如：

```
v = vars()

for i in range(3):
    v[f'my_{i}'] = i

# 批量生成三个变量并赋值
my_0 # 0
my_1 # 1
my_2 # 2

vars()
'''
{..., 'v': {...},
'my_0': 1, 'my_1': 1, 'my_2': 1}
'''
```

vars() 无参数时行为同 locals()，也表示本地命名空间，这时就可以为本地符号表增加名称。Python 官方提供了这样一个例子：

```
from datetime import timedelta
from enum import Enum


class Period(timedelta, Enum):
```

```
    "different lengths of time"
    _ignore_ = 'Period i'
    Period = vars()
    for i in range(367):
        Period['day_%d' % i] = i

Period.day_10
# <Period.day_10: datetime.timedelta(days=10)>
Period.day_365
# <Period.day_365: datetime.timedelta(days=365)>
```

以上代码给 Period 对象批量增加了 0 ～ 366 共计 367 个时长属性，这些属性都在对象本地，省去了大量的硬编码工作。

一些内置的数据类型是没有 __dict__ 属性的，传入 var() 会抛出 TypeError 错误。

4.6.7　小结

Python 定义函数不需要像其他语言那样编写复杂的代码结构，同时，Python 内置了非常多的函数，世界各地的开发人员将自己开发的通用功能以库和包的形式开源，我们都可以方便地调用，而不用重复造轮子。这也是 Python 能够这么流行的原因。

关于 Python 内置函数的介绍可以访问 https://www.gairuo.com/p/python-built-in-functions。

4.7　常用高阶函数

本节将介绍一批高阶函数。这些函数中有的是 Python 的内置函数，专门对序列数据进行处理，也有的是内置标准库 functools 提供的函数，它们使用频率高，特别是在较大的第三方库中。

这些高阶函数扩展了函数的能力，让函数的应用、逻辑的处理更加简单。

4.7.1　map()

Python 内置的 map() 函数是一个高阶函数，它的作用是将给定的函数应用于若干可迭代对象中的每一项，并返回一个 map 对象。它是一个迭代器，只能消费一次。函数的变量要和可迭代对象的数量相同，依次按相同的位置处理这些可迭代对象的数据。

以下是单个可迭代对象的示例：

```
# 单个对象
def add_1(x):
    return x + 1

m = map(add_1, [1, 2, 3, 4])
```

```
list(m)
# [2, 3, 4, 5]
```

第一个参数传入的是一个可调用对象，意味着我们可以使用匿名函数。map() 中的函数可以处理一个序列，也可以处理多个序列，这样帮我们省去 zip 操作。多个序列如果长度不一，只会处理到最短的元素位置。

```
# 多个对象
m = map(lambda x, y: x + y, [1, 2, 3, 4], [1, 2, 3, 4])
list(m)
# [2, 4, 6, 8]

# 长度不同的序列
m2 = map(lambda x, y: x + y, [1, 2, 3, 4], [1, 2])
list(m2)
# [2, 4]
```

map() 的功能可以由 zip() 配合列表推导式来完成，但 map() 等高阶函数弱化了循环的逻辑，突出了处理函数，让我们更明显地看到数据的处理逻辑。

在数据科学中，不需要按 map 模式的计算，两个序列之间的操作被认为是一个矩阵计算，NumPy 和 pandas 可以非常好地完成这些功能，比 map() 和列表表示更为明确。

4.7.2 filter()

Python 的内置函数 filter() 也是一个高阶函数，传入一个函数和可迭代对象，将这个可迭代对象中的元素逐个传入函数，由函数返回的值为真时此元素才保留，最终返回一个迭代器。函数也可以用 None 代替，则返回元素中所有的真值。简单来说，filter() 的功能是对元素进行筛选。

```
lst = [-2, -1, 0, 1, 2]

# 筛选
[*filter(lambda x: x % 2 == 0, lst)]    # [-2, 0, 2]
# 效果同以下列表推导式
[x for x in lst if x % 2 == 0]          # [-2, 0, 2]

# 不传函数
[*filter(None, [1, False, 3])]
# [1, 3]
```

下面我们从一个字符串中筛选出元音字母：

```
# 筛选字符串中的元音字母
def filter_vowels(letter):
    vowels = ['a', 'e', 'i', 'o', 'u']
    return letter in vowels
```

```
letters = 'hello world!'
filtered_vowels = filter(filter_vowels, letters)
list(filtered_vowels)
# ['e', 'o', 'o']
```

内置模块下的 itertools.filterfalse() 与 filter() 相反，函数返回假值时元素才被选取。

4.7.3 reduce()

与 map() 相关联的操作 reduce() 也是一个比较实用的函数，不过它现在已经不是内置函数了，改由标准库 functools 提供。

reduce() 的主要参数也是一个函数和一个可迭代对象，这个函数需要传入两个参数，除第一次取可迭代对象中的开头两个元素外，之后每次取一个元素与之前计算值再进行计算。例如 reduce(lambda x, y: x+y, [1, 2, 3, 4, 5]) 的作用是计算 ((((1+2)+3)+4)+5) 的值。当然进行累加计算建议用 sum()。

reduce() 不断对元素进行聚合，最终得到一个计算返回值。我们来实现一个阶乘计算：

```
from functools import reduce

nums = [1, 2, 3, 4, 5]
# 阶乘
reduce(lambda x, y: x*y, nums)
# 120
```

reduce() 返回的是一个最终计算的结果。如果想看到每步的中间值，可以使用 itertools.accumulate()，示例如下：

```
from itertools import accumulate

nums = [1, 2, 3, 4, 5]
# 阶乘
[*accumulate(nums, lambda x, y: x*y)]
# [1, 2, 6, 24, 120]
```

可以看到每个位置的值是当前步骤计算的值。

4.7.4 partial()

我们在设计函数时，有时会赋予函数非常强大的功能，用很多参数来支持用户灵活使用函数，但这样会给我们带来使用上的不便，因为每次调用都需要传入非常多的参数。这时，我们有必要将它们变换成只传几个甚至一个参数的函数。

标准库的函数 functools.partial() 提供了偏函数解决方案，能够从多参数的函数中派生一个更少参数的函数。partial() 把原函数的一部分参数“冻结”，得到一个新的可调用对象。例如：

```
from functools import partial

# 4个数相加的函数
def add(a, b, c, d):
    return a + b + c + d

# 调用
add(1, 2, 3, 4)
# 10

# 派生一个3个数相加的偏函数
add3number = partial(add, d=0)
add3number(2, 3, 4)
# 9

# 派生一个2个数相加的偏函数
add2number = partial(add, c=0, d=0)
add2number(3, 5)
# 8
```

以下从int()中派生一个专门将二进制字符串转换为int的偏函数，base参数默认为2：

```
from functools import partial

basetwo = partial(int, base=2)
basetwo.__doc__ = 'Convert base 2 string to an int.'

basetwo('10010')
# 18
```

偏函数可用于从常规函数中派生专用函数，从而帮助我们重用代码。

4.7.5 @cache

Python内置模块functools提供的高阶函数@cache是简单、轻量级、无长度限制的函数缓存，它是Python 3.9推出的新功能，在lru_cache缓存的基础上做了简化，支持无限长度的缓存。它是一个装饰器。

在程序的生命周期里多次调用一个函数，每次都需要重新执行计算，而有了@cache装饰器，这类计算会减少。

比如，在递归函数上使用@cache装饰器，可以大大减少对函数的重新调用。以计算第n个斐波那契数的递归函数为例：

```
from functools import cache

# 在一个递归函数上应用@cache装饰器
@cache
def fib(n):
    if n < 2:
```

```
        return n
    return fib(n-1) + fib(n-2)

# 查看第 101 个斐波那契数
fib(101)
# 573147844013817084101

# 查看缓存应用信息
fib.cache_info()
# CacheInfo(hits=99, misses=102, maxsize=None, currsize=102)
```

可以看到减少了 99 次函数调用。

4.7.6 @singledispatch

Python 内置模块 functools 的高阶函数 @singledispatch 可将一个函数转换为单分派。泛型函数可以根据第一个参数的数据类型调用不同的函数。

要注意分派作用于第一个参数的类型，要相应地创建函数。下例中对 age() 函数进行了分派，传入不同类型的值，分派到不同的函数上：

```
from functools import singledispatch

@singledispatch
def age(obj):
    print('请传入合法类型的参数！')

@age.register(int)
def _(age):
    print('我已经{}岁了。'.format(age))

@age.register(str)
def _(age):
    print('I am {} years old.'.format(age))

age(23)  # int
# 我已经 23 岁了。
age('twenty three')  # str
# I am twenty three years old.
age(['23'])  # list
# 请传入合法类型的参数！
```

在原函数上增加装饰器 @singledispatch，然后在分支函数上增加 @fun.register(str) 之类的装饰器，在装饰器中指定传入的数据类型，并针对此类型进行处理。

了解更多相关内容可访问 https://www.gairuo.com/p/python-single-dispatch。

4.7.7 小结

本节介绍的高阶函数中最常用的是 map()、filter() 和 reduce()，它们是 Python 学习者必须掌握的函数。在对一个序列进行操作时，会经常使用它们。

偏函数 partial() 将第三方提供的函数派生为一个新的更为简化的函数，让新函数功能更单一，同时又不需要我们重新编写它。

掌握这些高阶函数意味着我们已经基本掌握 Python 函数的功能。

4.8 本章小结

本章围绕编程逻辑与流程进行了讲解，从单独的流程控制语句到将这些语句封装为函数。此时，我们已经具备了 Python 的基本使用能力。接下来，就需要找生活中的例子去练习，将学到的数据结构连同逻辑处理应用到编程实践中。

接下来，我们将继续学习 Python 进阶内容，包括用类封装和用模块来封装业务逻辑。

第 5 章　Chapter 5

类与模块

前几章我们学习了基本的数据类型，如数字、布尔类型、字符串、列表、元组、集合和字典等，这些都是对现实事物的存在形式的抽象。我们还学习了流程控制和用函数将流程封装起来，这些都是对现有工作流程、做事方法的抽象。

在编程中，定义一个类才是对现实事物进行完整抽象和模拟的正确方式，类能够将事物和情景的方方面面完全“复刻”在计算中。而模块将若干个类以工程化的方式组织起来，以便开发者更加周密、有序、有条理地使用类。

5.1　类的特征

第 2 章介绍过什么是对象，如何理解对象，什么是类，以及如何查看一个类的属性和方法，建议在阅读本节前重温一下。通过之前的学习，你可能已经迫不及待地要自己写一个类了。

本节我们将介绍一些在编写类之前需要知道的知识。

5.1.1　类和对象

在 Python 中，类就是类型。我们之前学习了非常多的内置数据类型，比如元组、字典，它们就是类型，通过内置函数 type() 和 isinstance() 可以检测对象是什么类型。

那么，对象和类型之间是什么关系呢？如果只有一个类，其实用处不大，只有将它实例化，它才会成为一个对象，当然在一切皆对象的思想下，类自身也是对象，只不过我们通常所说的对象是类实例化后的对象。这就好比我们经常说的飞机、火车是类，你坐的那架飞机或者那辆火车是经过实例化后的对象。对象是具体的，类是抽象的。

实例化就是将类创建为一个真实的对象的过程，可以理解为根据蓝图来创建具体的东西。因此，可以总结如下。

- ❑ 变量与对象：变量是对对象的引用。
- ❑ 类与对象：类就是创建对象的模板，只有创建了类，才能够通过它创建对象。
- ❑ 类型与对象：对象都有类型，相同类型的对象有相同的属性（特征）和方法（行为）。

类或者说面向对象编程有三大基本特性，即封装、继承和多态，下面来一一介绍。

5.1.2 封装

顾名思义，封装就是把做事的不必要的细节隐藏起来。使用者不需要知道这些细节，可以选择信任它。封装时，先分析目标事物，需要对外提供哪些属性和方法，然后在实施过程中将内部私有的信息隐藏起来，让外部无法访问。

比如，你请了一个助理帮助你处理一些事情，你不需要知道他做事情的具体过程，这属于他的职责，你只要关注结果即可。

我们目前使用的Python内置数据类型都针对其内部的算法进行了封装，我们无须知道它们是怎么做的，只需知道得到的结果是什么逻辑。比如字符串的拆分方法str.split()、列表的排序方法list.sort()等，有些可能是用C语言实现的，我们在学习时不需要知道它们的具体算法，直接使用即可。

5.1.3 继承

继承是指让一个类型拥有另一个类型的属性的方法。Python允许建立一个有相互关系的类型系统。在现实世界里也是如此，事物分类之间呈现出树状结构。比如在生物学上，对生物的分类是按照界、门、纲、目、科、属、种来组织的，下游的类型往往有上游类型的全部特征。

Python可以创建子类或者派生类，它们可以继承自一个或者多个父类，父类也称为“基类”或“超类”。继承可以无限进行下去，比如，人类继承自灵长类，灵长类继承自哺乳类。Object是Python对象的基类，type是Python所有类型的实例。

在子类中我们只需要增加此类自己的方法，也可以将父类的方法重写来实现此类自己的逻辑，将方法特殊化。

5.1.4 多态

多态是针对属性和方法的，是指你不用知道一个对象具体是什么类型就可以使用这些方法，多态机制为不同类型的对象提供统一的接口。

我们之前介绍过鸭子类型，鸭子类型的关注视角在对象的行为和方法上，不去细究它是一个什么类型的对象。

多态机制让不同的对象可以对外提供相同的接口，让我们的操作具有统一的形式，避免了针对不同类型使用不同方法编写更多的代码。比如，对于容器类型，都可以用 len() 获取长度，用 o.clear() 清空对象中的元素。

5.1.5 小结

"磨刀不误砍柴工"，在本节，我们澄清了一些关于类和对象的概念，也介绍了类的三大基本特性，这对于我们写自己的类有理论帮助。

接下来，我们开始动手写自己的类。

5.2 定义类

Python 中一切都是对象，一切对象都是通过类构建的。在本节，我们将介绍如何创建一个自定义的类，如何设置类的属性和方法，如何将一个类实例化等。

类是将现实世界进行映射的基本手段，理解和掌握了类的构造就能真正走进编程世界的大门。

5.2.1 创建自定义类

Python 中用 class 关键字来定义类，类需要使用大驼峰格式命名。大驼峰格式是指所有单词首字母大写，其余字母小写，并且不用下划线连接的命名规则，如 GoodBoy。类名后括号中的内容是它的父类，如果新创建的类没有自定义的父类，则为 object（Python 3 中可以不写）。object 为 Python 所有类的默认父类，所有类都继承自它。

下面我们创建一个模拟人的类：

```
class Person(object):
    '''这是一个模拟人的类'''

    __classification = '灵长目'
    language = '中文'

    def __init__(self, name, age):
        '''初始化name和age属性'''
        self.name = name
        self.age = age

    def speak(self):
        '''模拟说话'''
        print(f'我的名字是{self.name}')

    def walk(self, place):
        '''模拟走路'''
        print(f'走到{place}')
```

我们来逐行分析一下以上代码定义了哪些细节。

- 类名为Person，继承自object，三引号里的内容为类的介绍，称为文档字符串。
- 定义了两个类属性：一个是人所属的生物分类，用双下划线开始，是私有类属性，只能在类中使用，外部不能获取或修改。另一个是语言，为公开属性。
- __init__是一个类的初始化方法，初始化的时候需要传入姓名和年龄参数。
- 定义了一个speak()方法来模拟人类说话，说出自己的名字。方法是在类中定义的函数。
- 定义了一个walk()方法来模拟人类走路，place参数是走路去的地方。

类由若干属性和方法组成，如果要使用对象的属性和方法，可以使用self来读取。self代表类实例化后的自身，因为在定义类时不知道具体的实例是谁，就用self代替这个实例。

这样你就拥有了很多可操作的基础对象，可以使用dir(Person)查看，其中部分方法提供了一个框架，我们可以按它们的格式实现一些功能。

```
>>> dir(Person)
['_Person__classification', '__class__', '__delattr__', '__dict__', '__dir__',
 '__doc__', '__eq__', '__format__', '__ge__', '__getattribute__', '__gt__',
 '__hash__', '__init__', '__init_subclass__', '__le__', '__lt__', '__module__',
 '__ne__', '__new__', '__reduce__', '__reduce_ex__', '__repr__', '__setattr__',
 '__sizeof__', '__str__', '__subclasshook__', '__weakref__',
 'language', 'speak', 'walk']
```

我们之前介绍过，前后双下划线的特殊方法用于实现对象的特性定义和操作功能。在以上类的定义中，__init__()特殊方法是对类的初始化操作。

5.2.2 类属性

类也可以定义不需要实例化的属性和方法，在Person类中，__classification和language是类的属性，可以通过类名来获取：

```
# 类的私有属性无法访问
Person.__classification
# AttributeError: type object 'Person' has no attribute '_classification'

# 通过更改后的名称可以访问
Person._Person__classification
# '灵长目'

Person.language
# '中文'

# 修改类属性
Person.language = '英文'
Person.language
# '英文'
```

上文中，通过 dir(Person) 可以看到类的私有属性 __classification 其实是通过改名为 _Person__classification 来“防止”你访问它，不过我们可以直接用这个名称来访问。后续我们还将介绍私有属性的使用方法。

除了类属性，我们还可以定义类的方法，下面会介绍。

5.2.3 实例化

类只有经过实例化才能发挥出其实用价值，如果不实例化类，就像我们做了一个 PPT 模板而不使用它做 PPT 一样，没有意义。

实例化一个类和调用函数一样，传入 __init__() 中定义的参数即可，如果没有参数则不需要传参。我们将 Person 类实例化：

```
tom = Person('Tom', 20)
tom
# <__main__.Person at 0x7f79fa28e470>
```

然后获取它的属性，调用它的方法：

```
tom.name, tom.age
# ('Tom', 20)

# 类属性
tom.language
# '中文'

tom.speak()
# 我的名字是 Tom
tom.walk('家')
# 走到家
```

实例还有一些内置的属性：

```
tom.__dict__       # 查看类的属性，是一个字典
# {'name': 'Tom', 'age': 20}

tom.__class__      # 类名
# __main__.Person

tom.__module__     # 类定义所在的模块
# '__main__'

tom.__doc__        # 类的文档字符串
# '这是一个人类'
```

也可以根据需要修改实例的属性：

```
tom.name = 'Thomas'
tom.age = 22
```

```
tom.name, tom.age
# ('Thomas', 22)
```

一个实例就是一个活生生的事物，我们所有的操作基本都在实例上。

5.2.4 私有变量

为了安全起见，有些变量是不能被外部访问和调用的。比如一个 Lady 类，年龄（age）就是私有变量，调用者不能访问（但可以实例化后自己定义一个）。类似于 __classification，在类中两个下划线开头可以声明该属性为私有，只能在类的内部使用，不能在类的外部使用或直接访问。

下例中车的价格是对外保密的。

```
class Car(object):
    __price = 50  # 私有变量
    speed = 120   # 公开变量

    def sell(self):
        return self.__price - 10
```

以上我们定义了一个汽车的类，价格是私有变量，外部不能直接访问，但对外销售（调用 sell() 方法）时可以使用它（对外优惠 10 万元）：

```
c = Car()  # 实例化
c.speed
# 120
# c.__price
# AttributeError: 'Car' object has no attribute '__price'
c.sell()
# 40
```

但是，可以使用对象名._类名__私有属性名（object._className__attrName）来访问私有变量：

```
c._Car__price
# 50
```

不过希望你遵守这种私有属性不能使用的约定。当然，你最好写一个专门获取和设置私有变量的方法（下例中的 get_price() 和 set_price()）来让外部获取和修改这条信息：

```
class Car(object):
    __price = 50  # 私有变量

    def get_price(self):
        return self.__price

    def set_price(self, price):
        self.__price = price
```

为什么不让直接访问和修改，非要加两个专门的方法呢？因为通过方法，我们可以对传入的值进行数据类型、数值大小等逻辑检验，如果允许直接修改，那么就会有不符合要求的值传进来。另外，在返回一个属性值时，可能需要将一个经过一定的逻辑计算后的值返回，比如上面的例子中，价格可能需要经过一些计算。

另外，类似 _name 这样的变量，前面的一个下划线表示它是受保护的，只有本类和子类可以调用。

5.2.5 类的继承

类的继承是一个非常有用的设计，我们在定义新类时，如果它属于之前定义过的类的一部分，则可以继承该类（父类）的特性。

继承的基本方法如下：

```
class ClassName(Base1, Base2, Base3):
    pass
```

括号里的类名为父类，类会继承父类（支持一到多个）的所有属性和方法。通过继承创建的新类称为子类或派生类，被继承的类称为基类、父类或超类。

前面我们定义了一个 Person 类，现在我们需要一个 Student（学生）类。学生属于人类，具有人类的特性和方法，可以继承人类：

```
class Person(object):
    '''这是一个人类'''

    __classification = '灵长目'
    language = '中文'

    def __init__(self, name, age):
        '''初始化name和age属性'''
        self.name = name
        self.age = age

    def speak(self):
        '''模拟说话'''
        print(f'我的名字是{self.name}')

    def walk(self, place):
        '''模拟走路'''
        print(f'走到{place}')

class Student(Person):
    def study():
        print('我在学习')

# 查看类的继承链
```

```
Student.mro()
# [__main__.Student, __main__.Person, object]
```

我们定义的Student类继承自Person类，然后给Student类定义了一个特有的方法。接下来我们实例化Student类来使用这个方法：

```
# 实例化
xiaoming = Student('小明', 12)
xiaoming

# <__main__.Student at 0x7f79fa50e260>

# 调用方法
xiaoming.speak()
# 我的名字是小明

# 调用继承方法
xiaoming.walk('学校')
# 走到学校
```

可以看到，继承的类除了调用自己定义的方法外，还可以调用父类中的方法。有时候，父类中的方法不能满足我们的需要，这时就可以重新写一个同名的方法，覆盖掉父类中的方法。例如，我们重写父类中的speak()方法：

```
class Student(Person):
    def study():
        print('我在学习')

    def speak(self):
        print(f'我的名字是{self.name}，我是一个学生')

# 实例化
xiaoming = Student('小明', 12)
xiaoming.speak()
# 我的名字是小明，我是一个学生
```

如同私有属性一样，如果父类中的方法不想让别的类继承，可在方法名前加双下划线（注意与特殊方法的前后双下划线区分）。例如：

```
class Person(object):

    def __init__(self, name):
        self.name = name
        self.__foo = '不为人知的事情'     # 私有属性

    def drink(self):
        print('喝水')

    def __drive(self):
```

```
        # 私有方法
        print(f'开车')


class Student(Person):
    def study():
        print('我在学习')

# 实例化
andy = Student('Andy')

andy.name
# 'Andy'


andy.__foo          # 私有属性
# AttributeError: 'Student' object has no attribute '__foo'
andy.__drive()      # 私有方法
# AttributeError: 'Student' object has no attribute '__drive'
```

与私有属性类似，私有方法可以用对象名._类名__私有方法名（如 andy._Person__drive()）来调用。

很多第三方库提供了类模型，我们通过重写相关属性和方法可以实现个性化的应用。

5.2.6 类方法

Python 的内置函数 classmethod() 是一个装饰器，它可以将一个方法封装为一个类方法。修饰符对应的函数不需要实例化，不需要 self 参数，但第一个参数必须是表示自身类的 cls 参数，cls 可以用来调用类的属性、类的方法、实例化对象等。

以下在类中定义一个名为 from_birth_year() 的类方法，可以通过向其传入名字和出生年来生成一个实例：

```
class Person:
    def __init__(self, name, age):
        self.name = name
        self.age = age

    @classmethod
    def from_birth_year(cls, name, birth_year):
        # 通过出生年构造一个实例
        return cls(name, 2022-birth_year)

    def get_age(self):
        print(self.age)

tom = Person('Tom', 21)
```

```
person.get_age()
# 21

lily = Person.from_birth_year('Lily', 2001)
lily.get_age()
# 21
```

以上 tom 和 lily 两个实例中，一个通过类直接创建，一个通过类方法创建。这种形式赋予了类更多的能力，例如 pandas 的 DataFrame 类有一个名为 DataFrame.from_dict() 的类方法，该类方法可用于从字典中构造 DataFrame。

5.2.7 静态方法

Python 的内置函数 staticmethod() 也是一个装饰器，它可以将一个方法封装为一个静态方法，该方法不强制要求传递参数。

```
class Calculator:
    @staticmethod
    def add(x, y):
        return x + y

c = Calculator()

# 实例调用
c.add(1, 2)
# 3

# 类调用
Calculator.add(2, 3)
# 5
```

这里，staticmethod 装饰的方法无论在类还是实例中都可以使用。定义时，不需要传入实例对象或者类对象。

5.2.8 特殊方法

Python 的特殊方法（有人称之为魔术方法）是给 Python 解释器来调用的，用于支持并实现内置函数和操作符。通常我们不直接调用这些方法。比如，很多对象在实现特殊方法 __len__() 后，我们只需使用 len(x) 即可调用它们。

下面来看一个具体的例子：通过实现 __int__() 方法让 Person 类的实例支持 int(o) 函数，返回它的年龄；通过实现 __lt__() 方法来进行两个实例的比较，比较谁的年龄大。代码大致如下：

```
class Person(object):
    def __init__(self, name, age):
        self.name = name
```

```
        self.age = age

    def __int__(self):
        # 实现 int(o) 返回年龄
        return self.age

    def __lt__(self, other):
        # 实现比较，年龄对比
        return self.age < other.age

    def __add__(self, other):
        # 实现相加，年龄相加
        return self.age + other.age

lily = Person('Lily', 20)
tom = Person('Tom', 22)
int(lily), int(tom)
# (20, 22)
lily > tom
# False
lily + tom
# 42
```

每个操作需要的特殊方法以及这些特殊方法的写法，可以在Python官方文档中查询，地址是https://docs.python.org/zh-cn/3/reference/datamodel.html#special-method-names。

5.2.9　__new__和__init__

这里介绍几个较为常用的特殊方法，它们可以说是自定义类必备的。

__new__和__init__是类在实例化过程中都会调用的方法。实例化时先调用__new__再调用__init__。

__new__的作用是创建对象，相当于构造器，起创建一个类实例的作用。__init__作为初始化器，负责对象的初始化工作。

__new__是静态方法，__init__是实例方法。如果__new__不返回实例对象，那么__init__就不会被调用。我们测试一下：

```
class A(object):
    def __new__(cls):
        print("A.__new__ called")
        # return super().__new__(cls)

    def __init__(self):
        print("A.__init__ called")

s = A()
print(s)
# A.__new__ called
# None
```

假设我们想要用一个Point类来创建表示点在平面坐标系中坐标的实例，并限制这个类只有两个实例。代码如下：

```
class Point:

    total_instance = 0   # 点实例计数器
    MAX_INSTANCE = 2     # 最大实例数限制

    def __new__(cls, *args, **kwargs):
        if (cls.total_instance >= cls.MAX_INSTANCE):
            print(f'创建失败，Point实例不能超过{cls.MAX_INSTANCE}个。')
            return
        cls.total_instance += 1
        return super().__new__(cls)

    # 默认对象初始化
    def __init__(self, x, y):
        self.x = x
        self.y = y

    @classmethod            # 查找类变量的静态方法
    def instance_count(cls):
        '当前实例的数量'
        print(f'当前有{cls.total_instance}个实例。')


a = Point(x=1, y=2)
Point.instance_count()
# 当前有1个实例。

b = Point(x=3, y=4)
Point.instance_count()
# 当前有2个实例。

c = Point(x=5, y=6)
Point.instance_count()
'''
创建失败，Point实例不能超过2个。
当前有2个实例。
'''
```

__new__ 在创建新实例前会检查当前实例的数量，如果超过设定个数就会直接返回None，不再执行初始化行为。代码中super()是用于调用父类的方法，5.3节会介绍。

5.2.10 __str__和__repr__

一般来说，我们自定义的每个类中都应该有 __str__ 和 __repr__ 方法，它们都用于输出实例信息，以方便查看和调试。可以利用它们的特性来实现一些业务需求。__str__ 被print()默认调用，__repr__ 被控制台输出时默认调用，也能被内置函数repr()调用。可以理

解为 __str__ 用于对象给用户的展示，使用 __repr__ 来控制代码调试的显示。

我们之前定义的 Person 对象实例化后，在终端、JupyterLab 上是这样显示的：

```
tom = Person('Tom', 22)
tom
# <__main__.Person at 0x7f79fab8c9d0>
print(tom)
# <__main__.Person object at 0x7f79fab8c9d0>

repr(tom)
# '<__main__.Person object at 0x7f79fab8c9d0>'
```

现在我们来实现这两个特殊方法，让它们的显示更加易读：

```
class Person(object):
    def __init__(self, name, age):
        self.name = name
        self.age = age

    def __repr__(self):
        return f'<Student: {self.name}, {self.age}>'

    def __str__(self):
        return str(self.name)

tom = Person('Tom', 22)

tom
# <Student: Tom, 22>
print(tom)
# Tom

repr(tom), str(tom)
# ('<Student: Tom, 22>', 'Tom')
```

这样实例对象会更直观，也实现了将 Person 实例转为字符串的功能。

5.2.11 __call__

类在实现 __call__ 后，它的实例对象像函数那样可被执行，会变为一个可执行对象。我们来实现对于一个学生类，调用其实例名称时年龄加 1 的功能。

```
class Student(object):
    def __init__(self, a, b):
        self.name = a
        self.age = b
        super(Student, self).__init__()

    def __call__(self):
        self.age += 1
```

```
        print('我能执行了')

# 实例化
lily = Student('lily', 18)

callable(lily) # 是否可调用对象检测
# True

lily()
# 我能执行了

lily.age
# 19
```

我们在设计的时候还可以给类增加参数，实现更加丰富的功能。

5.2.12 小结

本节介绍了构造类的入门内容。构造一个非常好的类对于成熟的程序员来说也不是易事。这涉及如何对现实业务进行抽象，抽象到何种程度，类和类怎么去继承，哪些方法需要重写等。要想提高构造类的能力或者说编码抽象的能力，还需要专门学习和练习。

另外需要补充的是，类、类方法、实例方法和实现 __call__() 特殊方法的实例都是可调用对象。

5.3 关于类的函数

Python 是一门面向对象语言，其内置函数和内置库支持许多对于我们编写类非常有用的功能。在本节，我们会介绍几个创建类时不可或缺的内置函数和装饰器。

5.3.1 super()

Python 内置函数 super() 的作用是调用父类（超类或基类）的一个方法，在继承甚至多重继承的情况下特别有用。super() 不仅可以调用父类的构造函数，还可以调用父类的成员函数。super() 返回的是父类的临时对象，允许我们访问父类的方法。例如：

```
class Person(object):
    def eat(self, times):
        print(f'我每天吃{times}餐。')

class Student(Person):
    def eat(self):
        # 调用父类
        super().eat(4)

tom = Student()
```

```
tom.eat()
# 我每天吃 4 餐。

Student.mro()
# [__main__.Student, __main__.Person, object]
```

Student 类在它的 eat() 方法里使用 super() 调用了它所继承的 Person 类的 eat() 方法，完成了方法重写的工作。

super() 也经常调用父类初始化继承：

```
class Base(object):
    def __init__(self, a, b):
        self.a = a
        self.b = b

class A(Base):
    def __init__(self, a, b, c):
        super().__init__(a, b)
        self.c = c

a = A(1, 2, 3)
A.mro()
# [__main__.A, __main__.Base, object]
```

关于 super() 的更多介绍，可以访问 https://www.gairuo.com/p/python-super。

5.3.2 object()

Python 的内置函数 object() 返回一个没有特征的对象，它没有任何参数，我们不能向该对象添加新属性或方法。这个对象是所有类的基础，拥有所有类默认的内置属性和方法。它的实例可以用于表示内存中永远不会与其他对象相同的唯一对象。简单来说，Python 中的任何对象都有可能指向内存中的同一个对象，但 object() 的实例除外。我们来测试一下：

```
x = object()
o = object()
o is x, o == x
# (False, False)
```

基于以上特征，可以用 object 对象替代缺失值（missing value）做哨兵值。我们看这样一个例子。对于字典的 get() 方法，我们可以指定不存在的键的默认值：

```
mydict = {'a': None}

if mydict.get('a', None) is None:
    print('a 键不存在')
else:
    print('a 键存在')

# a 键不存在
```

但如果以上代码中 mydict 的值本身就是 None，或者其他值都有可能存在，就可以用 object() 的实例来进行对象对比：

```
MISSING = object()

if mydict.get('a', MISSING) is MISSING:
    print('a 键不存在 ')
else:
    print('a 键存在 ')

# a 键存在
```

object() 的实例 MISSING 与其他任意值都不是同一个对象，因此不存在重复的可能。在第 3 章中我们介绍了内置函数 iter() 的哨兵模式，可以将 object() 的实例作为哨兵，永远不可能达到中断条件，从而得到一个无限迭代器。

5.3.3 type()

Python 的内置函数 type() 传入一个对象的字面量或者标识符，将返回此对象的类型。推荐使用内置函数 isinstance() 来检测对象的类型，因为它会考虑子类的情况。

以下是 type() 的一些使用示例：

```
type(1)          # <class 'int'> 以下简化
type('hello')    # str
type(True)       # bool
type(())         # tuple
type([])         # list
type(None)       # NoneType

class Foo:
    a = 0

foo = Foo()
type(foo)
# <class '__main__.Foo'>

type(dict)        # type
type(type(1))     # type
```

type() 还有一个传入 3 个参数的模式，即 class type(name, bases, dict, **kwds)，该模式返回一个新的 type 对象，用来创建类。各参数的意义如下。

- name：一个字符串，表示类名并会成为 __name__ 属性。
- bases：一个元组，新类所继承的类，并会成为 __bases__ 属性；如果为空，则会添加所有类的终极基类 object。
- dict：一个字典，属性和方法定义，并会成为 __dict__ 属性。

这本质上是 class 语句的一种动态形式。我们写几个示例：

```
o1 = type('X', (object,), dict(a='Foo', b=12))
print(type(o1))

print(vars(o1))

class Test:
    a = 'Foo'
    b = 12

o2 = type('Y', (Test,), dict(a='Foo', b=12))
print(type(o2))
print(vars(o2))
```

输出如下：

```
'''
<class 'type'>
{'a': 'Foo', 'b': 12, '__module__': '__main__', '__dict__': <attribute
    '__dict__' of 'X' objects>, '__weakref__': <attribute '__weakref__'
    of 'X' objects>, '__doc__': None}
<class 'type'>
{'a': 'Foo', 'b': 12, '__module__': '__main__', '__doc__': None}
'''
```

在以上代码中，我们使用了 Python 的内置函数 vars()，该函数返回 __dict__ 属性，用于存储对象的可写属性。

5.3.4 关于对象属性的函数

Python 内置函数中有 4 个名称以 attr 结尾的函数，分别用来检测、获取、修改、删除对象的属性。

- hasattr(obj, name)：检测是否有指定的对象属性。
- getattr(object, name[, default])：获取对象属性。
- setattr(object, name, value)：设置对象属性。
- delattr(object, name)：删除对象属性。

示例如下：

```
class Person:
    def __init__(self, name, age):
        self.name = name
        self.age = age

tom = Person('Tom', 18)

hasattr(tom, 'name')  # 检测属性
# True
getattr(tom, 'name')  # 获取属性
```

```
# 'Tom'
setattr(tom, 'city', 'shanghai')  # 设置属性
getattr(tom, 'city')
# 'shanghai'
delattr(tom, 'city')  # 删除属性
# getattr(tom, 'city')
# AttributeError: 'Person' object has no attribute 'city'
```

这些函数也可以操作类的属性：

```
class Person:
    name = 'Tom'
    age = 18

hasattr(Person, 'name')  # 检测属性
# True
getattr(Person, 'name')  # 获取属性
# 'Tom'
setattr(Person, 'city', 'shanghai')  # 设置属性
getattr(Person, 'city')
# 'shanghai'
delattr(Person, 'city')  # 删除属性
# getattr(tom, 'city')
# AttributeError: 'Person' object has no attribute 'city'
```

一般来说，对于删除属性使用 del 语句会更明确、更高效，但 delattr() 允许动态删除属性。

5.3.5 partialmethod() 偏方法

Python 内置模块 functools 的高阶函数 partialmethod() 与 partial() 偏函数类似，也是在对象里对已有的方法进行派生，由功能复杂的方法衍生出功能简单的方法。

以下是一个 Python 官网的实例：

```
from functools import partialmethod

class Cell:
    def __init__(self):
        self._alive = False
    @property
    def alive(self):
        return self._alive
    def set_state(self, state):
        self._alive = bool(state)

    set_alive = partialmethod(set_state, True)
    set_dead = partialmethod(set_state, False)

    print(type(partialmethod(set_state, False)))
```

```
    # <class 'functools.partialmethod'>

c = Cell()
c.alive
# False

c.set_alive()
c.alive
# True
```

c.set_alive() 和 c.set_dead() 作为 Cell 类的方法，更加直观，省去专门的定义代码。

pandas 的 apply() 方法默认 axis=0，按行操作，我们需要派生一个按列的操作函数：

```
from functools import partialmethod
import pandas as pd

df = pd.DataFrame({'a': [1, -3, 0],
                   'b': [2, -5, 3],
                   'c': [7, 3, -4]})

df
'''
   a  b  c
0  1  2  7
1 -3 -5  3
2  0  3 -4
'''

# 使用原函数，每列大于 0 的数量
df.apply(lambda x: sum(x > 0))
'''
a    1
b    2
c    2
dtype: int64
'''

# 定义偏方法，默认按列操作
pd.DataFrame.apply_col = partialmethod(pd.DataFrame.apply, axis=1)

# 使用偏方法，每行大于 0 的数量
df.apply_col(lambda x: sum(x > 0))
'''
0    3
1    1
2    1
dtype: int64
'''
```

派生出的方法让应用更加便捷。

5.3.6 @property 修饰方法

Python 的内置函数（类）property() 一般以装饰器 @property 的形式出现，我们可以使用它来创建只读属性，它会将方法转换为同名的只读属性，可以与所定义的属性配合使用，这样可以防止属性被修改。同时，还可以指定获取、设置、删除的方法。

以下是一个设置重量的例子。

```
class Shijin:
    def __init__(self, jin, liang):
        self.total_liang = jin * 10 + liang

    # 获取斤
    @property
    def jin(self):
        return self.total_liang // 10

    # 获取和设置两
    @property
    def liang(self):
        return self.total_liang % 10

    @liang.setter
    def liang(self, new_liang):
        self.total_liang = 10 * self.jin + new_liang

    def __repr__(self):
        return "{}斤{}两".format(self.jin, self.liang)

jiaozi = Shijin(3, 2)

jiaozi
# 3斤2两

jiaozi.liang = 4
jiaozi
# 3斤4两

jiaozi.liang += 6

jiaozi
# 4斤0两

# jiaozi.jin += 10
# AttributeError: can't set attribute 'jin'

jiaozi.jin
# 4
```

以上类只能设置两，不能设置斤。

5.3.7 @cached_property 缓存属性

Python 内置模块 functools 提供的高阶函数 @cached_property 将类的方法转换为属性，将该属性的值计算一次，然后在实例的生命周期中将其缓存，作为普通属性。该函数与 property() 类似，但添加了缓存，对于在其他情况下实际不可变的高计算资源消耗的实例属性来说，该函数非常有用。它是 Python 3.8 的新增功能。

在以下示例中，对一个非常长的序列求和时，只计算一次，再次调用时使用之前计算得到的缓存。

```
# 使用 @cached_property
from functools import cached_property

class Sample():
    def __init__(self, lst):
        self.long_list = lst

    # 求给定整数值列表之和的方法
    @cached_property
    def find_sum(self):
        print('计算中…')
        return (sum(self.long_list))

# obj 是示例类的一个实例
obj = Sample([1, 2, 3, 4, 5, 6, 7, 8, 9, 10])
print(obj.find_sum)
print(obj.find_sum)
print(obj.find_sum)
'''
计算中…
55
55
55
'''
```

find_sum() 会打印“计算中…”字样，但后两次并没有打印，说明没有再计算，而是使用了之前的结果缓存。

5.3.8 小结

在本节中，我们了解到：super() 可以在类中调用父类的方法；object() 除了是根类外，还是 Python 中唯一可以创建不与其他对象相同实例的方法；type() 除了获取对象类型外，还可以快速构造一个类。

4 个内置函数 hasattr()、getattr()、setattr()、delattr() 是针对类的属性操作的，@property 将类中的方法转换为属性，@cached_property 将属性值的计算缓存起来，提高类的性能。

在创建和使用类时这些函数的使用频次非常高。

5.4 类型注解

Python的类型注解功能让我们的代码更加易读，有助于我们写出更加健壮的代码。类型注解又叫类型暗示，它将函数、变量声明为一种特定类型。当然，它并不是严格的类型绑定，所以这个机制并不能阻止调用者传入不应该传入的参数。

5.4.1 类型注解简介

Python是一门动态语言，定义和使用变量时不需要声明变量的数据类型，但这样也会带来一定的问题，如阅读代码时不知道数据是什么类型，调用时容易传入错误的数据类型。因此，Python的类型注解功能就显得比较重要了。

一个字符和数字类型是无法相加的，否则会报TypeError错误：

```
a = 1
b = '2'
a + b
# TypeError: unsupported operand type(s) for +: 'int' and 'str'
```

调用者在使用函数时，如果没有完善的文档，就不知道要传入的数据类型是什么，同时文档也很难表达复杂的数据类型。类型注解让IDE知道了数据类型，IDE可以更加准确地进行自动补全。类型注解还可以提供给第三方工具，做代码审计分析，发现隐形bug。函数注解的信息保存在__annotations__属性中，可以调用。

5.4.2 语法简介

注解的语法是在名称后加冒号和类型对象，以下是一个使用示例：

```
# 定义一个变量
x: int = 2
x: int | float = 2 # |表示 or，Python 3.10 开始支持
x + 1
# 3

# 定义一个除法函数
def div(a: int, b: int) -> float:
    return a/b

# 查看类型注解信息
div.__annotations__
{'a': int, 'b': int, 'return': float}
```

需要注意以下几点。

- 变量类型：在变量名后加一个冒号，冒号后写变量的数据类型，如int、dict等。
- 函数返回类型：方法参数中如有变量类型，则在参数括号后加一个箭头，箭头后为返回值的类型。

- 格式要求（非强制性的PEP8规范）：变量名和冒号之间无空格，冒号和后面的类型对象间加一个空格，箭头左右均有一个空格。

可以给注解命名，然后应用到后续变量中：

```
stype = str
mystr1: stype = 'hello'
mystr2: stype = 'world'
```

值得注意的是，这种类型和变量注解实际上只是一种类型提示，对运行是没有影响的。比如在下例中调用add方法的时候，我们注解返回一个字符串，而它返回的是int，既不会报错，也不会对参数进行类型转换。

```
def add(a: int, b: int) -> str:
    return a + b

# 查看返回类型
type(add(1, 2))
# int
```

5.4.3　基本数据类型注解

对于简单的Python内置类型，只需使用类型的名称：

```
x: int = 1
x: float = 1.0
x: bool = True
x: str = "test"
x: bytes = b"test"

x: list = ['lily', 'tom']
x: tuple = (6, 6, 6)
x: set = {7, 8, 9}
x: dict = {'sad': False, 'happy': True}
```

这些是对数据类型最简单的注解，但对于容器中数据的类型还可以进一步明确各元素的类型组成。

可以用竖杠（|）表达联合类型（types.UnionType），表示几个类均可：

```
from typing import Union, Optional

number: int | float = 10.0
type(int | str)
# types.UnionType

# 多次组合的结果会平推
(int | str) | float == int | str | float

# 冗余的类型会被删除
```

```
int | str | int == int | str

# 在相互比较时，会忽略顺序
int | str == str | int

# 与 typing.union 兼容
int | str == Union[int, str]

# Optional 类型可表示为与 None 的组合
str | None == Optional[str]
```

5.4.4 容器类型注解

元组、列表、集合、字典等容器内元素的类型，可以在类型名称后的方括号里按照规则注明。对于固定长度的容器（如元组）一一给出类型，非固定的可以使用省略号。字典可以指定两个类型，分别代表键和值的类型。还可以用内置模式 typing 的对象来构造类型注解对象：

```
from typing import List, Set, Dict, Tuple, Optional

x: list[int] = [1]
x: set[int] = {6, 7}

x: List[int] = [1]
x: Set[int] = {6, 7}

x: dict[str, float] = {"field": 2.0}  # Python 3.9 及以上版本
x: Dict[str, float] = {"field": 2.0}

# 对于固定大小的元组，指定所有元素的类型
x: tuple[int, str, float] = (3, "yes", 7.5)  # Python 3.9 及以上版本
x: Tuple[int, str, float] = (3, "yes", 7.5)

# 对于可变大小的元组，使用一种类型和省略号
x: tuple[int, ...] = (1, 2, 3)  # Python 3.9 及以上版本
x: Tuple[int, ...] = (1, 2, 3)

# 对于可能为 None 的值，使用 Optional[]
x: Optional[str]
```

类型注解支持嵌套，或者使用 Union 表示混杂的类型：

```
from typing import Union, List, Tuple, Dict

x: dict[str, list[int]]

config: Dict[str, Union[List[str], Tuple[bool, str]]]= {
            'width': ['100%', 'Width of img'],
            'height': ['auto', 'Height of img'],
            'fluid': (True, '外层包含一个 div')
    }
```

5.4.5 函数注解

Python 3 支持函数声明的注解语法，使用的是 typing 内置库中的对象。关键字部分的注解和变量的注解相同。

```
from typing import Callable, Iterator, Union, Optional

# 注解函数定义的方式
def stringify(num: int) -> str:
    return str(num)

# 指定多个参数
def plus(num1: int, num2: int) -> int:
    return num1 + num2

# 在类型注解后添加参数的默认值
def f(num1: int, my_float: float = 3.5) -> float:
    return num1 + my_float

# 这是注解可调用（函数）值的方式
x: Callable[[int, float], float] = f

# 可迭代对象及产生的值类型
def g(n: int) -> Iterator[int]:
    i = 0
    while i < n:
        yield i
        i += 1

# 将函数注解拆分为多行
def send_email(address: Union[str, list[str]],
               sender: str,
               cc: Optional[list[str]],
               bcc: Optional[list[str]],
               subject='',
               body: Optional[list[str]] = None
               ) -> bool:
    ...

# 以两个下划线开头将参数声明为位置参数
def quux(__x: int) -> None:
    pass

quux(3)  # 正常调用
quux(__x=3)  # 无法调用
```

5.4.6 鸭子类型注解

对于鸭子类型（如序列、映射、可迭代对象）的注解，依然需要使用 typing 模块的相应对象：

```
from typing import Mapping, MutableMapping, Sequence, Iterable

# 可迭代对象
def f(ints: Iterable[int]) -> list[str]:
    return [str(x) for x in ints]

f(range(1, 3))  # ['1', '2']

# 映射类型
def f(my_mapping: Mapping[int, str]) -> list[int]:
    my_mapping[5] = 'maybe'
    return list(my_mapping.keys())

f({3: 'yes', 4: 'no'})  # [3, 4, 5]

# 可变映射
def f(my_mapping: MutableMapping[int, str]) -> set[str]:
    my_mapping[5] = 'maybe'
    return set(my_mapping.values())

f({3: 'yes', 4: 'no'})  # {'maybe', 'no', 'yes'}
```

5.4.7 小结

类型注解是 C、Java 等语言在语法中必写的，有了注解可以写出更加严谨的代码。Python 为了让语言更加灵活简单而没有强制要求编写类型注解，不过，现在越来越多的第三方库开发者都会编写类型注解，从而让使用者在 IDE 上获得更好的提示体验。

如果运行时想强制按类型注解验证代码，可以安装 mypy 库，用类似于 mypy test.py 的命令来执行代码。更多关于类型注解的内容可以访问 https://www.gairuo.com/p/python-type-annotations。

5.5 模块与库

Python 之所以非常强大，是因为它有许多功能丰富的内置库以及面向各个领域的第三方库，可以帮助我们解决几乎所有问题。

本节，我们将了解什么是模块与库，如何编写一个简单的库，如何安装、管理和使用第三方库。

5.5.1 什么是模块与库

库是指一个解决某个需求的代码集。库一般是相关领域的开发人员为解决实际业务问题编写的，由于具有通用性，就被抽象成完整的、体系化的解决方案。

库、包、模块是同一类概念，它们从不同层级来描述库的业务形态，就是别人造好的轮子，可以直接使用，当然用之前还要看看使用说明书。正是众多覆盖各个领域的库，让我们使用 Python 变得简单高效，不用关注技术细节。

比如，你要造一辆汽车，不用从头造起，可以找供应商提供轮子、发动机、玻璃、智能设备等，然后自己组装。这些供应商提供的商品就是库。

Python 内置了大量的通用问题解决方案，不过这些内置库偏底层，与实际需求相距较远。但正是这些丰富的库给我们编写程序带来了极大方便。

对于内置库，安装 Python 就可以直接使用（需要导入），不需要额外安装。Python 不同版本内置库的功能有一定差异。非 Python 官方开发的库需要安装，这些也有版本之分，不同的版本在功能上会有差异。第三方库可能依赖其他的第三方库，大多情况下，安装时会顺带安装必要的依赖第三方库。

我们也可以开发自己的第三方库，并在本地安装，还可以将它发布到公众平台上，供大家使用。

这些概念的区别如下。

- 模块：就是扩展名为 py 的文件，里面定义了一些函数和变量，需要的时候可以导入。
- 包：在模块之上的概念，为了方便管理而将文件进行打包。包目录下第一个文件便是 __init__.py，然后是一些模块文件和子目录。假如子目录中也有 __init__.py，那么它就是这个包的子包了。
- 库：具有相关功能模块的集合。Python 的一大特色是具有强大的标准库、第三方库及自定义模块。
  - 标准库：下载安装的 Python 里自带的模块。
  - 第三方库：由第三方机构发布的具有特定功能的模块。
  - 自定义模块：用户自己编写的模块。

这些概念实际上都是模块，只不过存在个体和集合的区别。

5.5.2 编写模块

对于日常经常用到的功能，可以编写一个模块在本地供调用，可以减少重复的工作。对于简单的模块，只要把它们放在一个 py 脚本里，然后按照文件路径来访问；对于复杂的模块，需要有效地将代码组织起来。

一般目录结构设计如下：

```
'''
demo.py
__init__.py
module_x.py
package
├── __init__.py
├── module_a.py
└── module_b.py
'''
```

在这个目录结构中，module_x.py 是一个模块，放在业务程序 demo.py（我们要使用库的脚本）的同目录下，package 是一个比较复杂的包，里边存有多个模块。每个 module 文件里可以写相应的函数、变量、类等逻辑代码供业务程序调用。

__init__.py 是一个内容为空的文件，当然里边也可编写导入时自动执行的逻辑代码。

在 demo.py 中调用时可以这么导入：

```
# 导入包中一个模块的对象
from package.module_a import m1
# 将包中整个模块的命名对象导入
from package import module_b
# 导入整个包
import package
# 导入一个模块
import module_x
```

我们写一个加减法的简单模块，供业务程序调用，业务逻辑文件和模块文件在同一个目录下：

```
demo.py  # 业务逻辑文件
cal.py  # 模块文件
```

cal.py 中的代码：

```
# cal.py

PI = 3.14  # 常量

# 加法
def add(x, y):
    return x+y

# 减法
def sub(x, y):
    return x-y
```

其中包含一个常量和两个函数，调用时可以导入整个模块或者只导入一个函数。以下是使用模块的代码示例：

```
import cal
from cal import sub

cal.PI  # 3.14

# 加
cal.add(1, 1)  # 2

# 减
cal.sub(2, 1)  # 1
```

以上是一个非常简单的例子，更加复杂的模块需要用我们之前学到的类来实现。

5.5.3 库的导入

无论内置库还是第三方库，使用方法都是一样的，即使用 import 语句导入，之后我们就可以使用它们的功能。

以下导入 Python 的内置数学库：

```
import math
```

它没有返回任何内容，就说明导入成功。导入第三方库也是同样的方法。还可以给库起别名，以简化代码中的使用：

```
import requests
import numpy as pd  # 可以起别名
```

有些别名是约定俗成的，比如 NumPy 的别名是 np。导入没有安装的第三方库会报以下错误，这时需要先安装再导入。

```
# ModuleNotFoundError: No module named 'requests'
```

导入多个库时，可以用逗号隔开：

```
import requests, math
import pandas as pd, math
```

不过不推荐采用这种方式，最好还是一个库单独写一行。如果一个包过大，功能过多，全部导入不利于使用，也有性能问题，我们可以导入库里的指定模块（名称），甚至一个函数或者变量：

```
# Python 内置的时间库 datetime 里有一个 datetime，一般我们只使用 datetime
from datetime import datetime
from datetime import datetime as dt
# 如果层级过多，把最终要导入的放在 import 后
from django.conf import settings
# 导入多个
from math import sin, cos
```

import 后边可以以元组的形式导入指定的多个方法，如：

```
from django.http import (
    Http404,
    HttpResponse,
    HttpResponsePermanentRedirect
)
```

如果在本地写了一个库包，文件路径又不在同目录或者邻近的目录，应该怎么导入它呢？需要先将指定文件放入环境变量再导入，如：

```
import sys
sys.path.append("../../lib")  # 相对路径
import mymodule  # 包文件名
```

Python 内置的 dir() 函数可以查看库有哪些功能函数。

5.5.4 库的常用属性

按照惯例，库一般可以使用以下属性和方法（因库而不同，有些功能没有）：

```
import requests
# 库的版本
requests.__version__
# '2.23.0'

# 文档说明
print(requests.__doc__)
# Requests is an HTTP library, written in Python, for human beings...

# 文件目录
import requests
requests.__file__
# '...py38data/lib/python3.8/site-packages/requests/__init__.py'

# 加载器对象
requests.__loader__
# <_frozen_importlib_external.SourceFileLoader at 0x7fb9b392b1c0>

# 库名称
requests.__name__
requests.__title__
# requests

# format_spec 格式数据
requests.__spec__
# ModuleSpec(name='requests', loader=<_frozen_importlib...

# 开源协议
requests.__license__
# 'Apache 2.0'

# 作者
requests.__author__
# 'Kenneth Reitz'
```

以上我们用知名的爬虫库 requests 为例查看了它的相关属性。不同的库还有一些其他的属性，可以用 dir() 函数查看。

5.5.5 __import__() 和 importlib

导入模块除了可以用 import 语句，还可以用 Python 内置的 __import__() 函数，不过它不怎么常用。该函数还用于动态加载类和函数，在使用的时候再导入，而不必一开始就导入。

__import__() 函数可以替代模块 importlib，虽然 importlib 模块是最佳选择，但你如果坚持要用这个内置的函数也可以。我们来导入 Python 标准库 os，方法如下：

```
os = __import__('os')
os
# <module 'os' from '/Users/.../lib/python3.10/os.py'>
```

如果要导入子包，要给 fromlist 参数传入一个非空的列表：

```
os = __import__('os.path')  # 不会导入子包
path = __import__('os.path', fromlist=[None])  # 可以支持子包
os.path
path  # 同上
# <module 'posixpath' from '/Users/.../python3.10/posixpath.py'>
```

内置模块 importlib 可以简化这个操作。如：

```
importlib = __import__('importlib')
path = importlib.import_module('os.path')
path
# <module 'posixpath' from '/Users/.../python3.10/posixpath.py'>
```

一般情况下我们只需要用 import 语句来导入包，在需要动态调用包的时候，可以使用 importlib 模块来导入。

5.5.6 第三方库管理

在第 1 章中我们就简单介绍了第三方库的安装、升级等内容。Python 的第三方库可以用 pip 命令进行安装和管理，操作起来十分方便，下面我们来介绍如何使用。

我们安装好 Python（Python 3.4 及以上版本）后，终端就支持 pip 命令了。pip 是首选的安装程序。可以使用以下命令查看是否支持 pip 命令，如果支持会显示帮助界面：

```
pip
# 也可以使用以下命令
python -m pip
```

有些情况下，安装多个 Python 版本通常会注册多版本 pip 命名，如 pip 和 pip3，要分清。以下是安装第三方库的标准命令：

```
pip install pandas
# 同时安装多个包
pip install pandas requests
```

由于 pip 官网访问慢，可指定国内源快速下载和安装，以下是清华大学的源：

```
pip install pandas matplotlib -i https://pypi.tuna.tsinghua.edu.cn/simple
```

如果安装过程中出现红色提示，安装停止，可能是因为网络超时，可重新输入安装命令并执行（或者按键盘向上键从历史命令中调出命令）。也可以试试其他源，如 https://pypi.douban.com/simple（豆瓣）、http://mirrors.aliyun.com/pypi/simple（阿里云）。

有时由于网络原因无法采用上述即时下载方式安装，可以在对应网站下载对应的 .whl 文件，然后用以下命令下载：

```
python -m pip install D:/some-dir/some-file.whl
pip install /some-dir/some-file.whl
```

.whl 文件可以在以下几个网站下载：

- pypi 库包网页，如 https://pypi.org/project/pandas/#files；
- https://www.lfd.uci.edu/~gohlke/pythonlibs；
- https://anaconda.org/multibuild-wheels-staging/repo。

安装库及其所有依赖库，如以下命令会安装 xlwings 及其依赖的所有第三方库：

```
pip install "xlwings[all]"
```

上述命令默认会安装当前最新的正式版本。但是，在我们安装后，可能有新的版本发布，我们就需要进行升级：

```
# 升级到最新版本
pip install pandas -U
# 安装指定版本
pip install pandas==1.3
```

如果需要卸载的话，可以使用 uninstall 命令：

```
pip uninstall Django
```

但是卸载时，不会卸载安装时自动安装的依赖包。

除了用 pip 命令安装外，我们也可以编写代码，让程序帮我们安装，以下是两个第三方包的安装函数：

```
import pip

def install(package):
    if hasattr(pip, 'main'):
        pip.main(['install', package])
    else:
        pip._internal.main(['install', package])

# 其他方法
import subprocess
import sys
```

```
def install(package):
    subprocess.check_call([sys.executable, "-m", "pip", "install", package])
```

调用 install('pandas') 即可开始下载并安装。

5.5.7 小结

对于较小的需求，我们可以在 JupyterLab 中写一个逻辑语句解决；再大一点的，有可能要写一个脚本文件来处理；更加复杂的，需要用类建模，将其组织和封装成一个模块甚至库包。

将代码封装为模块的好处是可以复用，使用者只需要简单调用即可实现自己的需求。本节主要介绍关于模块的编写，其中还涉及项目工程化的知识以及设计模式的进阶内容，可以专门进行学习。

5.6 本章小结

从流程控制语句到函数，再到类，再到模块和库包，Python 对代码进行层级式的封装。好的封装能让初学者以很低的成本使用千千万万的优秀函数库。Python 的最大优势是背后有解决几乎所有领域所有功能的“轮子”，当你遇到一个业务需求时，不必立即思考怎么写一个原生代码，而要先了解一下这方面有没有通用的 Python 解决方案。

在本章，我们介绍的是 Python 的高级封装技巧，这些方法和思想是通过编程解决问题的重要手段。

Chapter 6 第6章

常用内置库

Python 提供了强大的内置库，这些库覆盖编程中的方方面面。有人称 Python 的内置库为“内置电池”，正是这种机制让 Python 的应用变得十分广阔。

在本章，我们将介绍一些常用内置库，这些库可以帮助我们处理日常的编程操作，使代码更加简单、高效。

6.1 random 生成伪随机数

Python 标准库 random 实现了各种分布的伪随机数生成器。这些是伪随机数，意味着它们不是真正的随机数。随机数一般用于产生测试数据、生成编码、进行数学试验等场景。

由于在编写 Python 代码时会经常使用 random 模块，本节将专门介绍它。

6.1.1 随机生成一个数

random 模块的最简单用法是随机生成一个数字。你可以自己运行一下下面的代码，几乎可以肯定，你得到的数字会和这里生成的不一样。

```
import random

# 生成一个 [0.0, 1.0) 区间内的随机数
random.random()
# 0.17130951914885129

# 再生成一个
```

```
random.random()
# 0.42755956875773615
```

random.random() 生成的是一个 [0.0, 1.0) 区间内的随机数。如果想生成在一定范围内的数字，可以使用 random.randint()，它传入两个整数，生成一个在这两个数之间的数值。还可以用 random.randrange()：

```
random.randint(1, 5), random.randint(2, 6)
# (5, 2)

random.randrange(6), random.randrange(1, 5), random.randrange(1, 10, 2)
# (4, 1, 9)
```

randrange() 可以传入 1 ～ 3 个数字，逻辑如同从 range() 中选择一个。如果想从一个确定的序列里选择一个值，可以使用 random.choice(seq)：

```
items = [1, 'two', '3', '四', True]
# 随机一个
random.choice(items)
# 'two'
random.choice(items)
# '四'
```

要注意的是，传入的序列不能是空序列。uniform() 可以生成两个数之间的一个浮点数：

```
random.uniform(5, 9), random.uniform(0, 1)
# (6.7048394193039655, 0.5009797532371373)
```

以上代码分别生成了 5 ～ 9、0 ～ 1 之间的两个随机浮点数。

6.1.2　随机生成一个序列

有时需要生成一个序列，这有 choices() 和 sample() 两种方法。它们都从随机池中随机选择指定数量的值作为一个列表。例如：

```
items = [1, 'two', '3', '四', True]

random.choices(items, k=2)        # 随机两个
# [1, '四']
random.choices(items, k=3)        # 随机三个
# ['3', 1, 1]

random.sample(items, k=2)         # 随机两个
# [True, '3']
random.sample(items, k=3)         # 随机三个
# ['四', 'two', 1]
```

choices() 的随机值是可以重复的，而 sample() 的随机值不会重复，因此默认情况下，choices() 的 k 值可以大于随机池长度，而 sample() 的 k 值不能大于随机池长度。

choices() 还能为随机池中的每个元素指定权重，元素的权重越大，被选中的概率就越大。例如：

```
# 传入对应值的权重，权重的长度与随机池相同
random.choices(items, k=3, weights=[50, 20, 10, 10, 10])
# [1, 1, '3']
```

执行多次，你会发现序列的第一位 1 出现的概率最大。要想让 sample() 的 k 值大于随机池长度，就肯定会出现重复的值，这时就需要用类似 choices() 权重的 counts 参数来指定每个元素的重复次数。如：

```
random.sample(['red', 'blue'], counts=[4, 2], k=5)
# ['red', 'blue', 'blue', 'red', 'red']
# 相当于
# random.sample(['red', 'red', 'red', 'red', 'blue', 'blue'], k=5)
```

要让字典和集合参与到随机池中，必须先将其转换为元组和列表，最好是固定顺序，以使抽样可复现。

6.1.3 随机打乱顺序

如果已经有一个序列，期望将它随机打乱，可以使用 random 提供的 shuffle() 函数。如下将一个按值大小顺序排列的列表打乱：

```
items = [1, 2, 3, 4]
random.shuffle(items)
items
# [2, 3, 1, 4]
random.shuffle(items)
items
# [3, 1, 4, 2]
```

shuffle() 是一个原地操作，会直接修改原数据。

6.1.4 让结果复现

如果想重复过往结果，可以指定一个随机种子，系统下次会继续按相同的生成方法生成数据，从而让结果复现：

```
random.seed(666)
random.random()
# 0.45611964897696833
random.random()
# 0.9033231539802643

# 再用相同的种子生成
random.seed(666)
random.random()
```

```
# 0.45611964897696833
random.random()
# 0.9033231539802643
```

随机种子支持以上所有的随机生成方式。在执行生成时，需要连带随机种子设置一同执行才能得到相同结果。

6.1.5　小结

生成随机数很常用。标准库 random 还有一些函数，如 gauss()（高斯分布）、betavariate()（beta 分布）等，可以生成不同类型的分布数据，不过使用率都比较低，这种场景下往往会使用专业数学库 NumPy 的相关方法。

6.2　字符串操作

字符串是 Python 的基础数据类型，除了 str 类型的内置操作外，Python 内置了若干标准库针对字符串数据进行操作。

6.2.1　string 的常见字符串操作

Python 程序中处理得最多的数据就是文本，标准库 string 可以帮助你轻松完成高级文本处理。除了完成字符串的格式化，还可以使用 string.Template 来构建比 str 对象特性更丰富的字符串。

string 标准库提供一些常用的字符串，我们可以直接使用，而不用自己构造和定义这些字符串。这在生成随机码、格式验证等场景下非常好用。以下是一些常量：

```
import string

# 空格 - 包含所有 ASCII 空格的字符串
string.whitespace          # ' \t\n\r\v\f'
# ' \t\n\r\x0b\x0c'

# 包含所有 ASCII 字母的字符串
string.ascii_letters
# 'abcdefghijklmnopqrstuvwxyzABCDEFGHIJKLMNOPQRSTUVWXYZ'

# 包含所有 ASCII 小写字母的字符串
string.ascii_lowercase
# 'abcdefghijklmnopqrstuvwxyz'

# 包含所有 ASCII 大写字母的字符串
string.ascii_uppercase
# 'ABCDEFGHIJKLMNOPQRSTUVWXYZ'

# 包含所有 ASCII 十进制数字的字符串
```

```
string.digits  # '0123456789'

# 包含所有ASCII十六进制数字的字符串
string.hexdigits
# '0123456789abcdefABCDEF'

# 包含所有ASCII八进制数字的字符串
string.octdigits  # '01234567'

# 包含所有ASCII标点符号的字符串
string.punctuation
# '!"#$%&\'()*+,-./:;<=>?@[\\]^_`{|}~'

# 包含所有可打印的ASCII字符的字符串
# 即digits + ascii_letters + punctuation + whitespace
string.printable  # 注：为排版面换行
'''
'0123456789abcdefghijklmnopqrstuv
wxyzABCDEFGHIJKLMNOPQRSTUVW
XYZ!"#$%&\'()*+,-./:;<=>?@[\\]^_`{|}
~ \t\n\r\x0b\x0c'
'''
```

string.Template将一个字符串设置为模板，字符串中用$符作为占位和转义符号，再通过一个字典替换变量的方法，最终得到想要的字符串：

```
import string

template = '$who is $age years old.'
s = string.Template(template)
d = {'who': 'Amy', 'age': 7}

s.substitute(d)
s.substitute(who='Amy', age=7)  # 同上
# 'Amy is 7 years old.'
```

safe_substitute()可忽略不能匹配的错误：

```
template = '$who is $age years $old.'
s = string.Template(template)
d = {'who': 'Amy', 'age': 7}

# s.substitute(d)
# KeyError 'old'

s.safe_substitute(d)
# 'Amy is 7 years $old.'
```

默认的占位符号为$，$$为转义符号；它会被替换为单个的$。如果想修改定界符号，可以通过继承的方法重写delimiter的值：

```
class MyTemplate(string.Template):
    delimiter = '#'        # 修改为井号

s = MyTemplate('Hello #who')
s.substitute(who='World')
# 'Hello World'
```

使用这个方法，我们可以实现一个支持多语言的字符串输出功能。

6.2.2　base64 编解码

base64 是用 64 个字符来表示任意二进制数据的一种编码方法。Python 标准库 base64 提供了将二进制数据编码为可打印的 ASCII 字符，以及将这种编码格式再解码回二进制数据的函数。

base64 使用的 64 个字符一般是 26 个大写字母、26 个小写字母、10 个数字以及 + 和 /。二进制数据的文件（比如图像、音频视频等非文本信息的文件）在处理和传输到纯文本系统时很容易损坏，base64 编码将它们转换为 ASCII 字符的编码，从而提高了各种系统正确处理数据的可能性。

以下是一个最为简单的编码和解码过程：

```
import base64

# 编码
s = '你好，世界。'
# 一个 bytes-like 对象
encoder = base64.b64encode(s.encode("utf-8"))
encoder                         # byte 类型
# b'5L2g5aW977yM5LiW55WM44CC'

# 解码为 utf-8 编码字符串
str_encoder = encoder.decode('utf-8')
str_encoder                     # str 类型
# '5L2g5aW977yM5LiW55WM44CC'

# 解码
decoder = base64.b64decode(str_encoder)
decoder.decode('utf-8')
# '你好，世界。'
```

将文件编码成 base64：

```
import base64

with open('logo.jpg', 'rb') as binary_file:
    binary_file_data = binary_file.read()
    base64_encoded_data = base64.b64encode(binary_file_data)
    base64_message = base64_encoded_data.decode('utf-8')
```

```
    print(base64_message)        # 输出 base64 编码

# /9j/4QAYRXhpZgAASUkqAA...AAH//2Q== < 实际输出较长 >
```

还能把 base64 编码再转为文件：

```
import base64

base64_img = base64_message      # 上面代码生成的 base64 码

base64_img_bytes = base64_img.encode('utf-8')

with open('decoded_image.jpg', 'wb') as file_to_save:
    decoded_image_data = base64.decodebytes(base64_img_bytes)
    file_to_save.write(decoded_image_data)
```

在对二进制文件进行 base64 解码时，必须知道正在解码的数据类型。

6.2.3 JSON 编码和解码器

JSON（JavaScript Object Notation，JavaScript 对象表示法）是一种流行的数据格式，用于表示结构化数据，经常用于在服务器和 Web 应用程序之间传输和接收数据。

Python 的内置模块 json 提供了 Python 对象与 JSON 之间的互相转换方法。表 6-1 列出了 Python 对象和 JSON 对象的对应关系。

表 6-1　Python 对象和 JSON 对象的对应关系

Python 对象	JSON 对象	Python 对象	JSON 对象
dict	object	True	true
list, tuple	array	False	false
str	string	None	null
int, float	number		

JSON 在传输过程中是以字符串的形式进行的，将对象转化为对应的字符串叫序列化（serialize），将字符串转化为对应的对象称为反序列化（deserialize）。JSON 像多层嵌套字典一样保存键值形式的数据。

Python 中的 JSON 对象也是以字符串形式存在的，也会经常将 JSON 保存在文件中。以下是将 JSON 转为 Python 对象的方法：

```
import json

# JSON 字符串
person = '{"name": "tom", "course": ["English", "Math"]}'
# loads 载入字符串
person_dict = json.loads(person)
```

```
# 转为一个字典对象
person_dict
# {'name': 'tom', 'course': ['English', 'Math']}

person_dict['course']
# ['English', 'Math']
```

如果这个数据在文件中，可以先读取文件再将其转为 Python 对象：

```
'''
# person.json 文件中的内容
[{"name": "tom", "course": ["English", "Math"]},
{"name": "lily", "course": ["Chinese", "Math"]}]
'''

import json

with open('person.json') as f:
    data = json.load(f)

data # 是 Python 的列表
'''
[{'name': 'tom', 'course': ['English', 'Math']},
 {'name': 'lily', 'course': ['Chinese', 'Math']}]
'''
```

以上代码使用 open() 内置函数读取 JSON 文件后，使用 load() 方法解析该文件内的字符串，返回一个名为 data 的列表。列表中的每个元素是每个人的字典结构信息。

接下来我们看看如何将 Python 的对象转换为 JSON。将字典转换为 JSON 的字符串：

```
import json

person_dict = {'name': 'Tom', 'age': 12, 'course': ['English', 'Math'], 'adult': None}
person_json = json.dumps(person_dict)

person_json
# '{"name": "Tom", "age": 12, "course": ["English", "Math"], "adult": null}'
```

将这个 Python 对象转换为 JSON 再保存到文件中。

```
with open('person.txt', 'w') as f:
    json.dump(person_dict, f)
```

可以打开文件 person.txt 查看文件内容。这段代码以写入模式打开一个文件，赋值为 f，然后调用 json 的 dump() 方法将 Python 字典转为字符串并写入文件 f 里。如果这个文件不存在便创建它。

JSON 数据的嵌套比较多，查看不够直观，json.dumps() 支持传入一个 indent 参数及其值，以将 JSON 数据按照该参数值个空格进行层级缩进。例如：

```
import json

person_string = '''
[{"name": "tom", "course": ["English", "Math"]},
{"name": "lily", "course": ["Chinese", "Math"]}]
'''

# 获取字典
person_list = json.loads(person_string)

# 将JSON字符串漂亮地打印出来
print(json.dumps(person_list, indent=2, sort_keys=False))
'''
[
    {
        "name": "tom",
        "course": [
            "English",
            "Math"
        ]
    },
    {
        "name": "lily",
        "course": [
            "Chinese",
            "Math"
        ]
    }
]
'''
```

Python 程序在执行过程中会产生一些数据，如何将这些数据保存下来呢？用 JSON 序列化是一个可选方案。Python 还提供了 pickle 模块来对 Python 对象进行序列化和反序列化。

6.2.4 小结

本节介绍几个常用的内置库，其中 string 提供常用的字符串集和高级的模板功能，供我们日常直接使用，base64 可以将数据持久化，json 库可以为统一数据传输提供便利。

6.3 正则表达式操作

编程中有大量的业务场景需要对文本信息进行处理。之前我们介绍过字符串的查找、替换、改变大小写等，但这些操作只能完成简单的字符串处理工作，如果想要进行复杂的字符串处理，就要用到正则表达式。

本节将带大家入门正则表达式，并利用 Python 提供的正则表达式操作对字符串进行处理。

6.3.1 正则表达式

正则表达式（Regular Expression，在代码中常简写为 regex、regexp 或 RE），是一种规则的表达式，是用单个字符串来描述、匹配一系列符合某个规则的字符串。如果你会 SQL 的话，应该知道它在查询匹配字符串的时候可以用百分号（%）和下划线（_）作为通配符来占位，你可以将正则表达式看作通配符的升级版。

正则表达式是一种通用的字符串匹配规则表达式，语法比较复杂，理解起来有一定的难度，有时候给人感觉本身就像一种专门的编程语言。很多编程语言都支持正则表达式，很多文本编辑器也支持用正则表达式匹配查询、替换文本内容。正则表达式具有很好的通用性和强大的功能，要想高效处理文本内容，正则表达式是必学的内容。

正则表达式是由元字符与非元字符组成的。元字符表达一些逻辑规则，有特殊的含义，在正则表达式中并不代表它自己。比如加号（+）表示匹配 1 到无限个它前面的字符，如果想表示加号本身，就要在它前面加反斜杠（\）元字符进行转义，即 \+。

常用的元字符见表 6-2。

表 6-2 常用的正则表达式元字符

元字符	作 用
.	匹配任意单个字符（除换行符）
*	0 或者无限个之前的任意字符
+	1 或者无限个之前的任意字符
?	之前的字符可有可无
[] 和 [^]	字符集，前者表示匹配括号内的任意字符，后者表示不匹配
{n, m}	之前字符重复 n ～ m 个，{n} 表示正好有 n 个，{n,} 表示至少有 n 个
()	字符集，匹配与其中完全相同的字符
|	或运算，符号前后任意一个都可以匹配
\	转义符，匹配一些保留的元字符
^ 和 $	开始符和结束符

这些元字符可称为语句规则的关键字，它们和其他常规字符串组成完整的正则表达式。为了方便编写，正则表达式还提供一些简写的字符集表达法，通过转义一个正常的字母实现，其中 W、D 和 S 的大小写成对表示相反的字符。这些简写字符集中常用的如表 6-3 所示。

表 6-3 正则表达式的常用简写字符集

简写	作 用
\w 和 \W	匹配单个字母数字（包括下划线，同 [a-zA-Z0-9_]）和非字母数字（同 [^\w]）
\d 和 \D	匹配单个数字（包括下划线，同 [0-9]）和非数字（同 [^\d]）
\s 和 \S	匹配单个空白字符（包括下划线，同 [\t\n\f\r\p{Z}]）和非空白字符（同 [^\s]）
\b 和 \B	匹配一个字符的边界和非边界，如 'er\b' 匹配 'never' 中的 'er'，'er\B' 匹配 'verb' 中的 'er'
\n、\r 和 \t	分别匹配一个换行符、回车符、制表符

正则表达式在匹配时，从左往右按规则进行匹配。一次匹配完成后，会接着往右继续匹配，直到所有字符全部尝试完。正则表达式是区分大小写的，如表达式 'ab' 匹配 'aa**ab**cc**ab**aAbc' 中的粗体部分，从左往右匹配成功两次，最后三个字符中的 'Ab' 由于 'A' 是大写所以无法匹配。

更多关于正则表达式的介绍可以查看 Python 官网 re 模块的介绍页面 https://docs.python.org/zh-cn/3/library/re.html。另外，网上有非常多的正则表达式教程可以参考，还有很多可以在线测试正则表达式的网站，比如 https://regex101.com。

6.3.2 re 的函数

Python 标准库提供了几个有用的函数，这些函数通过正则表达式来解析字符串进行匹配。它们一般会传入一个正则表达式（pattern）和要匹配的字符串（string），其主要功能为提取、拆分、替换字符串。

re.findall(pattern, string) 将配置成功的内容以列表的形式返回，这也是最常用的函数。例如：

```
import re

pattern = r'[0-9]+'  # 正则表达式
string = 'a1b2c3 4'

# 提取出数字
re.findall(pattern, string)
# ['1', '2', '3', '4']
```

和 findall() 对应的有一个 finditer() 函数，它返回的是一个迭代器，这个迭代器的每个元素是一个 Match 对象（后面会介绍）。

re.split() 函数将匹配到的字符作为分隔点，返回一个被这些分隔点分隔后的列表，类似于字符串的 split() 方法。例如：

```
re.split(pattern, string)
# ['a', 'b', 'c', ' ', '']
```

re.sub(pattern, repl, string) 有 3 个参数，中间的 repl 的作用是将匹配到的字符替换并返回替换后的新字符串。还可以传一个 count 参数表示替换几次。例如：

```
import re

pattern = r'[0-9]+'  # 正则表达式
string = 'a1b2c3 4'

re.sub(pattern, '-', string)
# 'a-b-c- -'

re.sub(pattern, '-', string, count=2)  # 替换两次
```

```
# 'a-b-c3 4'

# repl 可以是一个可调用对象
re.sub(pattern, lambda x: x.group(0)*3, string)
# 'a111b222c333 444'
```

最后一个示例显示，repl 还可以是一个可调用对象，传递每个匹配的 Match 对象。以上代码将匹配到的字符重复三次并替换原来的字符串。

在 re.sub() 基础上，还有一个 re.subn() 函数，它返回的是一个含两个元素的元组，一个元素是替换后的字符串，另一个元素是匹配到的数量。

6.3.3 正则对象

正则对象，也称正则表达式对象。正则表达式经编译、翻译后即成为正则表达式对象。re.Pattern 是正则表达式对象，一般使用 re.compile(pattern, flags=0) 将字符串 pattern 编译为正则对象：

```
p = re.compile(r'(\D)(\D)(\D+)', flags=re.A)
p
# re.compile(r'(\D)(\D)(\D+)', re.IGNORECASE|re.UNICODE)
type(p)
# re.Pattern
```

函数中的 flags 参数可以传入一个或者多个（用 | 隔开）标志信息，用于扩展正则表达式的匹配功能。

正则对象提供了前文介绍的提取、拆分、替换字符串等方法，还提供了一些有用的属性：

```
# 创建正则对象
p = re.compile(r"(?P<letter>\D+)(?P<number>\d+)")

# 属性
p.groupindex  # 分组的索引
# mappingproxy({'letter': 1, 'number': 2})
p.groupindex['number']  # 2
p.groups  # 2 分组数
p.pattern  # 表达式字符串
# '(?P<letter>\\D+)(?P<number>\\d+)'
p.flags # 32 所有标记逻辑或的整数值，可以传给 compile() 的 flags 参数

# 返回匹配对象
p.match('abCd123e')
# <re.Match object; span=(0, 7), match='abCd123'>

# 检索到第一个匹配的位置
p.search('abCd123eF234ghe')
# <re.Match object; span=(0, 7), match='abCd123'>

# 全部匹配
```

```
p.findall('abCd123e')    # [('abCd', '123')]

# 迭代器
p.finditer('abCd123e')
# <callable_iterator at 0x7fb1a94829a0>

# 按表达式分组拆分
p.split('abCd123e')
# ['', 'abCd', '123', 'e']

# 替换
p.sub('0', 'abCd123e')   # '0e'
p.subn('0', 'abCd123e')  # ('0e', 1)

# 全部匹配，返回匹配对象
p.fullmatch('abCd123e')  # None
p.fullmatch('abCd123')   # <re.Match object ...>
```

正则对象的 match() 方法返回的是一个匹配对象，我们接下来介绍一下它。

6.3.4 匹配对象

用正则表达式匹配字符串，除了上面讲的正则对象调用 match() 和 search() 方法产生外，还有一个模块下顶层的 re.search() 函数，它会直接将匹配到的第一个结果以匹配对象的形式返回。

```
# 找到第一个匹配内容并返回 re.Match
re.search(r'\d+', 'a123bc45', flags=0)
# <re.Match object; span=(1, 4), match='123'>
```

匹配对象是正则匹配的结果，它提供了让我们了解匹配情况和提取匹配字符的相关功能。匹配对象支持逻辑值检测，可以用 if 等逻辑语句对它进行判断，为 True 时表示匹配成功。以下是匹配对象的属性和方法示例：

```
p = re.compile(r"(?P<letter>\D+)(?P<number>\d+)")
m = p.match('abCd123e')  # 生成一个匹配对象

m # <re.Match object; span=(0, 7), match='abCd123'>
bool(m)  # True 逻辑值检测

# 匹配内容的头尾位置
m.start()  # 0 未匹配则返回 -1
m.end()  # 7 未匹配则返回 -1

# 匹配时传入的两个参数值
m.pos  # 0
m.endpos  # 8

# 对template进行反斜杠转义替换并且返回
```

```
# m.expand(template=...)

# 返回一个或多个匹配的子组
m.group()          # 'abCd123'
m.group(0)         # 'abCd123'
m.group(1)         # 'abCd'
m.group(2)         # '123'
# m.group(3)       # indexError: no such group
m.group(1,2)       # ('abCd', '123')
m.group(0,2)       # ('abCd123', '123')
m.group('number') # '123'
m[2] # '123'

# 返回字典格式分组信息
# 支持 default 参数用于不参与匹配的组合
m.groupdict()      # {'letter': 'abCd', 'number': '123'}
# 最后一个匹配组名和索引值
m.lastgroup        # 'number'
m.lastindex        # 2
# 返回产生这个实例的正则对象
m.re               # re.compile(r'(?P<letter>\D+...)
# 匹配情况索引元组
m.regs
# ((0, 7), (0, 4), (4, 7))
# 匹配范围索引元组
m.span()           # (0, 7)
# 匹配字符串
m.string           # 'abCd123e'
```

匹配对象负责存储匹配结果，并将匹配结果的信息以多样的形式和数据结构输出。

6.3.5　小结

本节我们简单介绍了正则表达式的语法。正则表达式是一个相对复杂的字符规则表达体系，后面随着接触的使用场景增多，我们还需要再深入学习。

本节介绍了 Python 标准库 re 如何支持正则表达式，完成字符串的提取、查询、替换。首先 re 在顶层提供了几个函数来让我们快速使用，还提供了面向对象的正则对象和匹配对象，正则对象负责正则表达式的翻译，匹配对象负责匹配结果的存储和输出。

6.4　日期和时间

日期和时间是生活中最常见的事物，Python 的内置模块 datetime 提供了表示时间和日期的类。在支持日期、时间数学运算的同时，datetime 模块的关注点更着重于如何更有效地解析其属性，用于格式化输出和数据操作。

6.4.1 时间对象类型

datetime 模块支持的时间对象类型如表 6-4 所示，其中最重要也最常用的是 datetime，它表示一个现实中真实的日期和时间。date 和 time 仅表示时期或时间。日期是真实的日期，必须是现实中存在的，比如 2022 年 2 月 29 日不存在，就不能表示这个日期。时间则假定了理想的一天时间，因为现实中可能一天有闰秒，它假定没有闰秒。

表 6-4 datetime 模块支持的时间对象类型

表达式	操作及作用
date	简单型日期，以公历为原型，属性有 year、month、day
time	理想的一天时间，假设每天有 246 060 秒，无闰秒。属性有 hour、minute、second、microsecond 和 tzinfo 等
datetime	日期和时间的结合，属性有 year、month、day、hour、minute、second、microsecond、tzinfo
timedelta	两个时间或者日期的间隔时间，精确到微秒
tzinfo	描述时区信息对象的抽象基类，处理时区及夏令时等问题
timezone	实现了 tzinfo 抽象基类的子类，用于表示相对于世界标准时间（UTC）的偏移

这些类型之间存在一定的继承关系，具体如下：

```
object
    time
    timedelta
    date
        datetime
    tzinfo
        timezone
```

类型 timedelta 表示一个精确的时长，可以由两个以上时间相减得来。一个时间增加和减少 timedelta，也能得到一个精确的时间。

tzinfo 和 timezone 表示时区相关的内容，为一个没有时区的时间确定时区，或者将一个时区的时间转换为另一个时区的时间，都会用到它们。时间可分为感知型（aware）和简单型（naive），简单型就是没有时区信息的时间类型，感知型会根据一些信息做出判断并给定时区，一般和你的电脑系统设置等信息相关。

另外，我们要知道计算机存储时间由于各级单位的进制不同，它会统一转为一个十进制的数字，也就是时间戳（timestamp）来表示。Unix 时间戳是从 1970 年 1 月 1 日 0 点（UTC/GMT）开始所经过的秒数，因此我们现在用到的时间一般是一个非常大的整型。

接下来看看如何用这些类型构造实例以及这些实例有哪些属性。

6.4.2 date 日期对象

类型 date 是与现实一一对应的日期，可以认为和我们所使用的公历一样，它可表示的范围从公元1年到公元9999年，这两个值分别由模块的常量datetime.MINYEAR和datetime.MAXYEAR所定义。

我们来构造一个日期。一般使用datetime模块时要导入指定的类：

```
from datetime import date

# 创建方法，所有参数都是必要的且要在要求的范围内
date(2022, 6, 1)
# datetime.date(2022, 6, 1)

# 不存在的日期
date(2022, 2, 29)
# ValueError: day is out of range for month
```

分别按位置传入年月日的整型数字，对于不存在的日期会判断哪个数字不在范围内。由于是真实的日期，因此很显然，年份要在datetime.MINYEAR和datetime.MAXYEAR之间，月份取1～12，日取对应年月的可传入日期，总体在1～31。

这个类提供了一些类方法，主要是将一些数字、字符串构造为日期类型。代码示例如下：

```
from datetime import date

date.today() # 当天日期
# datetime.date(2021, 11, 29)

# 转换自时间戳，忽略闰秒
date.fromtimestamp(1606639383)
# datetime.date(2020, 11, 29)

# 格列高利历序号的日期，其中公元1年1月1日的序号为1
date.fromordinal(2020)
# datetime.date(6, 7, 13)

# 根据标准字符串返回日期类型
date.fromisoformat('2019-11-12')
# datetime.date(2019, 11, 12)
# 逆操作
date.isoformat(date(2019, 11, 12))
# '2019-11-12'

# 指定年第几周（第一周是完整周）内的第几天是哪天
date.fromisocalendar(2021, 1, 3)
# datetime.date(2021, 1, 6)
# 逆操作
date.isocalendar(date(2021, 1, 6))
# datetime.IsoCalendarDate(year=2021, week=1, weekday=3)
```

实例有3个重要属性，即取年月日数字：

```
# 创建实例
d = date(2020, 11, 12)
d # datetime.date(2020, 11, 12)

# 日期的年月日数字
d.year, d.month, d.day
# (2020, 11, 12)
```

以下是一些实例方法的代码示例：

```
# ctime()风格字符
d.ctime()  # 'Tue Nov 12 00:00:00 2020'
# 日历元组
d.isocalendar()  # (2020, 46, 4)
# 标准字符格式
d.isoformat()  # '2020-11-12'
# 周几
d.isoweekday()  # 4周四
d.weekday()  # 3从0开始的周序号

# 替换年月日，这里为月份
d.replace(month=10)  # datetime.date(2020, 10, 12)

# 格式化为字符串
d.strftime('%Y年%m月%d')  # '2020年11月12'

# 返回一个time.struct_time，见time对象介绍
d.timetuple()
# time.struct_time(tm_year=2020, ..., tm_min=0,
# tm_sec=0, tm_wday=3, tm_yday=317, tm_isdst=-1)

# 格列高利历序号
d.toordinal()  # 737741
```

日期都有一个strftime()方法，该方法将时间转为我们易读的字符串，用%号加占位的形式来表示时间元素，后文会介绍。

datetime由于是date子类，也支持以上这些方法。

6.4.3 time时间对象

一个time对象代表某日的（本地）时间，它独立于任何特定日期，并可通过tzinfo对象来调整为可感知的时间类型。

它的相关属性和方法代码如下：

```
from datetime import time
from datetime import timezone

# 标准格式字符串转时间类型
time.fromisoformat('14:15:16')
```

```
# datetime.time(14, 15, 16)

# 实例化一个对象
t = time(hour=12, minute=13, second=14,
         microsecond=15, tzinfo=timezone.utc, fold=0)
t # datetime.time(12, 13, 14, 15, tzinfo=datetime.timezone.utc)


# 取时、分、秒、毫秒数字
t.hour, t.minute, t.second, t.microsecond  # (12, 13, 14, 15)
# 时区
t.tzinfo  # datetime.timezone.utc
# 边界时间，0 早于此时间，用于在重复的时间段中消除边界时间歧义
t.fold  # 0

## 实例方法

# 替换指定时间单位
t.replace(hour=10)
# datetime.time(10, 13, 14, 15, tzinfo=...utc, fold=1)

# 标准时间字符串
t.isoformat()  # 同 t.__str__()
# '12:13:14.000015+00:00'
# 截止指定单位，无效单位 ValueError
t.isoformat(timespec='minutes')
# '12:13+00:00'

# 格式化为字符串
t.strftime('%H 时 %M 分 %S 秒 ')  # '12 时 13 分 14 秒 '
t.__format__('%H 时 %M 分 %S 秒 ')  # 同上

# 与 UTC 的时差，偏移
t.utcoffset()  # datetime.timedelta(0)
# 时区名称
t.tzname()  # 'UTC'
# 夏令时(DST)：无
t.dst()  # None
```

和 date 一样，构造时、分、秒参数也受一些取值范围的约束。

6.4.4　datetime 日期时间对象

datetime 是一个完备的时间表示方式，除了年、月、日，还包含时、分、秒、毫秒的信息，可以认为 datetime 对象是由 date 对象和 time 对象组合而成、包含它们所有信息的单一对象。date 对象和 time 对象有的属性它一般都有，这里不再一一介绍。

以下是一些构造 datetime 对象的方法：

```
from datetime import datetime
```

```
# 当前时间
datetime.today()
# datetime.datetime(2020, 11, 29, ..., 77277)

import time

datetime.fromtimestamp(time.time())  # 同上
datetime.now(tz=None)  # 同上，但可以传时间

# 当前的UTC时间，时区为None
datetime.utcnow()
# datetime.datetime(2020, 11, 29,..., 561958)

# 建议创建感知型当前时间
datetime.now(timezone.utc)

# 通过时间戳返回datetime
datetime.fromtimestamp(1606650705, tz=None)
# datetime.datetime(2020, 11, 29, 19, 51, 45)
# 假定时间戳时间为UTC时间
datetime.utcfromtimestamp(1606650705)
# datetime.datetime(2020, 11, 29, 11, 51, 45)

# 日期和时间拼合成一个datetime
from datetime import date, time, datetime
datetime.combine(date(2020, 11, 12), time(13, 14, 15), tzinfo=None)
# datetime.datetime(2020, 11, 12, 13, 14, 15)

# 从标准格式字符串转为datetime
datetime.fromisoformat('2020-11-12 13:14:15')
# datetime.datetime(2020, 11, 12, 13, 14, 15)
# 带时区的
datetime.fromisoformat('2020-11-12T04:05:06+04:00')
# datetime.datetime(2020, 11, 12, 4, 5, 6,
# tzinfo=datetime.timezone(datetime.timedelta(seconds=14400)))

# 已知格式从字符中解析出时间
datetime.strptime('2020年11月12的13点', '%Y年%m月%d的%H点')
# datetime.datetime(2020, 11, 12, 13, 0)
```

实例的方法如下：

```
from datetime import datetime

t = datetime(2020, 11, 29, 12, 12, 46)
# 部分时间
t.date()  # date类型及部分
# datetime.date(2020, 11, 29)
t.time()  # time类型及部分
# datetime.time(12, 12, 46, 88702)
```

```
# 替换指定单位, datetime 构造方法中的都可替换, 如时区
t.replace(year=2021, day=10)
# datetime.datetime(2021, 11, 10, 12, 12, 46)

# 转换时区
t.astimezone(timezone.utc)
# datetime.datetime(2020, 11, 29, 4, 12, 46, tzinfo=datetime.timezone.utc)

# 和 UTC 的时差
t.astimezone(timezone.utc).utcoffset()
# datetime.timedelta(0)

# 夏令时
t.dst()  # None
# 时区名称
t.astimezone(timezone.utc).tzname()
# 'UTC'

# 返回 struct_time, 可迭代
t.timetuple()
# time.struct_time(tm_year=2020, tm_mon=11,
# tm_mday=29, tm_hour=12, tm_min=12, tm_sec=46,
# tm_wday=6, tm_yday=334, tm_isdst=-1)
[i for i in t.timetuple()]
# [2020, 11, 29, 12, 12, 46, 6, 334, -1]
t.utctimetuple()  # tm_isdst 会强制设为 0

# 返回时间戳
t.timestamp()  # 1606623166.0

# 整数代表周几, 0 是周一
t.weekday()  # 6 周日
# 整数代表周几, 1 是周一
t.isoweekday()  # 7 周日

# 返回标准格式
t.isoformat()
# '2020-11-29T12:12:46.088702'
t.isoformat('B')
# '2020-11-29B12:12:46.088702'
t.isoformat('T', 'hours')  # '2020-11-29T12'

# ctime 风格字符
t.ctime()
# 'Sun Nov 29 12:12:46 2020'

t.strftime('%Y 年 %M 月 %d 日 %H:%M:%S')
# '2020 年 12 月 29 日 12:12:46'
```

之前提到，datetime 是 date 子类，因而支持 date 的各种操作方法，这里不再介绍。

6.4.5 timedelta 间隔时间对象

timedelta 对象表示两个 date 或 datetime 之间的时间间隔，也能表示 time 之间的时间间隔。两个时间相减可以得到一个 timedelta，一个时间加减 timedelta 可以得到另一个时间。timedelta 和 timedelta 之间也可以相加、相减、相乘、取反等。timedelta 支持大量的数学运算，可以有负值。

构造一个间隔时间：

```
from datetime import timedelta

td1 = timedelta(days=1)
td2 = timedelta(days=2)
td1
# datetime.timedelta(days=1)

# 获取天、秒、微秒、总秒数
td1.days, td1.seconds, td1.microseconds, td1.total_seconds()
```

接下来我们看看它与其他时间的计算：

```
from datetime import datetime, date, time, timedelta

# 两个日期时间相减
datetime(2020, 11, 12, 13, 14) - datetime(2020, 12, 12, 13, 14)
# datetime.timedelta(days=-30)

# 与日期时间相加、相减
t = datetime(2020, 11, 12, 13, 14)
t + td1  # datetime.datetime(2020, 11, 13, 13, 14)
t - td2  # datetime.datetime(2020, 11, 10, 13, 14)

# 与日期相加
d = date(2020, 11, 12)  # datetime.date(2020, 11, 12)
d + td2  # datetime.date(2020, 11, 14)
```

间隔时间和间隔时间之间的运算：

```
td1 + td2  # datetime.timedelta(days=3)
td1 - td2  # datetime.timedelta(days=-1)
td2 * 3  # datetime.timedelta(days=6)
td2 * 0.5  # datetime.timedelta(days=1)
td2 / 2  # datetime.timedelta(days=1)
-td2  # datetime.timedelta(days=-2)
abs(-td2)  # datetime.timedelta(days=2)
str(td2)  # '2 days, 0:00:00'
```

6.4.6 timezone 时区

timezone 类继承自表示时区信息的抽象基类 tzinfo，它们的每个实例都是由与 UTC 的固定偏移量定义的。我们构造一个北京时间的时区：

```
from datetime import timezone, timedelta, datetime

offset = timedelta(hours=8)
bjtz = timezone(offset, name='北京时间')

t = datetime.now(tz=timezone.utc)

t #UTC 时间
# datetime.datetime(2020, 11, 29, 13, 50, 35, 13639,
# tzinfo=datetime.timezone.utc)
bj_t = t.astimezone(tz=bjtz) # 转为北京时间
bj_t
# datetime.datetime(2020, 11, 29, 21, 50, 35, 13639,
# tzinfo=datetime.timezone(datetime.timedelta(seconds=28800), '北京时间'))
bj_t.tzname()
# '北京时间'
```

关于时区的操作非常复杂，因为现实时区的划分存在很多人为因素，因此出现了许多管理时区的库和模块。Python 的新模块 zoneinfo 提供了对时区数据库的支持，如有需要可以自行了解。另外，实践中也经常用第三方库 dateutil 解决时区的问题。

6.4.7　strftime() 和 strptime()

时间是一种特殊的数据类型，我们经常要将时间在便于计算的格式与易于阅读的格式之间进行转换。时间相关对象的 strftime() 和 strptime() 都是时间对象和时间字符串之间的转换操作，区别是 strftime() 将时间对象转为时间字符串，strptime() 将时间字符串转为 datetime 对象。可以这么分辨和记忆：字母 f 代表 format，即将时间对象格式化为时间字符串；字母 p 代表 parse，即将时间字符串解析为时间对象。

以下是它们的转换示例：

```
from datetime import datetime

# 转为字符
time = datetime.now()
time.strftime('%Y-%m-%d')
# '2021-01-28'

# 转为时间
from datetime import datetime

datetime.strptime('2021-01-28', '%Y-%m-%d')
# datetime.datetime(2021, 1, 28, 0, 0)
```

转换过程中，% 是用来创建由一个显式格式字符串所控制的表示时间的字符串，它们几乎在所有的开发语言和平台中通用。可以通过 https://www.gairuo.com/p/python-strftimecheatsheet 查看相应的规则。

6.4.8 小结

时间是一种特殊的数据类型，是日常生活中必不可少的。Python 内置的 datetime 库提供了完整的日期、时间、时间日期数据类型和相应的操作，这些都是我们需要掌握的内容。

另外，Python 的内置库 time 提供了和操作系统相关的时间函数，zoneinfo 提供了基于 IANA 时区数据库的时区实现。

6.5 枚举类型

计算机在存储内容时，一般不会存储大量重复类型数据的具体值，而是通过一定的算法对数据进行压缩。比如 1 代表男，0 代表女。这样的好处是可以节省空间，用 0 和 1 参与计算，编码和对外显示仍然是男和女。我们在写代码时也会遇到大量重复的固定值，这些值用于表示对象的状态、特征（如性别），一般数量较少，我们称之为枚举。

Python 的内置标准库 enum 提供了对枚举类型的支持，枚举以常量的形式定义，枚举元素具有不可变的特性。

6.5.1 枚举简介

在开发中，有时所描述事物的取值只有几个确定的固定值，这些值可以一一列举出来，这样能被一一列举出来并在后续被频繁使用的类型就叫作枚举类型，比如一个星期的 7 天（星期几）、一年的四季、键盘上的键、一个公司里的岗位名称等。对于这些值往往会用一个个的数字来代替，但为了编写和阅读代码方便，编程中引入了枚举类型。

枚举一般有以下特点：

- 一个枚举成员包含名称（name）和枚举值（value）两个属性，编码时使用的是名称；
- 枚举值不能修改，因此它们都是常量，命名时全为大写，修改时会抛出 AttributeError 错误；
- 两个枚举值一定是不同的，即使它们的枚举值相同，在比较操作时也是不相等的；
- 枚举的名称不能重复，重复则会发生覆盖，后面的相当于前面的别名。

在有枚举类型之前，我们这样写根据四季进行逻辑判断的代码：

```
def print_season(season_code):
    if season_code == 1:
        print('春天')
    elif season_code == 2:
        print('夏天')
    elif season_code == 3:
        print('秋天')
```

```
    else:
        print('冬天')

print_season(2) # 夏天
print_season(3) # 秋天
```

这段代码用数字代表季节，可读性不强，在编码时也容易出错。接下来我们使用 Python 的内置库 enum 构造一个枚举类型来改进这段代码。

6.5.2　创建一个枚举类

使用 enum 模块创建一个枚举类，一般继承 Enum 类就可以了。我们将之前的代码改为 Enum 类型：

```
from enum import Enum

class Season(Enum):
    SPRING = 1
    SUMMER = 2
    AUTUMN = 3
    WINTER = 4


def print_season(season_code):
    if season_code == Season.SPRING.value:
        print('春天')
    elif season_code == Season.SUMMER.value:
        print('夏天')
    elif season_code == Season.AUTUMN.value:
        print('秋天')
    else:
        print('冬天')

print_season(2) # 夏天
print_season(3) # 秋天
```

这样代码看起来更加清晰，通过枚举类的常量属性名称来使用也非常方便。枚举类创建后，不允许修改，我们测试一下：

```
Season.SPRING = 0
Season.SPRING.value = 0
Season.AUTUMN.name = 'Fall'
# AttributeError: Cannot reassign members.
```

枚举成员以及它们的名称、值都无法修改，这样就保证了不会出现修改枚举值带来的问题。

Enum 定义了类似于 namedtuple 的接口，也是一个可调用对象，第一个参数是枚举的名称，第二个参数用于给出枚举的成员。成员支持多种形式的数据，代码示例如下：

```
# 默认枚举值从 1 开始
Season = Enum('Season', 'SPRING SUMMER AUTUMN WINTER')
Season = Enum('Season', 'SPRING, SUMMER, AUTUMN, WINTER')
Season = Enum('Season', 'SPRING, SUMMER, AUTUMN, WINTER')
Season = Enum('Season', ['SPRING', 'SUMMER', 'AUTUMN', 'WINTER'])
Season = Enum('Season', ('SPRING', 'SUMMER', 'AUTUMN', 'WINTER'))
# 指定枚举值开始值 11
Season = Enum('Season', ('SPRING', 'SUMMER', 'AUTUMN', 'WINTER'), start=11)
# 指定枚举值
Season = Enum('Season', [('SPRING', 1), ('SUMMER', 4), ('AUTUMN', 7),
    ('WINTER', 10)])
Season = Enum('Season', {'SPRING': 1, 'SUMMER': 4, 'AUTUMN': 7, 'WINTER': 10})
```

这就大大降低了定义枚举类型的成本。

6.5.3 枚举对象的属性和操作

我们再来看一下枚举对象的属性和操作。Enum 定义了多个枚举成员，每个枚举成员都有一个名称和值的属性：

```
Season = Enum('Season',
              {'SPRING': 1, 'SUMMER': 4, 'AUTUMN': 7, 'WINTER': 10})

# 查看类型
type(Season), type(Season.SPRING)
# (enum.EnumMeta, <enum 'Season'>)

Season.SPRING
# <Season.SPRING: 1>

Season.SPRING.name          # 枚举名
# 'SPRING'
Season.SPRING.value         # 枚举值
# 1
```

枚举成员及其属性可以通过枚举值、枚举名来访问：

```
Season(1), Season['AUTUMN']
# (<Season.SPRING: 1>, <Season.AUTUMN: 7>)

winter = Season['WINTER']
winter.name, winter.value
# ('WINTER', 10)
```

以下是迭代操作：

```
list(Season)                # 转为列表
'''
[<Season.SPRING: 1>,
 <Season.SUMMER: 4>,
 <Season.AUTUMN: 7>,
```

```
 <Season.WINTER: 10>]
'''

# 遍历枚举
for e in Season:
    print(e, e.name, e.value)

'''
Season.SPRING SPRING 1
Season.SUMMER SUMMER 4
Season.AUTUMN AUTUMN 7
Season.WINTER WINTER 10
'''

# 特殊属性__members__是一个从名称到成员的只读有序映射
# 它包含枚举中定义的所有名称，包括别名
for name, member in Season.__members__.items():
    print(name, ':', member, ',', member.value)

'''
SPRING : Season.SPRING , 1
SUMMER : Season.SUMMER , 4
AUTUMN : Season.AUTUMN , 7
WINTER : Season.WINTER , 10
'''
```

这些操作一般用于不知道枚举的确切值时。

6.5.4 枚举的比较

枚举成员之间可以按标识符进行比较，但是不能比较大小，枚举只有自己和自己是相等的，成员与成员、值与值都是不相等的。以下是一些代码测试：

```
# 成员比较
Season.SPRING is Season.SPRING
# True
Season.SPRING is Season.SUMMER
# False
Season.SPRING is not Season.SUMMER
# True

# 排序比较
Season.SPRING < Season.SUMMER
# TypeError: '<' not supported between instances of 'Season' and 'Season'

# 相等比较
Season.SPRING == Season.SPRING
# True
Season.SPRING != Season.SUMMER
# True
```

```
Season.SPRING == Season.SUMMER
# False

# 成员与值比较
Season.SPRING == 1  # False
Season.SPRING == 'SPRING'  # False

# 成员值与值比较
Season.SPRING.value == 1  # True
Season.SPRING.name == 'SPRING'  # True
```

这些特性的设计与枚举的设计初衷是一致的，方便了我们对枚举的引用。

6.5.5 枚举值的唯一性

默认情况下，一个枚举值可以赋给不同的枚举名，重复的值会被当成别名。有时需要严格限制枚举值，不能让它们重复，这有两种办法。

第一种办法是使用装饰器 @enum.unique 对继承的类进行限制，如果遇到相同的枚举值，会抛出 ValueError 错误并告知重复的细节。我们做一下测试：

```
from enum import Enum, unique

# @unique 装饰器保证没有重复值
@unique
class Season(Enum):
    Spring = 1  # 自己设置枚举值
    Summer = 1
    Autumn = 7
    Winter = 10

# 报错
# ValueError: duplicate values found in <enum 'Season'>: Summer -> Spring
```

将 Spring 和 Summer 的枚举值都设置为 1 会抛出错误，而如果不加装饰器这个设置是可以成功的。

第二种办法是，不自己设置枚举值，而让系统自动设置，这样就避免了重复的情况。我们在编程过程中一直使用的是枚举成员而不是枚举值。代码如下：

```
from enum import Enum, auto

class Season(Enum):
    Spring = auto()
    Summer = auto()
    Autumn = auto()
    Winter = auto()

# 迭代解包查看成员
```

```
[*Season]
'''
[<Season.Spring: 1>,
 <Season.Summer: 2>,
 <Season.Autumn: 3>,
 <Season.Winter: 4>]
'''
```

以上代码委托模块提供的 auto() 函数自动产生枚举值。查看枚举成员可知，自动给出的枚举值是从 1 开始的。

最后要说明的是，两个枚举成员可以用相同的值，但枚举成员的名称是不能相同的。以上例子中，枚举值一直使用的是数字，但其实枚举值还可以是字符等类型的数据，不过一般不建议。

6.5.6　小结

Python 的内置模块 enum 提供的枚举解决方案可以让我们在编程过程中将状态、分类、特征等数据进行封装，从而提高这些内容的一致性，减少代码错误，提升代码的可读性，大大减少逻辑出错的风险，并且能让我们的代码看起来更专业。

6.6　本章小结

本章介绍的 Python 内置库主要围绕着随机数据生成、字符数据处理、日期和时间等内容，这些是编程中经常遇到的问题。Python 的内置库是官方精心设计的，采用了最优的算法，有的库是用 C 语言编写的，有着很强的性能。熟练掌握 Python 的内置库是高效编程的基础。

Python 自带了近 300 个内置库，等待着我们去探索和发现，本章介绍的仅仅是“冰山一角”。

Chapter 7 第 7 章

数据科学

随着大数据和人工智能的发展，出现了一轮又一轮的数字化浪潮，特别是在金融、互联网、零售、医疗、汽车等行业，相关技术得到了深入的应用。在此背景下，一些专门从事数据与智能的工作岗位应运而生，各大高校纷纷开设数据科学专业。

Python 由于简单易学、数据科学生态丰富完善，成为众多数据从业者的首选语言。当然，对于对数据有依赖的一般人群，Python 也可以发挥重要作用，可以帮助他们做数据的提取、整理、统计分析和自动化。

本章将介绍 Python 数据生态中的一些典型应用场景和工具，如提供底层数据结构和计算的 NumPy、面向业务进行数据处理和分析的 pandas 以及一些常用的可视化第三方库等，这些工具基本都是解决数据问题必须掌握的。

7.1 NumPy

NumPy 是 Python 数据科学领域的一个核心模块，它有两个优势：一是提供了向量化数组，可支持矩阵计算；二是它的底层是用 C 语言开发的，执行速度快。对于向量化数组我们也可以用 Python 的内置列表来完成，但操作过于复杂，同时速度太慢。对于速度的需求是因为数据科学中经常会有大量的数据计算。

NumPy 为 pandas、SciPy、Matplotlib 数据科学库以及 PyTorch、TensorFlow、Keras 等众多机器学习库提供了底层的数据结构。

本节将介绍 NumPy 的一些基础功能，在后面将介绍的其他库会用到这些功能。在使用 NumPy 前需要先用 pip install numpy 命令来安装它。

7.1.1　数据结构

NumPy 提供的核心数据类型是 ndarray，从数据维度的视角看，ndarray 可以提供 0 维（标量）、一维（序列或者一维向量）、二维（二维矩阵或者二维向量）、三维、四维以及更高维度的数组。接下来，我们从 0 维开始分别构造几个 ndarray。用 ndim 属性可以查看它们的维度。

```
import numpy as np
a = np.array(1)  # 标量

a
# array(1)
a.ndim  # 维度
# 0

b = np.array([1, 2, 3])
b
# array([1, 2, 3])
b.ndim
# 1

c = np.array([(1, 2, 3), (3, 4, 5), (7, 8, 9)])
c
'''
array([[1, 2, 3],
       [3, 4, 5],
       [7, 8, 9]])
'''

c.ndim
# 2

# 它们都是 ndarray 类型
type(a), type(b), type(c)
# (numpy.ndarray, numpy.ndarray, numpy.ndarray)
```

三维及以上维度的数据也是一样的，只不过有些类似于列表的更多嵌套。在数据处理时，我们一般倾向于将数据转为二维。ndarray 调试时输出由 array() 括在里边的数据，有时也简称 array 类型或者 NumPy 数组（以下简称数组）。

数组的选取和 Python 的序列一样，也支持索引和切片，例如：

```
c
'''
array([[1, 2, 3],
       [3, 4, 5],
       [7, 8, 9]])
'''
```

```
c[1], c[-1]
# (array([3, 4, 5]), array([7, 8, 9]))
c[1:]
'''
array([[3, 4, 5],
       [7, 8, 9]])
'''
c[1:][1]
# array([7, 8, 9])
```

作为一个数据类型，ndarray 有一些常用属性，如表 7-1 所示。

表 7-1　ndarray 的常用属性

信息	名　称	说　明
维数	np.ndim	数组的轴（维）数
形状	np.shape	数组尺寸、规格，一个整数元组，表示每个维度中数组的大小，形状的元素个数与维数相同
大小	np.size	数组元素的总数
类型	np.dtype	描述数组中元素的类型

我们测试一下这些属性：

```
arr = np.array([(1, 2), (3, 4)])
arr
'''
array([[1, 2],
       [3, 4]])
'''

arr.ndim  # 2 维数
arr.shape # (2, 2) 形状
arr.size  # 4 大小
arr.dtype # dtype('int64') 类型
```

其中 dtype 属性是数组的数据类型。NumPy 有着丰富且复杂的数据类型系统，每个 ndarray 甚至其中的每一列都可以有比较精确的类型，这样可以提高数据的存储和计算效率，并且不同的类型支持不同的方法和操作。接下来我们介绍一下这些类型。

7.1.2 数据类型

NumPy 的数据是同构的，由 numpy.dtype 类的实例来描述数据类型，除了常用的数字系列类型外，NumPy 提供了丰富的其他数据类型供我们选择。一个类型对象可以包含：数据的类型，如整数、字符串、Python 对象等；数据的大小，如整数的位数、字符串中的字符数；字节的顺序，如小端模式或大端模式（大端模式是指数据的低位保存在内存的高地址

中，而数据的高位保存在内存的低地址中，小端反之）。

定义一个类型对象可以用以下方法：

```
# 使用数组类型标量
np.dtype(np.int16)  # dtype('int16')  16 位整型
np.dtype(np.datetime64)  # dtype('<M8') 时间类型

# 类型字符串
np.dtype('float64')  # dtype('float64') 64 位浮点数
np.dtype('>H')  # dtype('>u2') 大端无符号短整型

# Python 内置类型名称
np.dtype(str)  # dtype('<U') 小端 Unicode 字符串
np.dtype(object)  # dtype('O') Python 对象

# 带形状
np.dtype((np.int32, (2, 2)))  # 2 x 2 整数子阵列
```

为了方便编写代码，每个 NumPy 数据类型都有一个唯一定义它的字符代码，如表 7-2 所示。建议使用传入字符代码的方式来构建数据类型。

表 7-2　NumPy 数据类型字符代码

字符	说　明	字符	说　明
?	布尔型	c	复数浮点型
b	（有符号）字节	m	timedelta（时间差）
B	无符号字节	M	datetime（日期时间）
i	（有符号）整型	O	Python 对象
u	无符号整型	U	Unicode 字符串
f	浮点型	V	原始数据（void）

在构造数据时，只要将类型对象传入 dtype 参数或者直接写字符代码组合即可：

```
# 以下代码效果相同
arr = np.array([1, 2, 3], dtype=np.dtype(np.int16))
arr = np.array([1, 2, 3], dtype=np.int16)
arr = np.array([1, 2, 3], dtype='int16')
arr = np.array([1, 2, 3], dtype='i2')

arr
# array([1, 2, 3], dtype=int16)
```

NumPy 还支持结构化数据类型，比如包含 16 个字符串（在 name 字段中）和两个 64 位浮点数的子数组（在 grades 字段中）：

```
dt = np.dtype([('name', np.unicode_, 16),
               ('grades', np.float64, (2,))
              ])
dt['name']
# dtype('<U16')
dt['grades']
# dtype(('<f8', (2,)))

arr = np.array([('x', 1.23), ('y', 4.02)], dtype=dt)
arr
'''
array([('x', [1.23, 1.23]), ('y', [4.02, 4.02])],
      dtype=[('name', '<U16'), ('grades', '<f8', (2,))])
'''

arr['name']
# array(['x', 'y'], dtype='<U16')
arr['grades']
'''
array([[1.23, 1.23],
       [4.02, 4.02]])
'''
```

这相当于给结构起了名字，这样我们就可以知道在这个结构中，不同的位置分别表示什么意义，也可以像字典一样取不同位置的值。不过这种结构化数组我们平时使用得比较少，我们更多的是用 pandas 的 DataFrame 行列索引来完成表示各个字段意义的功能。

关于 NumPy 数据类型的更多信息可以访问 https://www.gairuo.com/p/numpy-dtype。

NumPy 的常量有 np.e、np.pi、np.inf、np.nan、np.NINF、np.PZERO/np.NZERO、np.euler_gamma、np.newaxis 等。常用的常量如表 7-3 所示。

表 7-3　常用的 NumPy 常量

常　量	说　明
np.inf	（正）无穷大，负无穷大为 –np.inf
np.nan	缺失值、空值、非数值
np.pi	圆周率 π，值为 3.141592653589793
np.e	自然数 e，值为 2.718281828459045
np.euler_gamma	欧拉常数 γ，值为 0.5772156649015329

这些常量会参与数值计算。nan 是浮点型的子类，NaN 和 NAN 是 nan 的等效定义，但一般使用 nan 而不是 NaN 或 NAN。

7.1.3　广播计算

NumPy 进行科学计算的优势得益于它的广播机制，将两个不同形状的矩阵按照线性代数中的数学模型进行向量化（vectorization）计算，循环在C语言中进行，以实现高效的算法。我们通过一个小实验来理解这个机制，以下分别是一个序列和一个数字相乘、一个序列与另一个序列相加（对应位置相加，而不是拼接）。

Python原生的实现方式如下：

```
# a + b
a = [1, 2, 3]
b = 3

# 利用推导式
[i+b for i in a]
# [4, 5, 6]


# a * b
a = [1, 2, 3]
b = [4, 5, 6]

# 利用zip对齐元素
[x*y for x, y in zip(a, b)]
# [4, 10, 18]
```

我们再来看看NumPy是如何实现这两个需求的：

```
a = np.array([1, 2, 3])
a + 3
# array([4, 5, 6])

a = np.array([1, 2, 3])
b = np.array([4, 5, 6])
a * b
# array([ 4, 10, 18])
```

是不是非常简单？正是利用了广播机制才能让代码如此便捷。在数据计算中，有大量的场景是基于二维矩阵的操作。

广播的原则是，两个数组的形状的元组数据中，如果最右边的值相同或其中一方为1，则认为它们是广播兼容的，广播会在缺失或者长度为1的轴上进行。比如图7-1中的计算都是兼容的、可广播的。

不要被这里的线性代数、向量化、广播等概念所吓倒，其实我们日常用Excel的操作、SQL操作数据都是这样的机制。

7.1.4　数组的轴

在数组中，还有一个轴（axis）的概念，轴是指向量的方向。一维数组只有一个轴，是从上往下的，轴编号为0；二维数组多了一个从左往右的轴，编号为1；其他维度依此类推。

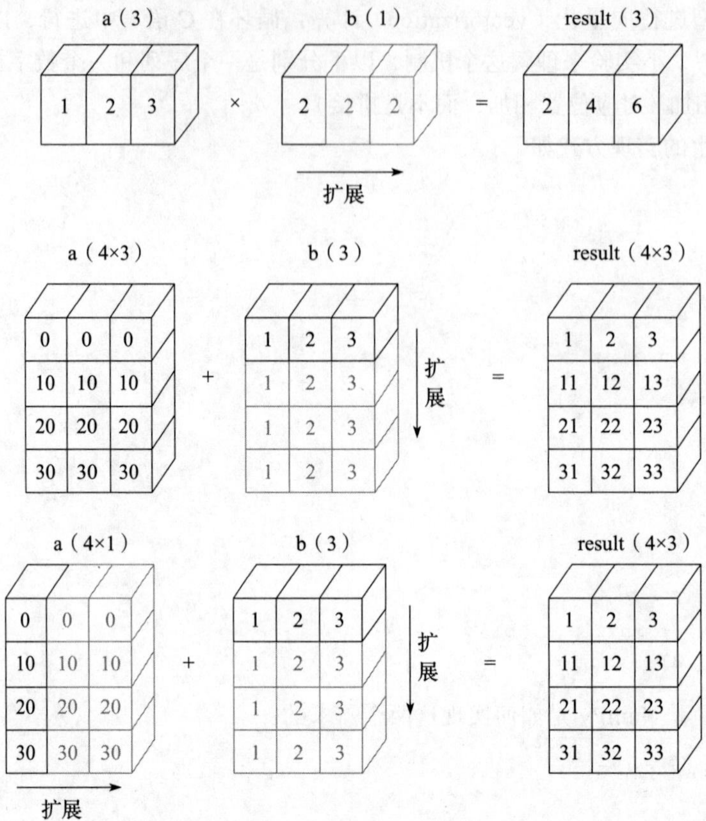

图 7-1　NumPy 的广播示例

在数据进行计算时，会沿着轴的方向进行操作，比如，我们将一个二维数组按不同的轴方向求和：

```
arr = np.array([(1, 2, 3), (3, 4, 5), (7, 8, 9)])
arr
'''
array([[1, 2, 3],
       [3, 4, 5],
       [7, 8, 9]])
'''

arr.sum()          # 默认 axis 为 None，将所有元素加和
# 42
arr.sum(axis=0)   # 从上向下的方向
# array([11, 14, 17])
arr.sum(axis=1)   # 从左往右的方向
# array([ 6, 12, 24])
```

以上计算轴的方向可以用图 7-2 来示意。

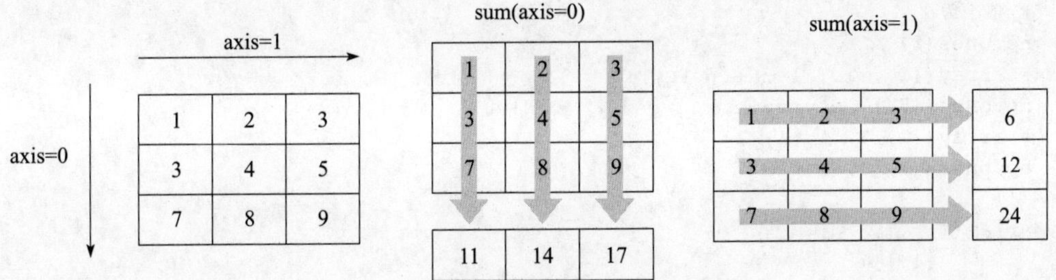

图 7-2　NumPy 按轴方向计算的示意

更高维度的数组可以传入其他编号的轴。

7.1.5　数组创建

创建多维数组是数据实验中的常见操作，除了上面介绍的用 np.array() 构造外，NumPy 还提供了一些特殊的数组创建函数。表 7-4 列举了一些常用的方法。

表 7-4　NumPy 创建特殊数组的方法

方　法	说　明
np.zeros(shape[, dtype, order])	返回给定形状和类型的新数组，用 0 填充
np.ones(shape[, dtype, order])	返回给定形状和类型的新数组，用 1 填充
np.empty(shape[, dtype, order])	返回给定形状和类型的新数组，内容随机
np.full(shape, fill_value[, dtype, order])	返回给定形状和类型的新数组，用指定的 fill_value 值填充
np.eye(N[, M, k, dtype, order])	返回一个二维数组，对角线上为 1，其他位置为 0
np.identity(n[, dtype])	返回标识数组，是一个正方形数组（方阵），对角线上为 1，其他位置为 0
np.ones_like(a[, dtype, order, subok, shape])	返回与给定数组具有相同形状和类型的数组
np.zeros_like(a[, dtype, order, subok, shape])	返回与给定数组具有相同形状和类型的零值数组
np.empty_like(prototype[, dtype, order, subok, …])	返回与给定数组具有相同形状和类型的新数组
np.full_like(a, fill_value[, dtype, order, …])	返回与给定数组具有相同形状和类型的完整数组

我们来编写一些示例：

```
# 值全为 0
np.zeros(5)
# array([ 0.,  0.,  0.,  0.,  0.])
np.zeros((5,), dtype=int)
# array([0, 0, 0, 0, 0])
np.zeros((2, 1))
'''
array([[ 0.],
       [ 0.]])
'''
```

```
# 值全为1
np.ones(5)
# array([1., 1., 1., 1., 1.])
np.ones((5,), dtype=int)
# array([1, 1, 1, 1, 1])
np.ones((2, 1))
'''
array([[1.],
       [1.]])
'''

# 值全为指定填充值
np.full((2, 2), np.inf)
'''
array([[inf, inf],
       [inf, inf]])
'''
np.full((2, 2), 10)
'''
array([[10, 10],
       [10, 10]])
'''
np.full((2, 2), [1, 2])
'''
array([[1, 2],
       [1, 2]])
'''
```

np.empty() 返回给定形状和类型的新数组，数值是随机的：

```
np.empty([2, 3])
'''
array([[0.e+000, 0.e+000, 5.e-324],
       [5.e-324, 5.e-324, 5.e-324]])
'''
np.empty([2, 3], dtype=int)
'''
array([[0, 0, 1],
       [1, 1, 1]])
'''
```

np.ones_like() 按传入的数据（array_like）形状生成值全为 1 的新数组：

```
a = np.arange(6).reshape((2, 3))
a
'''
array([[0, 1, 2],
       [3, 4, 5]])
'''
np.ones_like(a)
'''
```

```
array([[1, 1, 1],
       [1, 1, 1]])
'''
```

以上代码中数据的 reshape() 方法将改变数组的形状。np.arange() 类似于 Python 的 range 对象，生成等差数列，不同的是它的步长可以指定为浮点数：

```
np.arange(3)
# array([0, 1, 2])
np.arange(3.0)
# array([ 0.,  1.,  2.])
np.arange(3, 7)
# array([3, 4, 5, 6])
np.arange(3, 7, 2)
# array([3, 5])
np.arange(3, 4, .2)
# array([3. , 3.2, 3.4, 3.6, 3.8])
```

np.linspace() 返回指定间隔内的等距数字，它们是在 [start, stop] 间隔内计算的等距采样数，可以选择排除间隔的端点。

```
# 指定数量
np.linspace(2.0, 3.0, num=5)
# array([2.  , 2.25, 2.5 , 2.75, 3.  ])
# 右开区间（不包含右值）
np.linspace(2.0, 3.0, num=5, endpoint=False)
# array([2. ,  2.2,  2.4,  2.6,  2.8])
# （数组，样本的间距）
np.linspace(2.0, 3.0, num=5, retstep=True)
# (array([2.  ,  2.25,  2.5 ,  2.75,  3.  ]), 0.25)
```

7.1.6 随机数组

NumPy 还支持生成随机数据，经常用于算法实验。一般通过随机生成器对象来生成随机数，官方推荐采用新的方法来生成随机数。以下为新旧方法的对比示例：

```
# 新方法
r = np.random.default_rng()
r.random([2, 3])
r.integers(1, 10, size=(3, 4))

# 旧方法
np.random.standard_normal(10)
np.random.randint(1, 10, size=(3, 4))
```

新的方法是面向对象的，对旧的方法后期只做兼容，官方表示不再改进和增加新的特性。首先来看一下随机生成整数：

```
rng = np.random.default_rng()
# integers(low, high=None, size=None, dtype=np.int64, endpoint=False)
```

```
rng.integers(2, size=10)
# array([1, 0, 0, 0, 1, 1, 0, 0, 1, 0])
rng.integers(1, size=10)
# array([0, 0, 0, 0, 0, 0, 0, 0, 0, 0])

# 生成一个 2x4 数组，值从 0 到 4
rng.integers(5, size=(2, 4))
'''
array([[4, 0, 2, 1],
       [3, 2, 2, 0]])
'''

# 生成具有 3 个不同上界（上界可为这个整型数组）的 1x3 数组
rng.integers(1, [3, 5, 10])
# array([2, 2, 9])  # random

# 同上，生成具有 3 个不同下界的 1×3 数组
rng.integers([1, 5, 7], 10)
# array([9, 8, 7]) # random

# 使用广播生成数据类型为 uint8 的 2×4 数组
rng.integers([1, 3, 5, 7], [[10], [20]], dtype=np.uint8)
'''
array([[ 8,  6,  9,  7],
       [ 1, 16,  9, 12]], dtype=uint8)
'''
```

生成随机浮点值：

```
# 语法
# Generator.random(size=None, dtype=np.float64, out=None)

rng.random()
# 0.09323893259291272
type(rng.random())
# <class 'float'>
rng.random((5,))
#  array([0.70.., 0.789.., 0.270.., 0.92.., 0.907.. ])

# [-5, 0) 区间中随机数的 3×2 数组：
5 * rng.random((3, 2)) - 5
'''
array([[-2.79428462, -2.70227044],
       [-4.30778077, -2.1288518 ],
       [-0.53373541, -1.3214533 ]])
'''
```

另外 choice() 可以从随机池中选择随机数，shuffle() 可以随机打乱数组，permutation() 可以随机排列数组。NumPy 还支持生成 Beta 分布、二项分布、*F* 分布、卡方分布、伽马分布等统计学上的随机分布数据。

我们来生成一个正态分布的随机数据，代码如下：

```
# 正态分布(高斯分布)
mu, sigma = 0, 0.1                    # 均值(默认为 0)和标准差(默认为 0.1)
r = np.random.default_rng(666)    # 指定种子
r.normal(size=[4,3])                 # 指定形状
'''
array([[ 1.28272547, -0.36538088, -0.02084355],
       [-0.17177339, -1.02016346, -1.4818439 ],
       [-0.41259885, -0.65729849, -0.01469391],
       [-1.35353622, -0.94536287, -0.22392944]])
'''
```

我们可以再多生成一些数据，比如 1000 个，画出它的直方图：

```
# 生成 1000 个
s = r.normal(mu, sigma, 1000)
s
'''
array([ 1.11442702e-01,  1.26099369e-01, -5.94470426e-02,  9.20112999e-02,
       -3.69587249e-02, -1.30323664e-02,  5.66927902e-02,  1.73933129e-03,
       -4.78943190e-02, -1.13558409e-01, -1.15019002e-01,  9.78790841e-02,
       ...
       -1.12730793e-01, -6.22354349e-03,  5.80593387e-02, -2.20288316e-02,
        3.06004740e-02, -6.58631340e-02,  1.23301139e-01,  4.97061062e-03])
'''

# 查看直方图
import pandas as pd
pd.Series(s).plot.hist()
```

利用 pandas（稍后介绍）的便捷能力画出了这个正态分布的直方图，执行以上代码会显示图 7-3 所示的可视化图形。

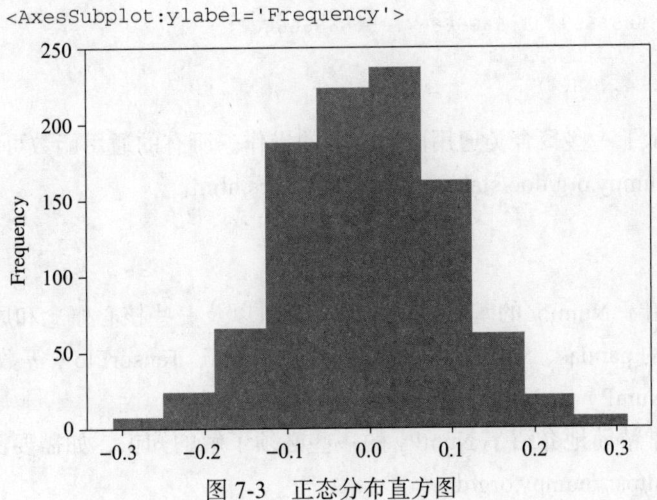

图 7-3　正态分布直方图

更多的概率统计分布数据生成方式可以查看 NumPy 官网或笔者博客 https://www.gairuo.com/p/numpy-random-sampling。

7.1.7 通用函数

使 NumPy 更加强大的是它支持的一系列基础的通用函数（universal function，简称 ufunc），这些函数逐元素对数组进行操作，实现了类似于广播的操作，支持对数据的映射操作、聚合统计、类型转换等功能。这些通用函数都是 np.ufunc 类的实例，用 C 语言实现。

我们来看看通用函数的使用方式：

```
arr = np.array([1, 2, 3, 4])
arr
# array([1, 2, 3, 4])

np.add(arr, 1)    # 函数式调用，arr+1
# array([2, 3, 4, 5])
np.sin(arr)       # 函数式调用，弧度的正则
# array([0.84147098,  0.90929743,  0.14112001, -0.7568025])
```

有些通用函数还支持以对象方式来调用，比如求一个二维数组的平均数：

```
arr = np.array([(1, 2, 3), (3, 4, 5), (7, 8, 9)])
arr
'''
array([[1, 2, 3],
       [3, 4, 5],
       [7, 8, 9]])
'''
arr.mean()         # 对象的方法，所有数的平均值
# 4.666666666666667
arr.mean(0)        # 沿 0 轴
# array([3.66666667, 4.66666667, 5.66666667])
arr.mean(1)        # 沿 1 轴
# array([2., 4., 8.])
```

以上再次演示了一些聚合类通用函数按轴的操作。所有的通用函数可以查看 NumPy 的官方文档 https://numpy.org/doc/stable/reference/ufuncs.html。

7.1.8 小结

本节我们介绍了 NumPy 的基本数据结构、特点以及一些核心概念和原理，这对于我们以后使用基于它的 pandas、SciPy、Matplotlib、PyTorch、TensorFlow 等数据科学库有非常大的帮助，因为 NumPy 是 Python 数据科学的基座。

以上只是非常精简地介绍了 NumPy 的一些必须了解的知识，如需要深入学习 NumPy，可以参考其官网 https://numpy.org/doc/。

7.2　pandas

pandas 是一个专门用来处理数据和分析数据的 Python 包，它以 NumPy 作为底层支持，提供了快速、灵活和富有表现力的数据设计，用于处理有行列标记的关系数据结构。

简单来说，pandas 可以代替我们平时使用的 Excel 做分析统计，实现批量、自动、复杂的数据处理和分析。不过，它的定位在于数据以及数据之间的计算，并不过多关心在 Excel 中的格式展现，要美化 Excel 需要用专门的第三方库包，后面会有专门的章介绍。

本节，我们将通过拆解 pandas 的功能模块，让大家快速了解和使用它。

7.2.1　数据结构

与 NumPy 不同，pandas 的设计更加贴近日常使用，可以认为它在模拟我们工作场景下使用的电子表格数据，如 Excel、CSV、数据库表、网页表格等，它们的特点是二维的、结构化的、有行列标签的结构。图 7-4 所示是开源的 LibreOffice 套件中用 Calc 打开电子表格的截图，它和 Excel 一样，也是一个典型的电子表格处理工具。

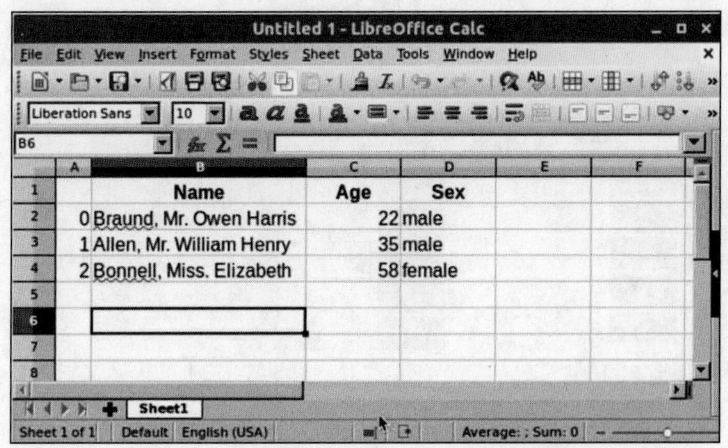

图 7-4　用 LibreOffice Calc 打开的电子表格

pandas 提供了 Series（单列或者单行）和 DataFrame（表格）数据类型，其中 DataFrame 是由 Series 组成的。

在开始编码之前我们先来了解一些概念。参考图 7-5，Series 为基础的数据结构，DataFrame 由若干个 Series 组成，它们都可以理解成带有标签的一维和二维 NumPy 数组。

一般地，我们对 Series 和 DataFrame 会使用到以下概念。

- 索引：无论 Series 还是 DataFrame，都有一个索引，用来指示选取行列。索引由 Index 对象构造。
  - 行索引：指示每一条数据，类似于数据库设计中的主键，它的轴方向是 1。一般情况下，我们说一个 DataFrame 的索引时是在说它的行索引。

- 列索引：指示每一列数据，类似于数据库的字段、Excel的表头，每一列都是一个Series，它的轴方向是0，也是pandas各种方法中axis参数的默认值。

❑ 多层索引：行和列索引也可以有多层，类似于Excel的合并单元格，要注意的是，有多层索引的Series数据只有一列，因此不能和DataFrame混淆。

❑ 位置索引：索引从上到下（列索引从左到右）有一个从0到长度减1的索引编号，和Python列表的索引规则一样，称为位置索引或自然索引。位置索引是创建时就有的，无论是否指定索引标签值。

❑ 标签：标签是指在创建Series和DataFrame时指定的或者后期修改的、代表行列业务意义的每个位置索引位上的值，它的作用是方便我们通过它选择数据。Series的name属性如果指定，可以认为是在DataFrame中的列标签。

❑ 数据：Series和DataFrame的数据是指除索引外的值，因为索引是来指示数据的，不是真正的数据。

❑ 数据类型：Series的数据是同构的（Python对象支持不同的数据类型），它总是有一个数据类型，因此类型是按列的，不存在DataFrame的数据类型，这与NumPy的机制有些不同。

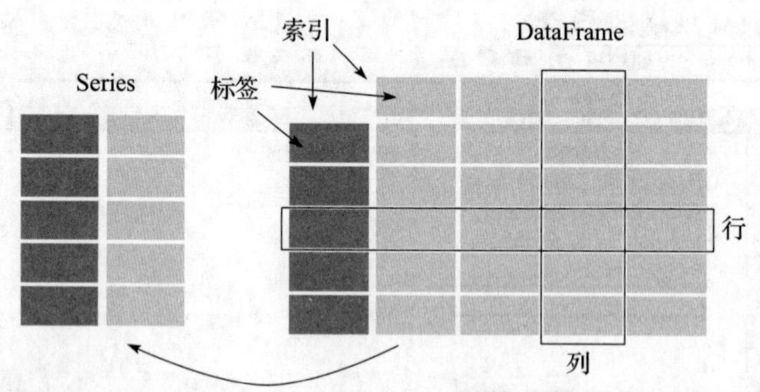

图7-5　Series和DataFrame的结构

接下来，我们分别构造一个Series和一个DataFrame来和上面的概念做一下对应。按照习惯，我们导入pandas时为其起别名为pd，为DataFrame标识符起名为df，为Series起名为ser或者se。

```
import pandas as pd
ser = pd.Series([1, 3, 5], name='a')  # ①
ser
'''
0    1
1    3
2    5
Name: a, dtype: int64
'''
```

```
df = pd.DataFrame({'a': ser, 'b': [*'xyz'], 'c': 3})  # ②
df
'''
   a  b  c
0  1  x  3
1  3  y  3
2  5  z  3
'''
```

代码①中，通过 pd.Series() 构造了一个 Series 实例，指定了 name 参数，传入的是一个列表（序列），输出名称 ser 可以看到它有两“列”，左侧为位置索引（没有指定标签），右边是我们指定的值。另外还可以看到我们指定 name 属性和 pandas 自动推断的 dtype 数据，它是一个 int64 类型。

代码②是构造一个 DataFrame，我们采用的是传入一个字典的方式，这也是最方便的方式，字典的键可以作为列索引的标签，字典的值则为列的值。列值可以是一个序列类型，a 列传入的是 Series，Series 就是一个典型的不可变序列。列值还可以是一个标量，如 c 列中的 3，它会扩展此值与其他列对齐。

我们可以单独取 Series 和 DataFrame 中的索引和数据类型：

```
# Series 的名称、索引、数据类型
ser.name, ser.index, ser.dtype
# ('a', RangeIndex(start=0, stop=3, step=1), dtype('int64'))

ser.values          # Series 值的 ndarray
# array([1, 3, 5])
ser.to_numpy()      # 转为 ndarray
# array([1, 3, 5])

# DataFrame 的行和列索引
df.index, df.columns
# (RangeIndex(start=0, stop=3, step=1), Index(['a', 'b', 'c'], dtype='object'))

df.dtypes
'''
a     int64
b    object
c     int64
dtype: object
'''
df.shape            # 形状
# (3, 3)
df.size             # 元素数量
# 9

df.a                # 选择列
'''
```

```
0    1
1    3
2    5
Name: a, dtype: int64
'''
df['a']    # 根据标签值抽取
'''
0    1
1    3
2    5
Name: a, dtype: int64
'''
```

DataFrame 选择一个列会返回一个 Series。可以看到，比起 NumPy，有了索引和标签，DataFrame 更加方便数据的读取。索引具有 Series 的一般特性，同时支持 Series 的方法和操作。

7.2.2 数据读取与导出

pandas 除了自己构建数据类型外，还可以从 Excel、CSV、JSON、数据库甚至计算机的剪贴板中获取数据，形成 DataFrame。

例如，我们将一个 Excel 中的数据读取到 DataFrame：

```
import pandas as pd
df = pd.read_excel('team.xlsx')
df.head()
'''
    name team  Q1  Q2  Q3  Q4
0  Liver    E  89  21  24  64
1   Arry    C  36  37  37  57
2    Ack    A  57  60  18  84
3  Eorge    C  93  96  71  78
4    Oah    D  65  49  61  86
'''
```

同时，pandas 的 pd.read_xxx() 顶级系列函数支持几乎所有常用的文档格式，还支持从 URL 远程读取文件。

要将 DataFrame 导出，可以使用 DataFrame.to_xxx() 系列方法。比如，我们将上面从 Excel 文件中读取到的数据存为 CSV 文档：

```
# 存到同目录下
df.to_csv('team.csv', index=None)
```

其中 index 参数指定为 None，表示生成的 CSV 无须包含行的位置索引。

7.2.3 数据筛选

pandas 的数据筛选非常方便，除了支持常规的索引和切片序列外，还支持用等长的布尔序列来筛选。最常用的数据选取方法是 df.loc[行选择 , 列选择]，行、列选择支持索引、切片、行列标签列表、布尔序列等，也可以不传列选择，只进行行选择。我们以上文读取到的 df 为例：

```
# 选择一行
df.loc[2]
'''
name     Ack
team       A
Q1        57
Q2        60
Q3        18
Q4        84
Name: 2, dtype: object
'''

# 选择一列
df.loc[:, 'name']
'''
0        Liver
1         Arry
        ...
98         Eli
99         Ben
Name: name, Length: 100, dtype: object
'''

# 选择行列
df.loc[1:3, ['name', 'Q1']]
'''
    name  Q1
1   Arry  36
2    Ack  57
3  Eorge  93
'''

# 选择一个标量
df.loc[0, 'name']
# 'Liver'
```

在行列选择上传入布尔序列也是常见的筛选方式，用这种方式可以实现复杂的逻辑组合条件查询。比如，我们筛选所有 Q1 值大于 96 的行并显示 Q1 及以后的列：

```
df['Q1'] > 96
'''
0     False
1     False
2     False
3     False
```

```
4     False
      ...
95    False
96    False
97     True
98    False
99    False
Name: Q1, Length: 100, dtype: bool
'''
df.loc[df['Q1'] > 96, 'Q1':]
'''
    Q1  Q2  Q3  Q4
19  97  75  41   3
38  97  89  15  46
97  98  93   1  20
'''
```

向量化比较 df['Q1']>96 返回的是一个布尔序列，利用布尔序列将为 True 的行选中。基于此原理，我们还可以实现以下代码中的筛选逻辑：

```
df.loc[(df.Q1 > 80) & (df.Q2 < 15)]     # and 关系
df.loc[(df.Q1 > 90) | (df.Q2 < 90)]     # or 关系
df[~(df.team == 'E')]                   # not 关系，仅选择行，可以直接用方括号
```

与 df.loc[] 对应的还有 df.iloc[] 方法，它在行列选择上只能传入位置索引。

DataFrame 还有一个非常强大的查询方法是 df.query()，它可以写像 SQL 中的 where 语句一样，以字符串形式传入查询表达式。表达式可以使用对象 df 的名称，比如列名、索引标签等，还可以用 @ 符号引入外部变量。例如，我们查询 Q1 ～ Q4 连续减小的行，可以这么写：

```
df.query('Q1 > Q2 > Q3 > Q4')
'''
      name team  Q1  Q2  Q3  Q4
19     Max    E  97  75  41   3
70  Nathan    A  87  77  62  13
80    Ryan    E  92  70  64  31
88   Aaron    A  96  75  55   8
'''
```

以下是一些其他示例：

```
df.query('Q1 > Q2 > 90')
df.query('Q1 + Q2 > 180')
df.query('Q1 == Q2')
df.query('(Q1<50) & (Q2>40) and (Q3>90)')

df.query('team != "C"')
df.query('team in ["A", "B"]')
df.query('team not in ("E", "A", "B")')
```

```
df.query('team == ["A", "B"]')
df.query('team != ["A", "B"]')
df.query('name.str.contains("am")') # 包含 "am" 字符

# 对于名称中带有空格的列，可以使用反引号引起来
df.query('B == `team name`')

# 支持传入变量，如大于平均分 40 分的
a = df.Q1.mean()
df.query('Q1 > @a+40')
df.query('Q1 > `Q2`+@a')
```

query() 可以减少代码，让查询更加直观。

7.2.4 数据修改

pandas 在修改数据时先选择数据，然后直接赋值。要注意的是，赋值的数据与选择的数据形状要一致。比如，我们将下面 DataFrame 中第三列的最后两个 3 修改为 6 和 9：

```
df = pd.DataFrame({'a': range(2, 5), 'b': [*'xyz'], 'c': 3},
                  index=[*'hig'])
df
'''
   a  b  c
h  2  x  3
i  3  y  3
g  4  z  3
'''

df.loc[['i', 'g'], 'c']
'''
i    3
g    3
Name: c, dtype: int64
'''

df.loc[['i', 'g'], 'c'] = [6, 9]
df
'''
   a  b  c
h  2  x  3
i  3  y  6
g  4  z  9
'''
```

选择到的是两个值的 Series，我们赋给它一个包含两个元素的列表，这样就完成了数据的修改操作。

另外，最常见的增加一列的操作，可以直接像在字典中增加一个新键一样进行：

```
df['d'] = [7, 6, 5]
df
'''
   a  b  c  d
h  2  x  3  7
i  3  y  6  6
g  4  z  9  5
'''
```

更加优雅的方式是使用面向对象的 assign() 方法，它返回的是一个新的副本，不会对原 DataFrame 进行修改，让我们可以不停地对数据做各种实验操作。接下来我们用 assign() 添加几个新列：

```
df.assign(e=df.a+3).assign(f=lambda d: d.e.cumsum())
'''
   a  b  c  d  e   f
h  2  x  3  7  5   5
i  3  y  6  6  6  11
g  4  z  9  5  7  18
'''
```

以上代码在原 df 基础上增加了 e 和 f 列，e 列是在 a 列基础上加 3，f 列是 e 列的累加过程值。由于增加 f 列时需要使用 e 列，但 e 列此时在原 df 上没有，只是临时返回的一个计算结果对象，所以我们传入一个函数来计算它。这个函数传入的是前面计算后的 DataFrame，返回的是一个新列的值。由于这个函数的逻辑比较简单，我们用 lambda 匿名函数。

在 pandas 的数据处理中，有大量的方法是高阶函数，对于简单的函数推荐使用 lambda。

7.2.5 应用函数

在 pandas 中，函数或方法一般都支持 Series、Index 和 DataFrame 对象，而且基本上都是面向对象的方法，因此我们可以通过链式调用来编写代码，这样会减少变量的传递过程。

由于 pandas 要处理各种数据，为了提高数据的效率和复用性，可以自己将一些数据处理的通用方法封装为函数，然后利用 pandas 提供的调用函数的方法来调用这些函数。应用函数的常用方法如下。

- ❑ 管道方法 pipe()：Series 和 DataFrame 都适用，传入的是整个数据。
- ❑ 按轴应用 apply()：Series 和 DataFrame 都适用，Series 应用时相当于 map()。参数 axis 可以指定按哪个轴处理。
- ❑ 逐值应用 applymap() 和 map()：它们分别只能应用在 DataFrame 和 Series 上，对所有的数据逐一应用。

这几个方法可以参考图 7-6 所示的处理逻辑。

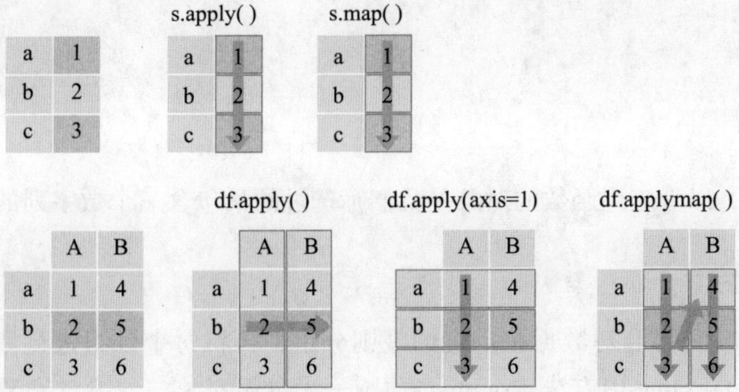

图 7-6　pandas 应用函数方法功能对比

接下来我们来操作一下这几个方法。首先，pipe 是针对整个数据的，如果 DataFrame 使用它应用函数，那么函数传入的是 DataFrame 整体。我们将上文的 df 中 a 列和 c 列的所有数值加起来，可以这样编写代码：

```
df
'''
   a  b  c  d
h  2  x  3  7
i  3  y  6  6
g  4  z  9  5
'''

def func(df):
    ser = df.a + df.c
    return sum(ser)

df.pipe(func)
# 27

# 直接用匿名函数编写
df.pipe(lambda x: (x.a+x.c).sum())
# 27
```

函数中的变量 df 即代表原数据 df，函数体中可以对 df 做任意操作，返回任意值。如果想将几个数字列的值相加，可以用 apply()，如果要按行相加，则要指定轴为 1：

```
df[[*'acd']].apply(sum)
'''
a     9
c    18
d    18
dtype: int64
'''
df[[*'acd']].apply(sum, axis=1)
'''
```

```
h    12
i    15
g    18
dtype: int64
'''
```

要注意的是，以上应用函数的对象是我们筛选过的只包含三个数字列的 DataFrame。

7.2.6 分组聚合

数据分析中，经常会对数据按一定的规则分组，再将每个分组进行聚合统计。pandas 支持 Series 和 DataFrame 用方法 groupby() 生成一个分组对象，分组对象又支持一些统计方法。我们将之前操作过的 team.xlsx 数据按 team 列分组，计算每组的数量：

```
df = pd.read_excel('team.xlsx')
df.groupby('team').name.count()
'''
team
A    17
B    22
C    22
D    19
E    20
Name: name, dtype: int64
'''
```

以上 df 的分组对象还可以取每个列的分组对象，然后用 count() 将每个分组的数量进行求和计算。接下来，我们再分组看看每个组每个 Q 的平均值：

```
df.groupby('team').mean(numeric_only=True)
'''
             Q1         Q2         Q3         Q4
team
A     62.705882  37.588235  51.470588  46.058824
B     44.318182  55.363636  54.636364  51.636364
C     48.000000  54.272727  48.545455  51.227273
D     45.263158  62.684211  65.315789  63.105263
E     48.150000  50.650000  44.050000  51.650000
'''
```

这次直接使用了 df 的分组对象，用 mean() 求出所有数字列的平均值，返回一个新的 DataFrame，这是我们期望的数据。

7.2.7 小结

pandas 的功能非常丰富，本节先让大家从总体上感知了一下它的功能定位和设计思路，更多 pandas 的知识和使用技巧会在后续的案例中深入应用。

pandas 由于会将数据载入内存，个人电脑内存往往比较小，面对一些大型数据集便出现了瓶颈。近些年来，出现了一系统用于处理大数据的Python第三方库，如Dask、Ray、Modin、Vaex、Polars以及Apache Arrow等，它们将数据分隔为多个DataFrame，调度到多个CPU或者机器，从而完成大型数据集的处理。常用的Dask和Ray是并行多任务库，Modin是计算资源调度库。

笔者所著的《深入浅出Pandas：利用Python进行数据处理与分析》是一本专门介绍pandas的书，对几乎每个方法都做了介绍，想深入学习pandas的读者可以参考。

7.3 案例：利用广播机制去除错误数据

在本节中，我们将充分利用pandas的底层NumPy提供的广播机制来处理问题数据。理解和熟练掌握广播机制对我们处理数据阵列问题有重要意义，它将我们带到一个全新的数据思维体系，帮助我们高效进行数据挖掘。

7.3.1 需求分析

我们先把数据构造出来，通过数据来描述和分析需求。假定数据存储在CSV或者数据库中。这不是重点，因为pandas都可以轻松地从它们那里将数据读取为DataFrame。同时，为了方便讲解和理解，我们将数据抽象为极简的数据集。在这里将数据以字符串形式保存，io模块和StringIO对象可以读取内存中的字符串，通过它将数据读取到DataFrame中：

```
from io import StringIO
import pandas as pd

data = '''
姓名      出生年月   2010-01   2010-02   2010-03
A         2010-02        1.0       1.0       1.0
B         2010-09        NaN       NaN       1.0
C         2010-01        1.0       2.0       3.0
'''

df = pd.read_csv(StringIO(data), delim_whitespace=True)
df
# ...
```

以上数据中，每一行代表一个人在不同时间花费的金额，但是A和B的数据是有问题的，因为他们在出生前的月份就有了消费额。现在要把这部分错的数据去掉，填充为缺失值。

总结一下需求，出生年月列的时间大于数据中后三列列名的时间时，对应数据去除，填充为缺失值。

7.3.2 实现思路

根据数据需求的描述，我们的第一想法可能是按行进行迭代计算，或者将数据堆叠转换（用 stack 方法）来解决。但此问题是一个典型的一个日期对一个日期数组的操作，比如出生年月（2010-02、2010-09、2010-01）这个数组与列名中的日期 2010-01 的操作（数组与标量），它们之间进行比较操作（操作符 >，出生日期是否大于消费日期），比较得到一个布尔序列，为 True 位置的数据则代表消费日期早于出生日期，就是不符合要求的数据，需要删除。

得到布尔矩阵后，我们用 mask() 方法来替换 True 值。

7.3.3 实现过程

我们先做一个上述思路中的实验，取一个列名比较：

```
# 数组（出生年月序列）与标量（第三个列名 2010-01）操作
df.出生年月 > df.columns[2]
'''
0     True
1     True
2    False
Name: 出生年月, dtype: bool
'''
```

我们发现，可以实现字符串之间的比较操作，如姓名列返回了 False，其他日期字符串也得到了正确的布尔值，这样省去了格式转换及类型转换的操作。

我们用 apply() 对所有列进行这个操作，整个 DataFrame 就成为一个布尔矩阵：

```
df.apply(lambda x: df.出生年月 > x.name)
'''
     姓名   出生年月   2010-01  2010-02  2010-03
0  False   False     True    False    False
1  False   False     True     True     True
2  False   False    False    False    False
'''
```

mask() 可以替换 True 值，我们将它们替换为 None：

```
df.mask(df.apply(lambda x: df.出生年月 > x.name), None)
'''
   姓名    出生年月   2010-01  2010-02  2010-03
0  A     2010-02      NaN      1.0      1.0
1  B     2010-09      NaN      NaN      NaN
2  C     2010-01      1.0      2.0      3.0
'''
```

这样数据就得到了处理，我们也完成了需求。

7.3.4 小结

在这个需求中，我们重点要理解的是 pandas 以 NumPy 为底层可以执行广播操作，不需要我们写循环代码来逐一操作，同时，apply() 可以按轴批量应用函数，mask() 能将 True 值替换为缺失值。

7.4　案例：计算客户还够最低还款额的日期

在金融信贷领域，经常需要计算用户的资金偿还能力，本节介绍的就是一个分组处理该领域数据的案例。通过本例，我们将学习如何对数据进行分组，如何编写数据处理函数以及如何应用处理函数。

7.4.1　需求分析

和之前一样，我们先将数据读取为 DataFrame：

```
from io import StringIO
import pandas as pd

data = '''
 userid  mini_amt  amount       date
      1      1000     300  20220501
      1      1000     800  20220511
      1      1000     200  20220521
      2      5000    2400  20220510
      2      5000     500  20220514
      2      5000    1000  20220518
      2      5000    3000  20220529
      2      5000     300  20220531
'''

df = pd.read_csv(StringIO(data), delim_whitespace=True)
df
# ...
```

每列的业务意义如下。

- userid：客户编号。
- mini_amt：最低还款额。
- amount：入账金额。
- date：入账日期。

本需求是计算每名客户还够最低还款额的日期。例如，客户 1 在 2022 年 5 月 11 日这天的累计入账金额 1100 元大于最低还款额 1000 元，故针对客户 1 所求的日期为 20220511。

7.4.2　单个客户数据计算

真实场景中会有大量用户的数据，这里为了方便讲解，我们简化为只有两位客户。针对这类问题，我们先解决单个用户的计算问题，然后将计算方法封装为一个函数来应用。

我们以客户1（userid为1）为例，为他增加一列累积入账金额作为辅助列，表示当前行收入后现有的总金额，用累加方法cumsum()可以算得此金额：

```
(
    df.loc[df.userid == 1]  # ①
    .sort_values('date')  # ②
    .assign(累积入账=lambda x: x.amount.cumsum())  # ③
)
'''
   userid  mini_amt  amount      date  累积入账
0       1      1000     300  20220501     300
1       1      1000     800  20220511    1100
2       1      1000     200  20220521    1300
'''
```

我们使用了链式方法，并没有修改原始数据，只是在返回的新对象上增加列。代码①筛选出了客户1，此时返回的DataFrame只有此客户的数据。代码②对日期列进行排序，默认为升序，这样保证时间顺序是正确的，为我们增加累加列的逻辑正确性提供了保证，最终返回的数据在代码①结果的基础上再按日期列进行排序。

代码③用assign()增加一个虚拟的辅助列，以关键字参数形式传入，参数名为列名，参数值为列值，为了方便，这里的关键字（列名）用中文。由于使用代码②之前的返回数据来做逻辑计算，列的取值使用了lambda匿名函数计算返回结果，lambda中变量x即代表代码②处理的结果数据，类型为DataFrame。对这个DataFrame选取amount列，类型为Series，再调用Series的cumsum()方法，返回一个和amount列长度相同的累加过程值Series给新增加的列。

对于以上链式方法，可以注释掉当前行及以后的代码行，一一查看这个过程返回的数据。

7.4.3 计算单用户日期

通过以上代码的计算，我们只要再筛选出累积入账金额大于或等于当前行的最低还款额，然后选择最早的日期即可得到单用户的需求结果。

用query()来完成数据行的筛选：

```
(
    df.loc[df.userid == 1]
    .sort_values('date')
    .assign(累积入账=lambda x: x.amount.cumsum())
    .query('累积入账 >= mini_amt')
)
'''
   userid  mini_amt  amount      date  累积入账
1       1      1000     800  20220511    1100
2       1      1000     200  20220521    1300
'''
```

再获取 date 列：

```
(
    df.loc[df.userid == 1]
    .sort_values('date')
    .assign(累积入账 =lambda x: x.amount.cumsum())
    .query('累积入账 >= mini_amt')
    .date
)
'''
1    20220511
2    20220521
Name: date, dtype: int64
'''
```

然后用 iloc[] 传入索引 0 选择第一条数据：

```
(
    df.loc[df.userid == 1]
    .sort_values('date')
    .assign(累积入账 =lambda x: x.amount.cumsum())
    .query('累积入账 >= mini_amt')
    .date
    .iloc[0]
)
# 20220511
```

这样便得到了单个用户还够最低还款额的日期。

7.4.4　封装函数

因为以上方法需要批量操作所有客户的数据，这些数据是分组后每个客户的子 DataFrame，所以我们设计的函数传入的参数是一个分组后的子 DataFrame。封装后的代码如下：

```
def get_date(grouped_df):
    return (
    grouped_df.sort_values('date') # ①
    .assign(累积入账 =lambda x: x.amount.cumsum())
    .query('累积入账 >= mini_amt')
    .date
    .iloc[0]
)
```

在函数的 return 语句中直接返回单个客户的逻辑代码，将原始数据替换为函数传入的变量，即代码①处的 grouped_df 是函数的传入数据。

最后我们来把这个函数应用在分组对象上。

7.4.5　分组应用函数

需求要求计算的是每个客户的数据，我们先对源数据按 userid 进行分组：

```
df.groupby('userid')
# <pandas.core.groupby.generic.DataFrameGroupBy object at 0x7ff1ff413970>
```

可以看到分组后返回的是一个分组对象。分组对象按指定的列值将源数据拆分为若干个子数据，用 apply() 可以使用函数对每个子数据进行处理，再将处理后的返回值拼接成新的数据。

我们来应用已经写好的处理函数：

```
df.groupby('userid').apply(get_date)
'''
userid
1    20220511
2    20220529
dtype: int64
'''
```

代码返回了一个 Series，索引的标签值是客户的编号，值是还够最低还款额的日期，这样我们就实现了需求。

7.4.6　小结

本案例详细讲解了处理数据的需求分析、代码设计、代码封装全过程，对于我们今后分析问题、解决问题非常有借鉴意义。

同时，我们还学习了用 sort_values() 排序、用 assign() 创建虚拟列、用 cumsum() 对一列累加等方法，知道了如何分组数据并应用函数处理每个子数据。

7.5　案例：读取并解析实验数据

某个科研实验室在进行一项物理实验，实验仪器会输出一个 TXT 文件，研究人员需要将这个文件中的数据结构化，然后进行统计分析。在数据解析和分析的过程中，他们选择了 pandas 库来完成这些操作。

7.5.1　需求分析

实验仪器输出的数据存储在 TXT 文件（exp-data.txt）里，可以从本书的配套资源中找到，由于文件非常大，这里仅截取了部分。我们发现一行就是一条完整的数据，由于一行较长，我们针对单行进行格式化排版，样例如下：

```
# 某行数据排版后（示意）
'''
11:21:07:320 [

{"id":10670,"x":-4.86,"y":53.95,"radian":3.14,"speed":5.9,"kind":0,"position":[1, 2]},
{"id":10718,"x":3.62,"y":64.84,"radian":3.14,"speed":-0.64,"kind":0,"position":[1, 2]},
```

```
{"id":10705,"x":1.26,"y":45.85,"radian":3.14,"speed":14.89,"kind":2,"position":[1, 2]},
{"id":10534,"x":2.36,"y":31.43,"radian":3.14,"speed":-0.19,"kind":2,"position":[1, 2]}
]
'''
```

总结一下每行的特征：

- ❑ 开始是一个时间，它与后面的正式数据以空格分隔；
- ❑ 正式数据是一个大列表，列表内的每个元素是一条记录；
- ❑ 每条记录是一个字典，键与值分别代表数据意义和数值。

需求是将每条记录转为一行数据，且每行包含开头的时间。

7.5.2 思路分析

首先分析，这不是一个规整的 CSV 文件，可以认为它的每一行是一个时间特殊值后跟一个半结构化的 JSON 数据。

我们需要逐行去处理，处理时用空格将每行分隔为两部分，前一部分是时间，后一部分为 JSON 数据。JSON 数据可以用 pd.json_normalize() 读取，读取时要先用 eval() 将文本转换为 Python 列表对象。

读取成 DataFrame 后再追加前一部分的时间列，将每行产生的 DataFrame 循环拼接起来，就得到了想要的 DataFrame 数据。

7.5.3 编写代码

根据上文的思路，编写代码如下：

```
import pandas as pd

# 用上下文管理器打开文件
with open('exp-data.txt') as f:  # ①
    # 定义一个空 DataFrame 来存放最终的数据
    df = pd.DataFrame()  # ②
    # 对每行进行处理，并将数据合并到 df
    for line in f.readlines():  # ③
        # 拆分时间和记录数据
        time, data = line.split(' ')  # ④
        # 读取每行的记录，统一追加时间列
        df_line = pd.json_normalize(eval(data)).assign(time=time)  # ⑤
        # 将此行的数据与之前合并好的数据再合并
        df = pd.concat([df, df_line])  # ⑥
```

我们来分解一下上面的代码。

- ❑ 代码①使用 with 语句来调用上下文管理器，open() 函数打开 TXT 文件，将文件对象命名为 f，后续代码使用 f 来调用文件的相关方法。

- ❑ 代码②创建一个空的 DataFrame，命名为 df，后续我们将数据合并到它里面。
- ❑ 代码③对文件的所有行进行迭代，迭代标识 line 为每一行数据，数据类型为字符串。
- ❑ 代码④将字符串 line 用 split() 方法按空格拆分，会拆分为包含两个元素的列表：第一个元素为时间字符串，解包赋值给 time；另一个元素是以字典为元素的列表字符串，解包赋值给 data。
- ❑ 代码⑤首先用 Python 内置函数 eval() 将字符串 data 作为代码执行，产生 Python 对象，因为它是一个内嵌字典的列表，然后用 pd.json_normalize() 将它按 JSON 数据规范为 DataFrame，DataFrame 再用 assign() 方法增加一个 time 列，值为代码⑤定义的 time 标量。
- ❑ 代码⑥中 pd.concat() 将原来的 df 与 df_line 合并为一个新的 DataFrame。第一次循环时，df 是代码②定义的空 DataFrame，在往后的循环中，df 为截至目前合并后的 DataFrame，到循环完成时，所有数据都会合并进 df。这是一个类似于 reduce 的聚合操作。

输出 df，得到如图 7-7 所示的结果。

```
1 df
```

	id	x	y	radian	speed	kind	position	time
0	10670	-4.86	53.95	3.14	5.90	0	[0.0009240878487156014, 0.004577619098975488]	11:21:07:320
1	10718	3.62	64.84	3.14	-0.64	0	[-0.0007592031866001957, 0.004978871276925129]	11:21:07:320
2	10705	1.26	45.85	3.14	14.89	2	[-0.0003569970411845931, 0.0037965203581998906]	11:21:07:320
3	10534	2.36	31.43	3.14	-0.19	2	[-0.0005981139732698896, 0.002667241239000317]	11:21:07:320
0	10670	-4.86	53.63	3.14	5.90	0	[0.000925473004980906, 0.004568107669519633]	11:21:07:424
...	...	...	...	...	...	...	...	...
3	10534	2.35	31.33	3.14	0.02	2	[-0.0005925432614476766, 0.002652606658567134]	11:21:08:289
0	10670	-4.82	52.18	3.14	5.92	0	[0.0009154479266084674, 0.004452078694148893]	11:21:08:438
1	10718	3.61	64.72	3.14	0.09	0	[-0.0007580570876551046, 0.004974116572245830]	11:21:08:438
2	10705	1.00	41.26	3.14	15.40	2	[-0.0003038889962766716, 0.0034369689727107296]	11:21:08:438
3	10534	2.35	31.33	3.14	0.02	2	[-0.0005925432614476766, 0.002652606658567134]	11:21:08:438

67 rows × 8 columns

图 7-7　将实验数据读取为 DataFrame 结果

以上代码已经实现了我们的需求。

7.5.4　优化代码

如果每次的实验数据都较大，那么我们可能会对代码的执行效率有一定的要求。我们对之前的代码做一些调整，调整后的代码速度会有较大提升。最终代码如下：

```
import pandas as pd

with open('exp-data.txt') as f:
    data_list, time_list = [], []  # ①
```

```
    for line in f.readlines():
        t, data = line.split(' ')  # ②
        records = eval(data)  # ③
        # 将所有记录存入一个列表
        data_list.extend(records)  # ④
        # 将所有记录对应的时间构造为一个列表
        time_list.extend([t]*len(records))  # ⑤

# 读取数据
df = pd.DataFrame(data_list)  # ⑥
# 增加列
df['time'] = time_list  # ⑦
```

我们再来分解一下优化后的代码。

- 代码①定义了两个空的列表容器，用于存放每行的时间和数据。
- 代码②依然用空格将时间和数据拆分赋值。
- 代码③将字符串转为 Python 列表，列表的元素全为字典。
- 代码④利用列表的扩展方法 extend() 将 data 中的所有字典追加到数据列表中。
- 代码⑤将时间追加到时间列表中，由于循环得到的是一个标量，我们需要使其长度与 data 的长度保持一致，因此在扩展时间列表时重复了记录的次数。循环执行每行数据，将所有的时间和数据都存储在两个列表里。
- 代码⑥将所有数据构造为 DataFrame。
- 代码⑦增加时间列。到此数据全部构造完毕。

经过以上代码优化，在循环中都使用 Python 的内置数据类型及操作，最后统一构造 DataFrame，从而提升了代码执行效率，节省了等待时间，使我们能够尽快投入到实验数据的分析当中。

7.5.5 小结

本节实现了一个将文件数据结构化的需求。由于文件中的数据不是规整的，所以我们先对其进行了相应的处理，并从中学习到了新的数据处理思路。在这个案例中，我们还利用 pd.json_normalize() 将半结构化 JSON 数据规范化为 DataFrame，使用了 Python 内置列表类型的拆分、扩展方法。

7.6 数据可视化

可视化可以让数据更加直观，是数据分析中非常重要的内容。Python 的数据科学生态中有众多解决不同场景需求的可视化包。在本节，我们将通过简单的示例来介绍这些包的特点和使用方法，帮助大家快速上手使用，高效完成数据可视化工作，让数据自己“说话”。

7.6.1 Matplotlib

Matplotlib 是一个专业、功能全面的可视化绘图库，在 Python 中可以用它创建静态、动态和交互式可视化。接下来，我们利用 Matplotlib 绘制一些简单的图形。

Matplotlib 的常用绘图功能在 matplotlib.pyplot 下，一般导入时起别名为 plt，下面是绘制一条正弦曲线的代码：

```
import matplotlib.pyplot as plt
import numpy as np

plt.style.use('seaborn')  # 定义图形样式，所有样式 matplotlib.style.available

# 构造数据
x = np.linspace(0, 20, 100)
y = np.sin(1.5 * x)

# 绘图
fig, ax = plt.subplots()
ax.plot(x, y, linewidth=3.0)

plt.show()  # 展示图形
```

输出效果如图 7-8 所示。

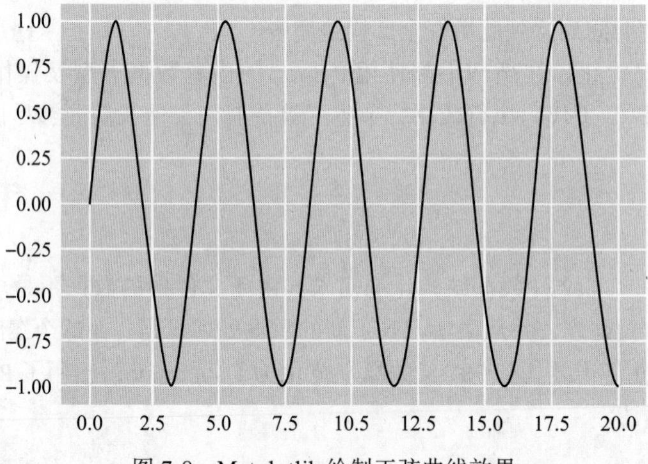

图 7-8　Matplotlib 绘制正弦曲线效果

我们再来绘制一张柱状图：

```
import matplotlib.pyplot as plt

plt.style.use('seaborn')

# 数据
```

```
x = [*'abcdefg']
y = [13, 23, 52, 46, 56, 43, 23]

fig, ax = plt.subplots()

ax.bar(x, y)
ax.legend('x')  # 图例

plt.show()
```

输出效果如图 7-9 所示。

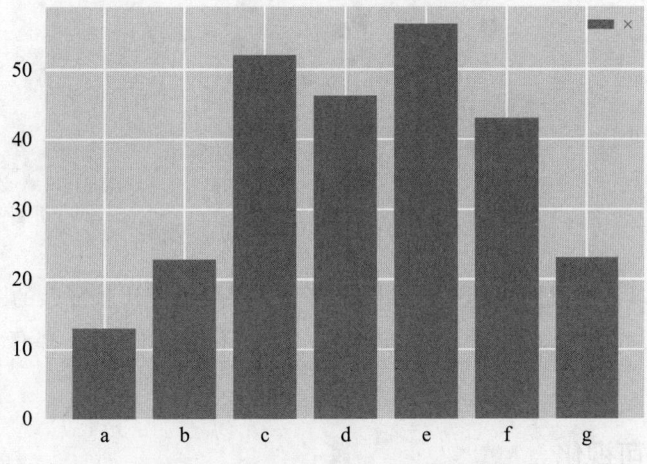

图 7-9 Matplotlib 绘制柱状图效果

再来看看相关性考察中常用的散点图：

```
import matplotlib.pyplot as plt
import numpy as np

plt.style.use('seaborn')

# 构造数据，两组正态分布数列
np.random.seed(6)         # 种子
x = 4 + np.random.normal(0, 2, 30)
y = 4 + np.random.normal(0, 2, len(x))

# 大小和色深值
deep = np.random.uniform(50, 255, len(x))

# 绘图
fig, ax = plt.subplots()
ax.scatter(x, y, s=deep, c=deep, vmin=10, vmax=100)

plt.show()
```

输出效果如图 7-10 所示。

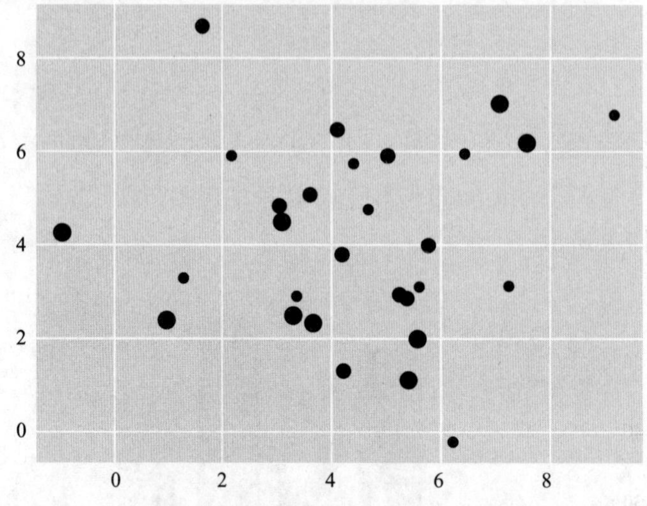

图 7-10　Matplotlib 绘制散点图效果

Matplotlib 可以帮助我们快速完成绘图工作。如果要绘制比较复杂的图形，需要进行深入学习。pandas 集成了 Matplotlib 的绘图方法，DataFrame 和 Series 都有 plot() 方法来直接绘图。

7.6.2　pandas 可视化

pandas 集成了 Matplotlib 的能力，数据对象直接调用 plot()，kind 参数传入图形类型，如传入 bar，可以绘制一张柱状图，还可以直接用 DataFrame 和 Series 的 plot.bar() 来绘制柱状图。

比如，对于一个 Series，可以直接调用 plot() 绘制折线图：

```
import pandas as pd

x = [*'abcdefg']
y = [13, 23, 52, 46, 56, 43, 23]

ser = pd.Series(y, index=x)
ser
'''
a    13
b    23
c    52
d    46
e    56
f    43
g    23
```

```
dtype: int64
'''
ser.plot() # 绘制折线图
```

输出效果如图 7-11 所示。

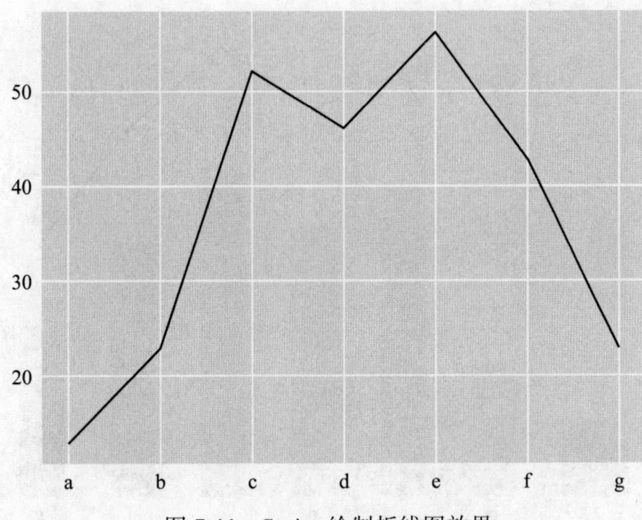

图 7-11　Series 绘制折线图效果

通过 ser.plot.bar() 可以绘制柱状图，输出效果如图 7-12 所示。

```
[103]:  1 ser.plot.bar()
[103]: <AxesSubplot:>
```

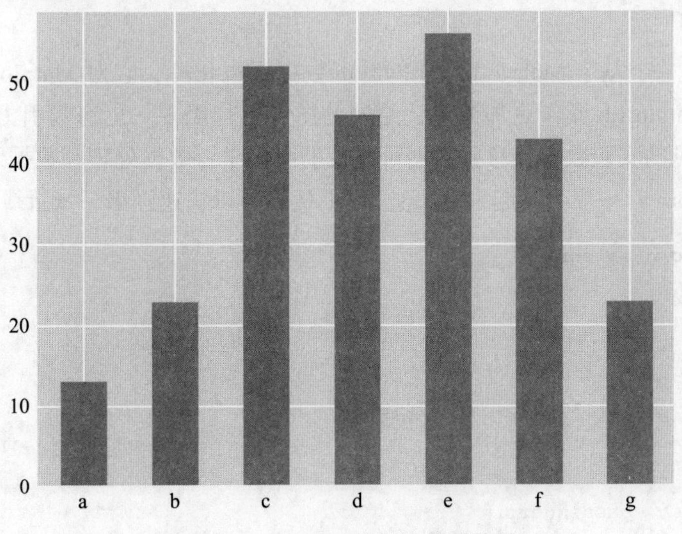

图 7-12　Series 绘制柱状图效果

plot后的bar()可以替换成barh()、pie()、hist()等方法，绘制横向柱状图、饼图、直方图等。如果将两个图形以元组输出，还可以得到它们的合成图。比如，折线图和柱状图合成在一起，输出效果如图7-13所示。

```
((ser+20).plot(), ser.plot.bar())
```

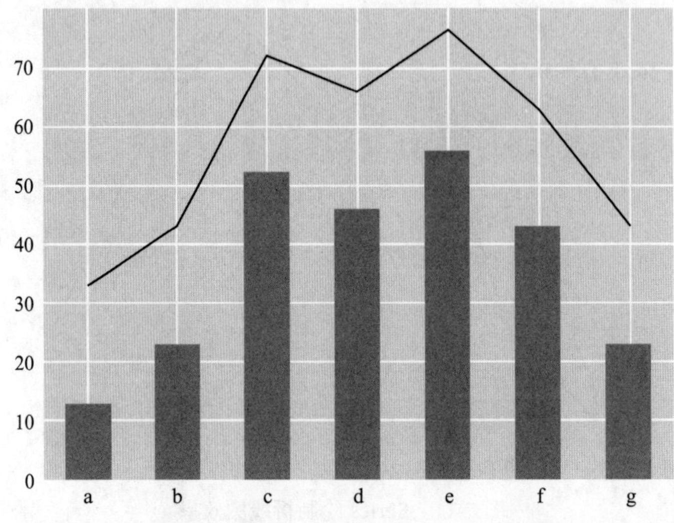

图7-13　Series绘制折线图和柱状图效果

DataFrame与Series一样，也能通过plot()直接绘图。绘图时需要注意的是，当前的数据结构要满足所绘图形的参数要求。

7.6.3　seaborn

seaborn也是一个基于Matplotlib的Python数据可视化库，它对Matplotlib做了更高级的抽象，相比Matplotlib操作更加简单，绘制的图形更加美观、更有吸引力。另外seaborn还内置有一些常见的实验数据，这些数据可以帮助我们学习数据处理和数据绘图。

在导入seaborn时一般为其起别名sns。以下代码可以快速画出一张折线图：

```
import seaborn as sns

sns.set_theme()

# 获取内置航班乘客信息
flights = sns.load_dataset("flights")
flights.head()
'''
   year month  passengers
0  1949   Jan         112
```

```
1  1949   Feb        118
2  1949   Mar        132
3  1949   Apr        129
4  1949   May        121
'''

sns.lineplot(flights, x='year', y='passengers')
# <AxesSubplot:xlabel='year', ylabel='passengers'>
```

输出效果如图 7-14 所示。

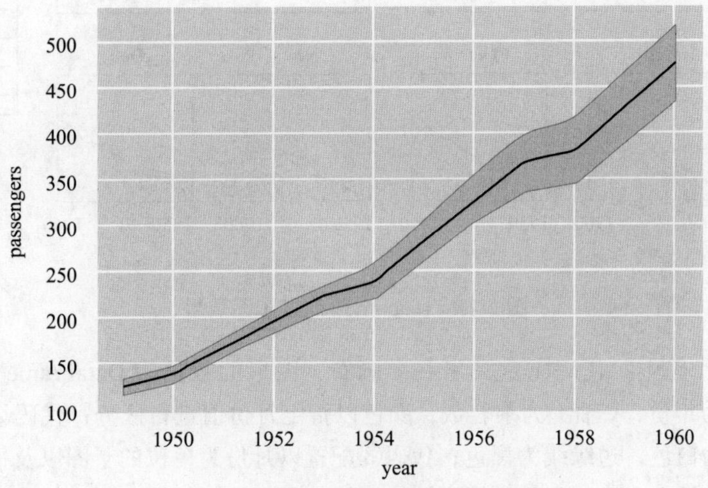

图 7-14 seaborn 绘制折线图效果

此外，seaborn 新发布的 seaborn.objects 对象作为绘图的全新方式，提供了更加一致和灵活的 API。例如，我们将 12 个月份每月的乘客趋势画在一起进行对比，代码如下：

```
import seaborn.objects as so
import seaborn as sns

# 获取内置航班乘客信息
flights = sns.load_dataset("flights")

# 链式调用绘图
(
    so.Plot(flights, x='year', y='passengers', color='month')  # ①
    .theme({'axes.facecolor': 'white', 'axes.edgecolor': 'black'})  # ②
    .facet(col="month", wrap=4)  # ③
    .add(so.Line())  # ④
)
```

输出效果如图 7-15 所示。

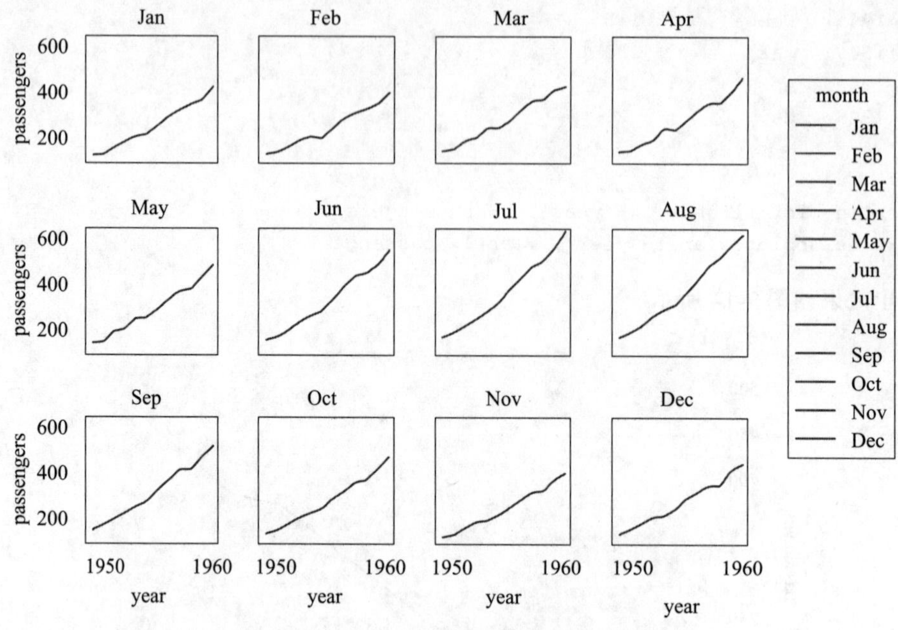

图 7-15　seaborn 绘制多子图效果

以上绘图代码中：代码①定义了一个画布，图形的数据为 DataFrame 类型的 flights，并指定 x 轴上为年份，y 轴上为乘客数，颜色以指定月份值进行区分；代码②设定了主题样式，轴的底色为白色，边缘线为黑色；代码③配置以月份为单位的子图以及每列的个数；代码④增加可视化层，so.Line() 将数据点用线连接起来，得到折线。

用新的 seaborn.objects 对象绘图更加简便，想要了解每个对象和方法的具体功能可以到官方文档 https://seaborn.pydata.org/api.html 查询接口定义。

7.6.4 Plotly

Plotly 是一个交互式的、开源的、基于浏览器的 Python 图形库，它能实现交互式的数据展示，能在 JupyterLab 上直接输出交互图形或者导出 HTML 交互文件。它的操作接口非常简洁，并与 pandas 的数据实现了良好的兼容。

接下来，我们先来实现一张简单的柱状图，还是使用 seaborn 内置的航班数据。以下代码展示每个年份的总人数：

```
import seaborn as sns
import plotly.express as px

# 获取内置航班乘客信息
flights = sns.load_dataset("flights")

px.bar(flights, x='year', y='passengers')
```

输出效果如图 7-16 所示。

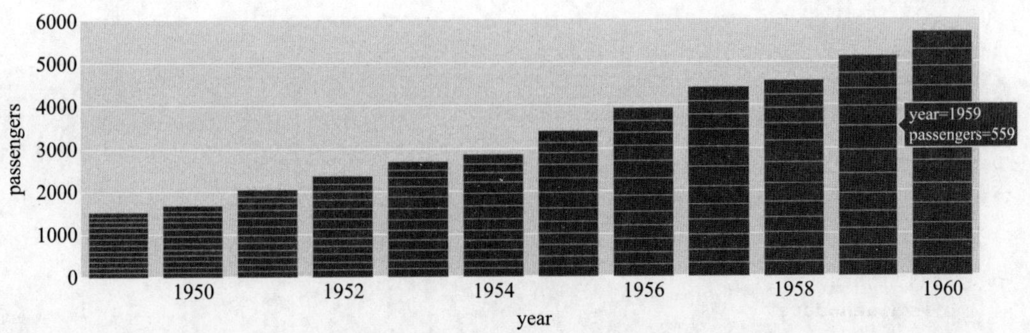

图 7-16 Plotly 绘制柱状图效果

这是一张带有交互效果的可视化图形，鼠标移动到柱条上可以看到当年的数据，在图形的右上角提供了存为图片、绽放、选取等小工具。

pandas 可以通过修改绘图引擎的方式来用 Plotly 绘图：

```
import pandas as pd

# 以下两个方法均可
pd.options.plotting.backend = "plotly"
pd.set_option('plotting.backend', 'plotly')

# 以下两行代码效果相同
flights.plot.bar(x='year', y='passengers')
flights.plot(kind='bar', x='year', y='passengers')
# 输出可视化图形
```

输出的效果与之前的效果相同。

我们再来实现一张饼图。先将航班数据按月份分组和聚合，得到每个月份的总人数，看看不同月份人数的分布对比情况。

```
import seaborn as sns
import plotly.express as px

# 获取内置航班乘客信息
flights = sns.load_dataset("flights")
# 按月汇总人数
data = flights.groupby('month').passengers.sum()
data
'''
month
Jan    2901
Feb    2820
```

```
Mar     3242
Apr     3205
May     3262
Jun     3740
Jul     4216
Aug     4213
Sep     3629
Oct     3199
Nov     2794
Dec     3142
Name: passengers, dtype: int64
'''

px.pie(flights,
       values=data,
       names=data.index,
       height=500, width=500 # 定义图形大小
      )
```

其中，px.pie() 中的 values 是要绘图的值列表，data 是聚合后的 Series，names 是每个值的名称，在这里取 Series 的索引名称。

输出效果如图 7-17 所示。

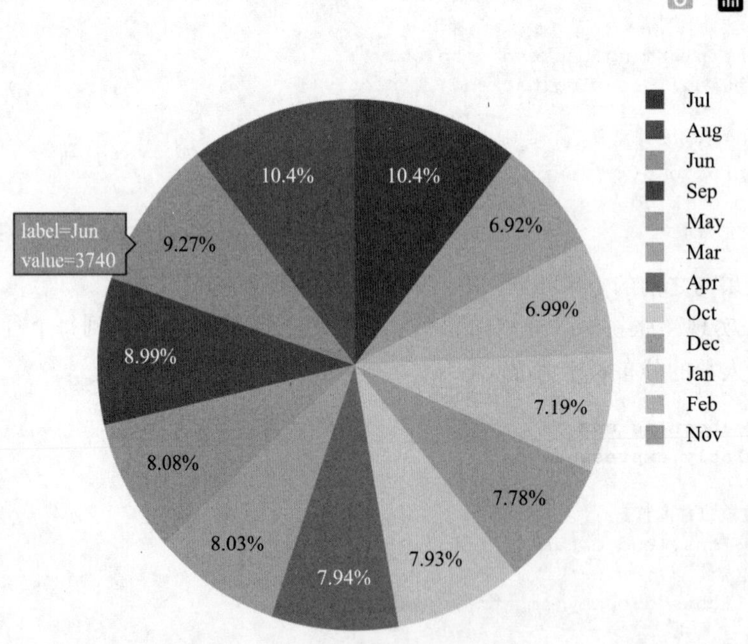

图 7-17 Plotly 绘制饼图效果

图形中不同月份以不同颜色区分，每个色块上的百分比是此月份的占比，鼠标移到色

块上可以看到此月的具体值。右侧为图例，单击每个月份块会在饼图中临时去掉此月份的数据，重新计算其他各月的占比，再次单击又会恢复。

如果想导出 HTML 文件，可以增加以下代码：

```
px.pie(flights,
       values=data,
       names=data.index,
       height=500, width=500
      ).write_html('plotly_pie.html') # 导出 HTML 文件
```

在代码文件同目录下会出现 plotly_pie.html 文件，用浏览器打开可以看到同样的动态交互效果。此网页文件可以分享给其他人或者部署在网页服务器上以获得更好的数据分析体验。

7.6.5 pyecharts

ECharts（https://echarts.apache.org）是一个基于 JavaScript 的开源数据可视化图表库，它提供极其丰富的可视化交互效果，各大互联网公司都会采用它作为 BI 可视化展示支持引擎。pyecharts 是它的 Python 实现，通过编写 Python 代码让不会写前端代码的人更好地使用 ECharts 的强大功能。

我们通过 pyecharts 实现当下流行的词云图，它的绘制词云的类位于 pyecharts.charts.WordCloud，通过 add 方法将数据和相应的配置传入。我们先进行数据处理，以下是某个城市 12345 热线反馈问题按类别的统计：

```
import pandas as pd

df = pd.read_csv('12345反馈问题统计.csv')
df
'''
             问题类型   数量
0            生活资源   999
1            供热管理   888
2            供气质量   777
3          生活用水管理   688
4          一次供水问题   588
..               ...  ...
128    有线电视安装及调试维护   11
129            低保管理   11
130            劳动争议   11
131         社会福利及事务   11

[123 rows x 2 columns]
'''
```

问题类别是词云上展示的关键词，根据数量控制字体大小。词云中 data_pair 参数要求

我们按 [(word1, count1), (word2, count2)] 这样的列表传入，因此我们先要对数据进行格式转换。代码如下：

```
df.apply(tuple, axis=1)
'''
0            (生活资源, 999)
1            (供热管理, 888)
2            (供气质量, 777)
3          (生活用水管理, 688)
4          (一次供水问题, 588)
               ...
128    (有线电视安装及调试维护, 11)
129                (低保管理, 11)
130                (劳动争议, 11)
131            (社会福利及事务, 11)
Length: 132, dtype: object
'''
```

DataFrame 的 apply() 方法应用一个方法按行（axis 为 1）转换为一个元组，我们再用 to_list() 将 Series 转为列表就完成了数据的处理。代码如下：

```
data = df.apply(tuple, axis=1).to_list()
data
'''
[('生活资源', 999),
 ('供热管理', 888),
 ('供气质量', 777),
 ... <输出略>
 ('低保管理', 11),
 ('劳动争议', 11),
 ('社会福利及事务', 11),]
'''
```

接下来，我们将数据绘制为词云并显示在 JupyterLab 上，最终代码如下：

```
from pyecharts.charts import WordCloud
from pyecharts.globals import CurrentConfig
import pandas as pd

# 处理数据
data = (
    pd.read_csv('12345反馈问题统计.csv')
    .apply(tuple, axis=1)
    .to_list()
)

CurrentConfig.NOTEBOOK_TYPE = 'jupyter_lab'  # ①
WordCloud().load_javascript()  # ②

(
    WordCloud()
```

```
    .add(series_name='', data_pair=data, word_size_range=[10, 60])  # ③
    .render_notebook()                                               # ④
)
```

输出效果如图 7-18 所示。

图 7-18　pyecharts 绘制词云图效果

代码①中指定 notebook 的类型为 JupyterLab，而不是 jupyter_notebook、zeppelin 等其他类型。代码②预加载显示词云所需的 JavaScript 静态文件，有时候可能要在单个代码单元里执行，此行代码才能生效。代码③为绘制词云的主要配置参数，data_pair 是我们按要求处理好的成对元组的列表，word_size_range 为词云中字体大小的范围，我们可以调整这个范围参数以达到最佳效果。代码④是将图形输出到 notebook 的方法，这里可以换成 render() 生成 HTML 文件。

pyecharts 提供的图形接口比较简单，但不同图形有着不同的参数，需要我们到官方文档中查询，官方文档网址为 https://pyecharts.org。

7.6.6　小结

在本节介绍的可视化方法中：pandas 的 plot() 方法对 Matplotlib 进行了集成，可以跟随数据处理快速输出图形，但功能和效果有限；Matplotlib 功能强大，几乎可以画出各种出版级的图形，它接口众多，使用灵活，往往需要花费较大的精力才能掌握；seaborn 对 Matplotlib 进行了高度封装，接口简单，还能实现数据聚合处理一键输出图形，极为方便，尤其是新的 seaborn.objects 对象，使绘图更加高效；两个交互式的绘图工具 Plotly 和 pyecharts 实现的可视化效果是交互式的，体验更加优秀，特别是 Plotly，写法简单，值得深入学习。

可视化图形库众多，除了以上介绍的外，还有 bokeh、bqplot、voila 和 folium 等，读者可以根据需求选择适合自己的进行学习。

7.7 本章小结

本章简单介绍了 Python 数据科学的基础 NumPy 和 pandas，也通过几个案例让大家感受数据和处理和分析过程，最后还介绍了数据的可视化内容。

Python 在数据科学领域除了数据处理和数据分析外，还有机器学习，比如流行的 TensorFlow、Scikit-learn、PyTorch 等库在学术界和工业界有大量的使用。Python 还可以用于数据采集（俗称爬虫），requests、Scrapy、Selenium 等是这方面常用的库。

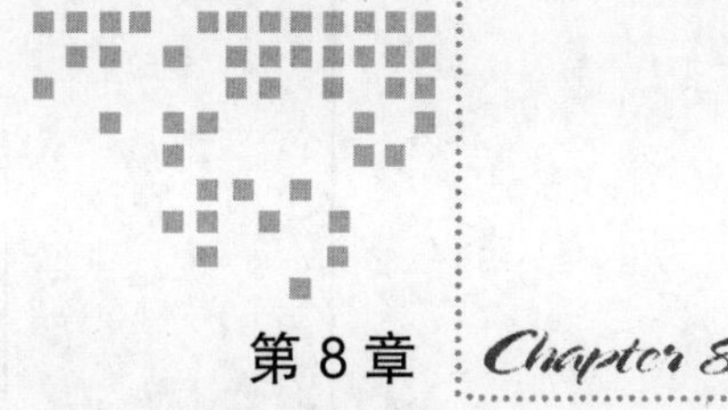

第 8 章 Chapter 8

办公自动化

近些年来，学习 Python 的人越来越多，人们也越来越注重它的实用性。对于广大上班族来说，学习 Python 的目的之一是实现办公自动化。Python 有非常丰富的自动化办公生态，能出色地完成从处理 Excel、Word、PowerPoint、PDF 到自动鼠标操作、自动处理图片、视频剪辑等工作。

办公自动化可以让人们从重复、繁杂的工作中解放出来，提高工作效率。本章主要从自动化处理 Excel 和 Word 入手，带大家领略 Python 在办公自动化领域的能力。

8.1 Excel 操作案例

Excel 表格处理是一个典型的办公场景。表格让繁杂的信息清晰化，其内容展现能力远超文字描述。在表格中除了分析数据，还能记录事项做项目管理，可以说 Excel 是每个上班族几乎每天都会使用的工具。

本节以 pandas 等库为主要工具，介绍几个处理 Excel 表格的案例。

8.1.1 Excel 数据填充

本案例中先提供一个如图 8-1 所示的名为 books.xlsx 的 Excel 数据模板，除了 Name 列有数据外，其他三列都没有数据，希望按要求填充它们。

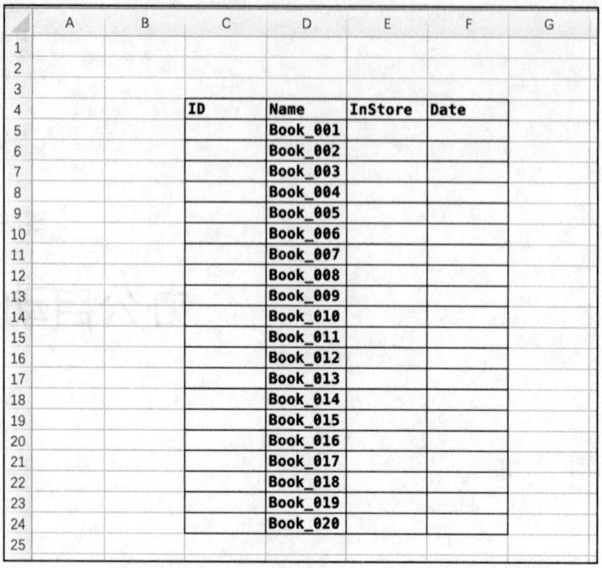

	A	B	C	D	E	F	G
1							
2							
3							
4			ID	Name	InStore	Date	
5				Book_001			
6				Book_002			
7				Book_003			
8				Book_004			
9				Book_005			
10				Book_006			
11				Book_007			
12				Book_008			
13				Book_009			
14				Book_010			
15				Book_011			
16				Book_012			
17				Book_013			
18				Book_014			
19				Book_015			
20				Book_016			
21				Book_017			
22				Book_018			
23				Book_019			
24				Book_020			
25							

图 8-1　需要填充的 Excel 数据模板

各列要求的内容填充规则如下。

- ID：从 1 到 20，等差为 1。
- InStore：店里是否有货，交替填充 Yes、No 值。
- Date：购进日期，从 2018-01-01 开始，每行增加一个月。

从以上需求可知，填充数据并没有格式上的要求，我们完全可以用 pandas 来解决，方法是读取 Excel 为 DataFrame，然后对 DataFrame 指定列重新按规则赋值，最后导出 DataFrame 为 Excel。

首先读取这个 Excel 文件，由于数据区域的左边和上边有空行、空列，需要跳过这些行和列：

```
import pandas as pd

df = pd.read_excel('books.xlsx', skiprows=3, usecols='C:F')
df.head()
'''
    ID      Name  InStore  Date
0 NaN  Book_001      NaN   NaN
1 NaN  Book_002      NaN   NaN
2 NaN  Book_003      NaN   NaN
3 NaN  Book_004      NaN   NaN
4 NaN  Book_005      NaN   NaN
'''
```

pd.read_excel() 函数的参数 skiprows 指定跳过的行数，usecols 以 Excel 列编号切片的形

式定义跳过的列，这样就成功读取到 Excel 文件有数据部分。

接下来进行缺失数据的填充。按需求，思路为用 assign() 重新指定列的填充，代码如下：

```
(
    df.assign(ID=range(1, 21))
    .assign(InStore=['Yes', 'No']*10)
    .assign(Date=pd.date_range('2018-01-01', periods=20, freq='MS'))
)
'''
    ID      Name  InStore        Date
0    1  Book_001      Yes  2018-01-01
1    2  Book_002       No  2018-02-01
2    3  Book_003      Yes  2018-03-01
3    4  Book_004       No  2018-04-01
4    5  Book_005      Yes  2018-05-01
5    6  Book_006       No  2018-06-01
6    7  Book_007      Yes  2018-07-01
7    8  Book_008       No  2018-08-01
8    9  Book_009      Yes  2018-09-01
9   10  Book_010       No  2018-10-01
10  11  Book_011      Yes  2018-11-01
11  12  Book_012       No  2018-12-01
12  13  Book_013      Yes  2019-01-01
13  14  Book_014       No  2019-02-01
14  15  Book_015      Yes  2019-03-01
15  16  Book_016       No  2019-04-01
16  17  Book_017      Yes  2019-05-01
17  18  Book_018       No  2019-06-01
18  19  Book_019      Yes  2019-07-01
19  20  Book_020       No  2019-08-01
'''
```

可以看到，按需求完成了各列的填充，各列的代码逻辑如下。

- ID：用 range() 生成等差数列。这里还有个办法是位置索引加 1，即 df.index+1。
- InStore：将 ['Yes', 'No'] 列表重复 20 次，用列表重复拼接。
- Date：用 pd.date_range() 生成代码范围时间序列，周期为 20，频率为每月，取每月 1 日。

最后，我们将最终的 DataFrame 导出为 Excel：

```
(
    df.assign(ID=range(1, 21))
    .assign(InStore=['Yes', 'No']*10)
    .assign(Date=pd.date_range('2018-01-01', periods=20, freq='MS'))
    .to_excel('books1.xlsx', index=False, startrow=3, startcol=3)
)
```

df.to_excel() 中除了新生成的文件名外，还有 3 个参数：index 设置为 False 表示不导出 DataFrame 的行索引内容，startrow 和 startcol 确定生成数据内容在文件中的行、列位置索引（它们都是从 0 开始的）。

执行完后在代码同目录下看到生成了一个新的 books1.xlsx 文件，如图 8-2 所示（手动对列宽进行了调整），如果想覆盖原文件，指定文件名与原文件名相同即可。

	A	B	C	D	E	F	G	H
1								
2								
3								
4				**ID**	**Name**	**InStore**	**Date**	
5				1	Book_001	Yes	2018-01-01 00:00:00	
6				2	Book_002	No	2018-02-01 00:00:00	
7				3	Book_003	Yes	2018-03-01 00:00:00	
8				4	Book_004	No	2018-04-01 00:00:00	
9				5	Book_005	Yes	2018-05-01 00:00:00	
10				6	Book_006	No	2018-06-01 00:00:00	
11				7	Book_007	Yes	2018-07-01 00:00:00	
12				8	Book_008	No	2018-08-01 00:00:00	
13				9	Book_009	Yes	2018-09-01 00:00:00	
14				10	Book_010	No	2018-10-01 00:00:00	
15				11	Book_011	Yes	2018-11-01 00:00:00	
16				12	Book_012	No	2018-12-01 00:00:00	
17				13	Book_013	Yes	2019-01-01 00:00:00	
18				14	Book_014	No	2019-02-01 00:00:00	
19				15	Book_015	Yes	2019-03-01 00:00:00	
20				16	Book_016	No	2019-04-01 00:00:00	
21				17	Book_017	Yes	2019-05-01 00:00:00	
22				18	Book_018	No	2019-06-01 00:00:00	
23				19	Book_019	Yes	2019-07-01 00:00:00	
24				20	Book_020	No	2019-08-01 00:00:00	
25								

图 8-2 导出填充后的 Excel 数据模板效果

由于 Date 列还有时、分、秒存在，我们再修改下代码，通过 pd.date_range() 生成时间序列的 date 属性，仅获取时间序列的日期。调整后的代码如下：

```
(
    df.assign(ID=range(1, 21))
    .assign(InStore=['Yes', 'No']*10)
    .assign(Date=pd.date_range('2018-01-01', periods=20, freq='MS').date) # 调整处
    .to_excel('books1.xlsx', index=False, startrow=3, startcol=3)
)
```

再运行代码，生成的文件中就只有日期了。

8.1.2 Excel 合并工作表

本需求是关于文档整理自动化的。需求背景是这样的：在一个文件夹下有两类文件，一类是资产表，里边可能有多家公司的资产信息，另一类是人员表，里边可能有多家公司的人员情况。需求是按公司将这两类文件进行合并，一家公司一个文件，每个文件里有这家公司的人员表和资产表，分别用两个工作表（sheet）显示。

以下是文件的目录结构，其中假定 py_script_001.ipynb 是我们写 Python 脚本的文件名，“合并”目录是存放合并后文件的目录。这里我们先手动创建好。

```
- py_script_001.ipynb
- 各公司人员及资产表 /
  - a 公司资产表 1.xlsx
  - b 公司资产表 2.xlsx
  - b 公司人员表 1.xlsx
  - a 公司人员表 2.xlsx
  - a 公司人员表 1.xlsx
  - b 公司人员表 2.xlsx
  - b 公司资产表 1.xlsx
  - a 公司资产表 2.xlsx
- 合并 /
  - <空>
```

两种表的内容格式如下（可以下载本书的配套资源并查看）：

```
# 资产表
'''
  规格  数量 公司
0  大     1   a
1  小     2   a
'''

# 人员表
'''
   姓名  部门   公司
0  张三  一部    b
1  李四  二部    b
'''
```

最终结果为同一公司的表合并成一个 Excel 工作簿，工作簿内按表格类型分成工作表，一个是人员汇总表，一个是资产汇总表。合并后的 Excel 文件结构和最终命名为：

```
- a 公司人员及资产汇总表 .xlsx
  - 工作表 1：人员汇总表
  - 工作表 2：资产汇总表
- b 公司人员及资产汇总表 .xlsx
  - 工作表 1：人员汇总表
  - 工作表 2：资产汇总表
```

要将每家公司的人员汇总表与资产汇总表合并，各形成一个总表，可以定义一个函数，这个函数传入公司名，再根据公司名分别从两个总表里筛选出该公司的数据并保存到一个 Excel 文件的不同工作表里。

最后，对人员汇总表或资产汇总表按公司进行分组操作，调用以上函数生成目标 Excel 文件。

我们开始编写代码。首先获取要处理的文件列表，使用 Python 的内置库 glob 的相关方法，它能通过通配符找出指定目录下所有的相关文件。代码如下：

```
import pandas as pd
import glob

# 读取文件目录下的所有 Excel 文件
files = glob.glob('各公司人员及资产表/*.xlsx')
files
'''
['各公司人员及资产表/a公司资产表1.xlsx',
 '各公司人员及资产表/b公司资产表2.xlsx',
 '各公司人员及资产表/b公司人员表1.xlsx',
 '各公司人员及资产表/a公司人员表2.xlsx',
 '各公司人员及资产表/a公司人员表1.xlsx',
 '各公司人员及资产表/b公司人员表2.xlsx',
 '各公司人员及资产表/b公司资产表1.xlsx',
 '各公司人员及资产表/a公司资产表2.xlsx']
'''
```

以上通过筛选文件名后缀 .xlsx 得到了所有 Excel 文件名的列表，接下来要把资产表和人员表识别出来，用以下方法测试：

```
'资产表' in '各公司人员及资产表/b公司资产表1.xlsx'.split('/')[1]
# True
```

以上我们从详细文件名（包含路径）中提取出文件名主体（分拆切片取索引 1），然后判断它是否包含“资产表”字样。以上方法可以用在下面的列表解析式中，用于合并文件。先按类型读取 Excel 文件并定义一个函数：

```
dflist_by_type = lambda type_: [pd.read_excel(i) for i in files if type_ in
    i.split('/')[1]]
```

由于功能比较简单，我们用 lambda 把两类表读取为 DataFrame 列表。接下来分别合并两类报表：

```
# 所有人员表合并
staff = pd.concat(dflist_by_type('人员表'), ignore_index=True)
staff
'''
   姓名  部门  公司
0  张三  一部   b
1  李四  二部   b
2  王五  一部   a
...
6  张三  一部   b
7  李四  二部   b
'''
```

```
# 所有资产表合并
assets = pd.concat(dflist_by_type('资产表'), ignore_index=True)
assets
'''
  规格  数量 公司
0   大    1  a
1   小    2  a
2   大   99  b
...
8   小    2  a
9   中    3  a
'''
```

接下来定义生成 Excel 文件的函数：

```
def to_company_excel(d):
    company = d.name # 公司名
    with pd.ExcelWriter(f'合并/{company}公司人员及资产汇总表.xlsx') as writer:
        # 人员汇总表
        (
            staff.loc[staff.公司==company]
            .to_excel(writer, index=False, sheet_name='人员汇总表')
        )
        # 资产汇总表
        (
            assets.loc[assets.公司==company]
            .to_excel(writer, index=False, sheet_name='资产汇总表')
        )
    print(f'{company}公司报表生成完毕！')
```

解析一下这个函数的功能：

- 传入的参数 d 是分组后的子 DataFrame，但是我们不打算用这个子 DataFrame，只用到它的分组名 d.name，也就是每家公司的名字。
- with as 上下文管理器用于定义一个 pd.ExcelWriter 写文件对象，别名 writer 是这个文件对象的标识符。
- 接下来分别生成两个工作表，先对人员和资产数据各自筛选当前公司的数据，然后生成 Excel 到文件对象，sheet_name 是我们指定的工作表名。
- 最后一行打印生成结果。

最后来调用这个函数：

```
staff.groupby('公司').apply(to_company_excel)
'''
a公司报表生成完毕！
b公司报表生成完毕！
'''
```

完成后可以到“合并”文件目录中查看成果，图 8-3 所示就是我们打开文件看到的效果。

图 8-3　合并后的 Excel 文件

这样就得到了我们想要的各公司的人员及资产汇总表。

8.1.3　按分组拆分 Excel 文件

我们在日常工作中经常需要对文件进行切分，比如，销售助理需要将一个客户名单分配给不同的销售人员，因此需要将一个 Excel 文件分成多个 Excel 文件。接下来我们就用 Python 实现按分组批量导出文件的功能。

我们使用测试数据集来完成这样的需求，这个数据集的 team 字段就是分组依据：

```
import pandas as pd

df = pd.read_excel('https://www.gairuo.com/file/data/team.xlsx')
df.head()
'''
    name team  Q1  Q2  Q3  Q4
0  Liver    E  89  21  24  64
1   Arry    C  36  37  37  57
2    Ack    A  57  60  18  84
3  Eorge    C  93  96  71  78
4    Oah    D  65  49  61  86
'''
```

通过以上代码中的前五条数据可以看到 team 为数据的分组，现在的需求是将这个

Excel 文件拆分成若干个 Excel 文件，每个 Excel 文件包含其中一个组的数据。

对于分组问题，首先要将 df 用 groupby() 方法进行分组，这样就会产生一个分组对象（每个分组是一个子 DataFrame），再对这个分组对象进行操作，对子 DataFrame 执行导出操作。要实现批量对分组的操作，可以用 apply 调用数据导出函数。

接下来，我们看实现代码，需要提前在代码目录中创建一个名为“拆分”的目录：

```
# 保存的文件名为分组的文件名
(
    df.groupby('team') # 分组
    # 按组导出 Excel 文件
    .apply(lambda d: d.to_excel(f'拆分/team-{d.name}.xlsx'))
)
```

其中，d.name 是分组 team 的取值。分组后的每个子 DataFrame 的索引为 team 值，d.name 就是索引的取值。要特别注意的是，name 列是分组后的一个属性，不是原表中的 name 列，为了防止冲突，需要取 name 列时可按数据抽取的形式读取，即 d['name']。

这样就导出了所有文件，且文件的命名包含分组名：

```
- 拆分/
    - team-A.xlsx
    - team-B.xlsx
    - team-C.xlsx
    - team-D.xlsx
    - team-E.xlsx
    - team-F.xlsx
```

以上导出的是 Excel 文件，如果想导出 CSV 文件，可以使用 to_csv() 方法。

8.1.4　按列拆分 Excel 文件

接上例，如果想按列进行拆分，比如将 team.xlsx 文件拆分为两个 Excel 文件，一个包含 name 和 team 列，另一个包含 name 和 Q1 ～ Q4 列。

在上例中我们是按行分组拆分 Excel 文件的，本例的思路与之类似，还是利用 groupby() 方法进行分组，不过是按列分，这需要对该方法传入参数 axis=1。不能直接按列名分组，我们需要构造一个和列名长度相同的序列，使需要分组在一起的列序列对应位置值相同。另外，两个文件都要包含 name 列，可以将它设置为索引，分组时都会带着索引。

先设置以 name 为索引，效果如下：

```
df.set_index('name').head()
'''
      team  Q1  Q2  Q3  Q4
name
Liver    E  89  21  24  64
Arry     C  36  37  37  57
Ack      A  57  60  18  84
```

```
Eorge      C  93  96  71  78
Oah        D  65  49  61  86
'''
```

然后构造以下序列，与以上 DataFrame 的列名相同，用于分组：

```
['team'] + ['Q']*4
# ['team', 'Q', 'Q', 'Q', 'Q']
```

接下来按照这个列表将以 name 为索引的 DataFrame 进行分组并导出数据。完整代码如下：

```
# 设置手动分组并拆分、导出
(
    df.set_index('name')
    .groupby(['team'] + ['Q']*4, axis=1)
    .apply(lambda x: x.to_excel(f'拆分/{x.name}.xlsx'))
)
```

可以看到“拆分”目录下有两个拆分后的文件，如图 8-4 所示。

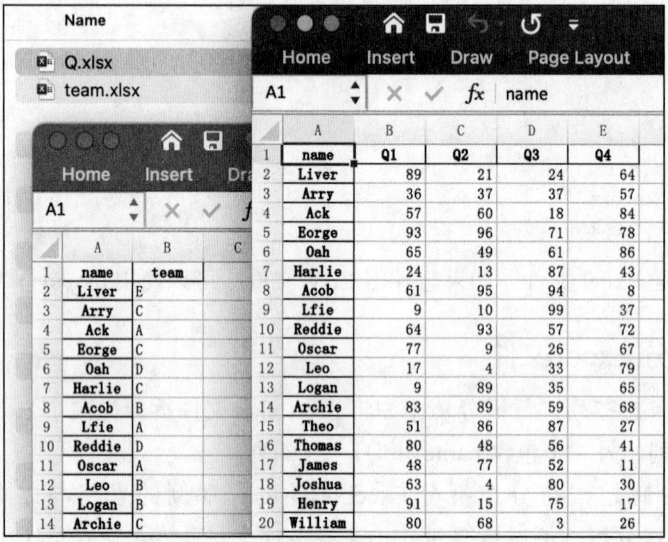

图 8-4　拆分后的 Excel 文件

以上生成了两个文件，即 team.xlsx 和 Q.xlsx，这样就实现了需求。总结一下，如果要按列拆分文件，而列名不能作为拆分依据，那么可以构造一个长度相同的列表来自定义拆分规则。

8.1.5 导出带指定格式的 Excel 文件

使用 pandas 处理完 Excel 文件、进行导出时，想增加格式怎么办呢？虽然 pandas 的 Style 对象很方便，但是它并不适用于非 CSS 的原生 Excel 文件。我们来看看如何实现这个需求。

构造 DataFrame 数据如下：

```
import pandas as pd

df = pd.DataFrame({'A': [113.4, 2224.3252],
                   'B': [564.09, 2323.5612]})
df
'''
          A          B
0   113.4000   564.0900
1  2224.3252  2323.5612
'''
```

对于以上数据，在导出 Excel 文件时，我们想将格式设置为：带千分位符号，显示两位小数，数据右对齐。由于 DataFrame 的 Style 对象无法支持，我们先使用 pd.ExcelWriter() 构造一个数据表并保存，再利用对应引擎的格式设置方法来完成格式操作。以下为全部代码：

```
with pd.ExcelWriter('df-formated.xlsx') as writer:

    df.to_excel(writer, sheet_name='Sheet1', index=False)

    workbook = writer.book  # ①
    worksheet = writer.sheets['Sheet1']  # ②
    worksheet.set_zoom(200)  # 界面放大比例显示

    format1 = workbook.add_format({'num_format': '#, ##0.00',
                                   'align': 'right'})  # ③

    worksheet.set_column('A:B', 20, format1)  # ④
```

这段代码使用了 pd.ExcelWriter() 上下文管理器（命名为 writer），它默认使用的是 XlsxWriter 引擎（第三方库，需要安装）。下文中将使用 XlsxWriter 的相关方法设置数据格式。

代码①将获取 Excel 文件对象；代码②将工作表再赋值给 worksheet；代码③定义格式，包括数字格式和对齐方式；代码④将这个格式对象应用到 A、B 两列。

导出 Excel 文件的结果如图 8-5 所示。

这样就得到了最终的效果。

8.1.6 小结

本节介绍的 Excel 文件处理案例主要依赖 pandas 来完成。pandas 已经集成了读取和写入 Excel 文件的第三方库，通过示例可以看到用 pandas 操作 Excel 文件非常方便，它能够帮助我们处理复杂的逻辑，也能利用其广播、隐式循环等功能实现批量化的功能。

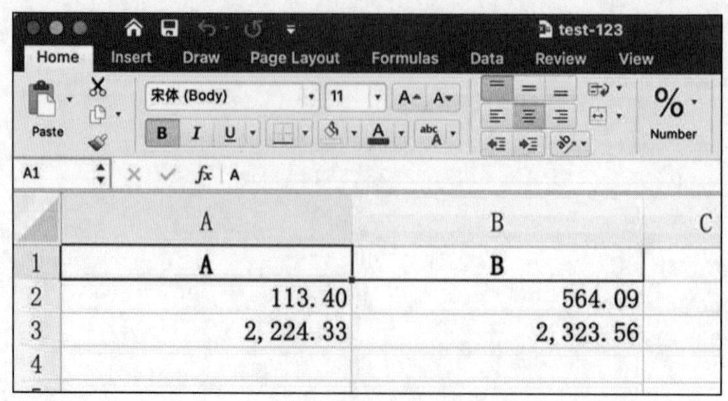

图 8-5　导出带有格式的 Excel 文件

不过，pandas 在 Excel 文件的内容格式化方面存在不足，如果需要格式化显示的能力，就要用到专门的 Excel 读写库。

8.2 Excel 处理库

Excel 文档中有大量的重复操作，也有一些复杂的整理操作，Python 在操作 Excel 方面有 pandas、XlsxWriter、openpyxl、xlwings、win32com、xlrd、xlwt、xlutils 等第三方库，本节将介绍几个最为常用的库以及它们的使用示例，这些示例主要涉及 Excel 的格式化、绘图等功能。

8.2.1 XlsxWriter 简介

在上例中，我们使用了 XlsxWriter 作为生成 Excel 文件的引擎。XlsxWriter 是一个用于创建 Excel xlsx 文件的 Python 模块，可用于将文本、数字和公式写入多个工作表，并支持格式、图像、图表、页面设置、自动过滤器、条件格式等功能。需要注意的是，它只能生成全新的 Excel 表格，而无法读取一个已经存在的表格。

XlsxWriter 中对于一个 Excel 文件有以下 3 个重要对象。

- ❑ Workbook：工作簿对象，就是一个独立的 Excel 文件。
- ❑ Worksheet：工作表对象，就是一个表，一个 Excel 文件可以有多个表。
- ❑ cell/range：一个单元格或者一定范围的若干单元格。

图 8-6 所示为这些对象描述的位置。

以上对象定义，与其他操作 Excel 文件的 Python 第三方库（如 openpyxl、xlwings、xlrd、xlwt 等）中的定义基本是一致的。

以下我们在 Excel 文件中写入一些内容：

```
import xlsxwriter
```

```
# 创建新的 Excel 文件并添加工作表
workbook = xlsxwriter.Workbook('demo.xlsx')
worksheet = workbook.add_worksheet()

# 加宽第一列，使文字更清楚
worksheet.set_column('A:A', 20)

# 定义加粗格式
bold = workbook.add_format({'bold': True})

# 写一些简单的文字
worksheet.write('A1', 'Hello')

# 增加应用格式的文本
worksheet.write('A2', 'World', bold)

# 写一些数字，用行列位置索引表示法
worksheet.write(2, 0, 123)
worksheet.write(3, 0, 123.456)

# 插入图像
worksheet.insert_image('B5', 'logo.jpg', {'x_scale': 0.5, 'y_scale': 0.5})

# 关闭资源
workbook.close()
```

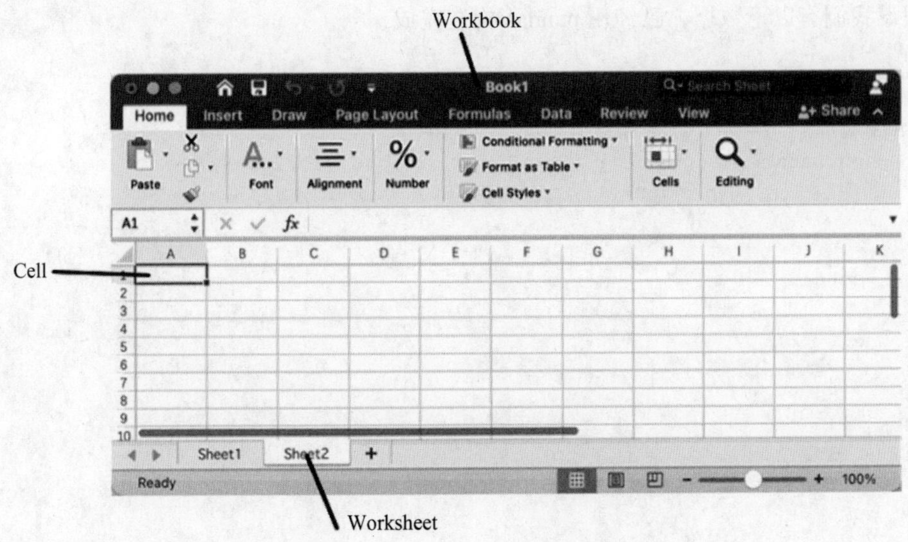

图 8-6　XlsxWriter 对象定义示意

脚本同目录下可以打开生成的 demo.xlsx 文件，效果如图 8-7 所示。

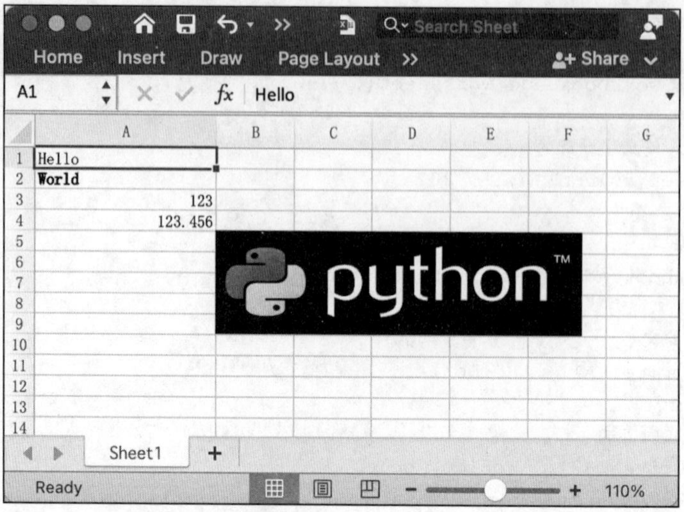

图 8-7　XlsxWriter 生成一个 Excel 文件

由于 XlsxWriter 功能丰富，接口清晰，并与 pandas 有着良好的交互，一般在需要由经过 pandas 处理的数据生成带格式、图形的 Excel 文件时，都会首选它。

8.2.2　用 XlsxWriter 生成带折线图的 Excel 文件

本案例我们将使用 pandas 和 XlsxWriter 模块生成一个带有折线图的 Excel 文件，其中 pandas 的 DataFrame 负责提供数据，XlsxWriter 负责图形的构造和 Excel 的生成。

假设我们有以下数据，已经用 pandas 构造完成：

```
import pandas as pd

# 构造数据
df = pd.DataFrame({'data': [5, 10, 30, 50, 40, 30, 60]},
                  index=[11, 22, 42, 83, 94, 111, 333])
df
'''
     data
11      5
22     10
42     30
83     50
94     40
111    30
333    60
'''
```

除了由以上数据生成 Excel 文件外，还需要在数据旁边增加与数据对应的折线图。

首先用 pd.ExcelWriter 创建一个 Excel 写入对象，XlsxWriter 作为写入引擎，将 DataFrame

转换为 XlsxWriter 对象。

用 XlsxWriter 的 workbook 和 worksheet 创建图表对象，插入图形并保存的代码如下：

```
# 使用 XlsxWriter 作为引擎创建 Excel 编写器
with pd.ExcelWriter('chart_excel.xlsx', engine='xlsxwriter') as writer:
    # 将数据框转换为 XlsxWriter Excel 对象
    df.to_excel(writer, sheet_name='Sheet1')

    # 获取 XlsxWriter 工作簿和工作表对象
    workbook  = writer.book
    worksheet = writer.sheets['Sheet1']

    # 创建图表对象，类型设置为折线图
    chart = workbook.add_chart({'type': 'line'})

    # 设置图形的标题
    chart.set_title({'name': 'Data 的折线图 '})
    # 从 DataFrame 数据配置图表，指定序列数据区域
    chart.add_series({
        'categories': '=Sheet1!$A$2:$A$8',   # x 轴显示内容
        'values':     '=Sheet1!$B$2:$B$8',
        'line':       {'color': 'red'},  # 线条颜色
        'name':       'data',  # 图例名称
    })

    # 将图表插入工作表，指定图表的位置
    worksheet.insert_chart('D2', chart)
```

这时打开 Python 脚本所在文件目录内的 chart_excel.xlsx 文件，效果如图 8-8 所示。

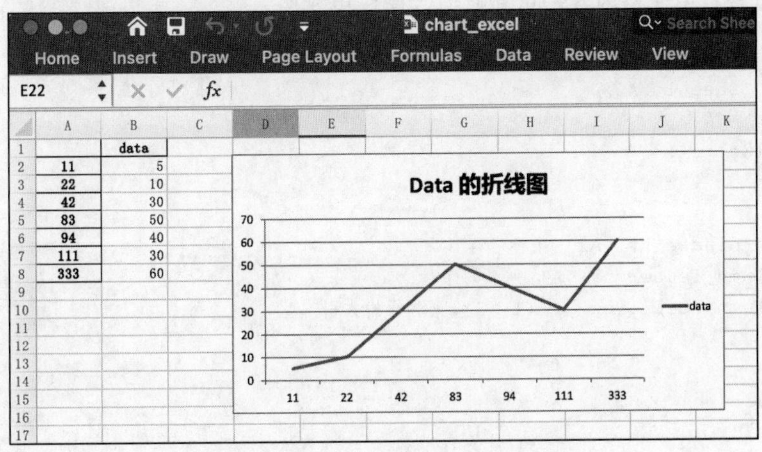

图 8-8　生成一个带折线图的 Excel 文件

更多图形的画法可以参考 XlsxWriter 的官方文档。

8.2.3 openpyxl 简介

openpyxl也是一个非常常用的Excel文件操作库，它既可以读取文件，也可以写入文件。它简单易用，功能丰富，不仅支持单元格式、图片处理、公式计算、表格筛选、批注、文件保护等，还能与NumPy和pandas有效结合。

它对Excel的描述也与XlsxWriter一样，分为工作簿对象Workbook、工作表对象Worksheet和表格对象Cell。

它可以打开一个文件。我们用它来打开之前用XlsxWriter生成的文件demo.xlsx，文件内容可查看图8-7。打开文件获取相关信息的代码如下：

```
import openpyxl as opx

wb = opx.load_workbook('demo.xlsx')  # 读取文件 Workbook

wb.sheetnames  # 查看工作表名称
# ['Sheet1']
wb.active  # 获取当天激活的表单 Worksheet
# <Worksheet "Sheet1">

# 获取工作表 Worksheet 对象，以下方法相同
ws = wb.active  # 获取当天激活的表单
ws = wb['Sheet1']  # 指定表

# 指定当前激活表的单元格 cell 对象，以下方法相同
cell = wb.active.cell(row=2, column=1)  # 读取默认表的表格
cell = ws['A2']  # 指定单元格
```

然后可以查看单元格内容，重新赋值，操作单元格。

```
cell  # 表格对象
# <Cell 'Sheet1'.A2>
# 单元格的内容
cell.value
# 'World'

cell.coordinate  # 'A2' 坐标名称
cell.column_letter  # 'A' 列名的字母
cell.column, cell.row  # (1, 2) 列和行的索引

# 样式
cell.style
# 'Normal'

# 字体是否加粗和字体名字
cell.font.b, cell.font.name
# (True, 'Calibri')
```

8.2.4　用 openpyxl 创建绘图文件

我们在以上文件中再创建一个工作表，写入一些新的内容并绘制图形，下面是所有的代码：

```
import pandas as pd
import openpyxl as opx

wb = opx.load_workbook('demo.xlsx')  # 读取文件 Workbook

data = (
    [2011, 55, 20],
    [2012, 61, 22],
    [2013, 57, 18],
    [2014, 46, 33],
    [2015, 55, 29],
    [2016, 80, 35],
)  # ①

# 生成随机的 DataFrame
df = pd.DataFrame(data, columns=['年份', '销量', '收入'])  # ②
df
'''
    年份   销量   收入
0   2011   55   20
1   2012   61   22
2   2013   57   18
3   2014   46   33
4   2015   55   29
5   2016   80   35
'''

ws2 = wb.create_sheet("new sheet")  # 在末尾插入(默认)

# 添加表头
ws2.append(df.columns.to_list())  # ③

# 添加数据
for _, row in df.iterrows():  # ④
    ws2.append(row.to_list())


# 定义居中的样式
center_style = opx.styles.Alignment(horizontal='center', vertical='center')
# 将样式应用在数据范围的表格中
for row in ws2['A1': 'C7']:  # ⑤
    for cell in row:
        cell.alignment = center_style

# 定义一个面积图并指定图的相关信息
chart = opx.chart.AreaChart()
```

```
chart.title = '销量收入表'  # 标题
chart.style = 18 # 样式编号
chart.x_axis.title = '年份' # x轴名称
chart.y_axis.title = '数量'  # y轴名称

# 绘制图形
cats = opx.chart.Reference(ws2, min_col=1, min_row=2, max_row=7) # 分类数据区域
data = opx.chart.Reference(ws2, min_col=2, min_row=1, max_col=3, max_row=7)
                                                              # 数据区域
chart.add_data(data, titles_from_data=True)
chart.set_categories(cats)

# 添加图形
ws2.add_chart(chart, "A10")

wb.save("demo2.xlsx")
```

代码①定义了一个数据集；代码②将这个数据集转为DataFrame并指定了索引列的标签；代码③将列索引添加到工作表中，会增加一行，默认会从A1位置添加；代码④按行将所有的数据追加到表中；代码⑤将定义好的居中样式应用到指定的区域，第一个for迭代所有的行，第二个for迭代每行中的每个单元格并对其应用样式。

图8-9为打开文件的效果。

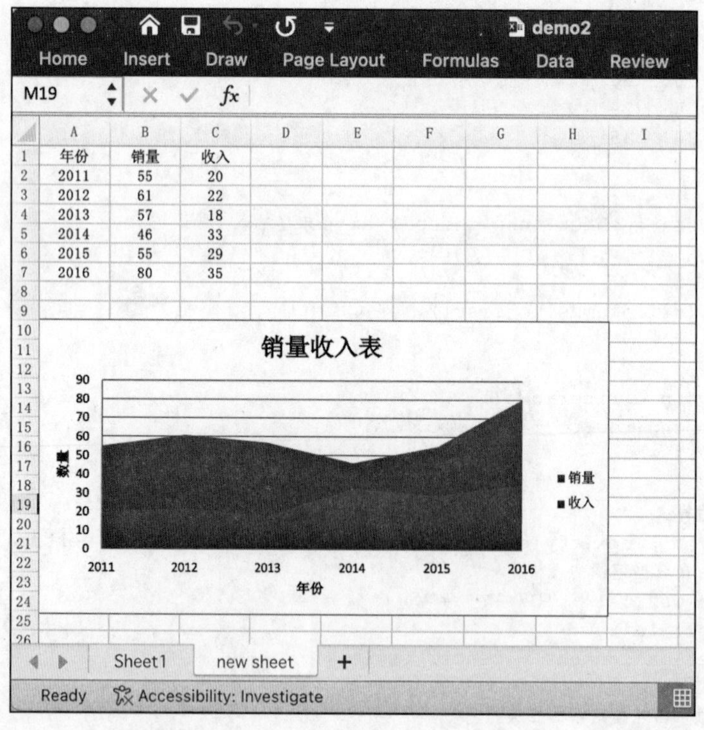

图8-9 openpyxl修改Excel文件效果

从第二个工作表中可以看到新生成的数据和可视化图形。openpyxl 接口与 XlsxWriter 非常相似，使用时可以通过它们的官网查询相关细节。

8.2.5 xlwings 简介

xlwings 是当下关注度比较高的 Python 处理 Excel 的第三方库，它可以轻松地用 Python 调用 Excel，安装相关的插件之后，它还支持在 Excel 中执行 Python 代码。xlwings 的接口清晰，文档完善，同时可以与 Excel 交互式编程，能够实时看到代码的执行效果。

它的设计机制和之前介绍的 Excel 库不一样，它要求运行 Python 的电脑必须安装 Excel，通过代码创建一个新的 Excel 文件或者与已有的文件建立连接时，Excel 文件会立即启动，接下来的编码可以实时同步查看效果。

xlwings 对象的层级结构如图 8-10 所示，App 对象表示打开的一个 Excel 程序，Book 对象表示一个 Excel 文件，Sheet 对象表示 Book 中的一个工作表，Range 表示 Sheet 中的一部分单元格范围，它们都可以包含多个下级对象，apps、books、sheets 是它们同级对象的集合。

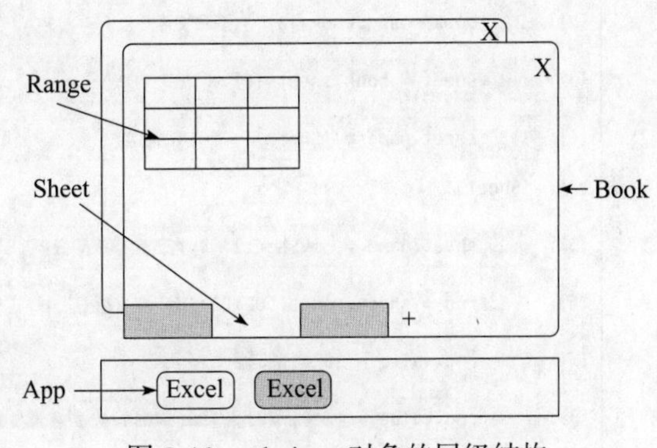

图 8-10 xlwings 对象的层级结构

我们在 JupyterLab 中编写代码启动一个 Excel 程序，它会自动创建一个 Excel 临时文件（未保存），文件会默认创建一个工作表。

下面我们在 JupyterLab 上进行一些操作，以下代码可以放在每个单元格中一行行地执行，观察 Excel 的启动、数据填充、修改等的实时效果。

```
import xlwings as xw

# 定义（打开）一个 Excel 程序
app = xw.App()

book = app.books[0]  # 获取文件
sheet = book.sheets[0]  # 获取工作表

sheet.name  # 'Sheet1' 工作表的名字
sheet.name = 'mySheet1'  # 修改工作表的名字

rng = sheet.range('B2:C3')  # 定义范围
rng.value = 10  # 指定值
rng.value = ([10, 20], [30, 40])  # 扩展添加数据
rng.color = '#ccc666'  # 添加背景色
rng.autofit()  # 自动调整范围内所有单元格的宽度和高度
```

```
rng.font.size = '20'  # 设置字体大小

book.save('xlwings_test.xlsx')  # 保存文件
app.quit()  # 退出程序
```

最终保存文件并退出 Excel 程序，在执行过程中，可以实时预览数据修改的效果，如图 8-11 所示。

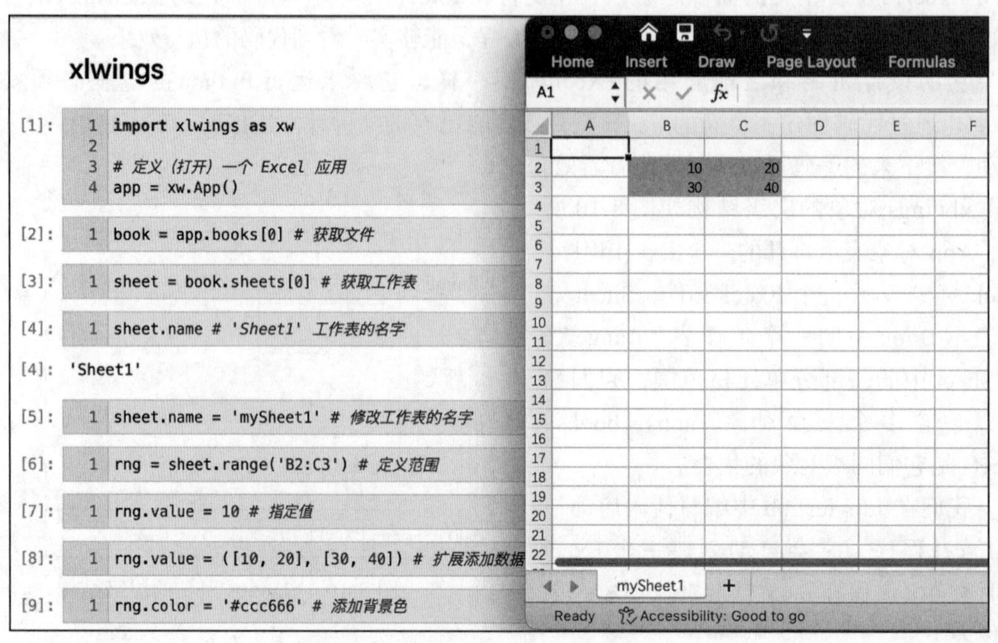

图 8-11　编写 xlwings 代码实现预览

执行完所有代码后，可以去代码目录中打开保存后的 xlwings_test.xlsx 文件，查看生成文件的效果。

8.2.6　用 xlwings 创建绘图文件

本例中，我们将一个 DataFrame 用 xlwings 写入 Excel，并绘制图形。以下是本案例的整体代码，你可以一行行地执行来看看相应的效果。

```
import pandas as pd
import xlwings as xw

data = (
    [2011, 55, 20],
    [2012, 61, 22],
    [2013, 57, 18],
    [2014, 46, 33],
    [2015, 55, 29],
```

```
    [2016, 80, 35],
)

# 生成随机的 DataFrame
df = pd.DataFrame(data, columns=['年份', '销量', '收入'])

# 定义（打开）一个 Excel 程序
app = xw.App()
sheet = app.books[0].sheets[0]

shape = df.shape[0]+1, df.shape[1]  # ①
rng = sheet.range((1,1), shape)  # ②
rng.options(index=False).value = df  # ③

# 设置字体颜色
rng.font.color = '#11446688'
# 设置字体大小
rng.font.size = 16
# 设置行高
rng.row_height = 24
# 表头加背景
rng[0, :].color = '#A9D08E'  # ④

# 数据偶数行加背景
for idx, row in enumerate(rng.rows[2:]):  # ⑤
    if idx % 2 == 0:
        row.color = "#D0CECE"

# 绘图，指定图的位置和大小
chart = sheet.charts.add(sheet['E1'].left, sheet['E1'].top, height=300, width=500)
chart.chart_type = 'column_clustered'  # 多列图
chart.set_source_data(sheet.range('B1').expand())  # 图中的数据
app.books[0].save('xlwings_1.xlsx')  # 保存文件
app.quit()  # 退出程序
```

图 8-12 为打开文件的效果。

我们来分析一下以上代码。导入 pandas 和 xlwings 库后我们构造了一个 DataFrame，此 DataFrame 是我们将要写入 Excel 的内容，接着定义一个 Excel 程序并获取工作表，我们针对这个工作表进行操作。

代码①将原 DataFrame 形状的行数加 1，因为 DataFrame 的行标签不计入数据，Excel 写入时要包含列索引行。代码②定义了一个范围，范围的内容是左上和右下的坐标，由于 Excel 单元格位置坐标是从 1 开始的，所以左上写（1, 1），右下就是我们修改后的 DataFrame 形状值。

代码③将范围对象赋值为 df，它会将所有 DataFrame 类型数据的内容扩展填入。options(index=False) 表示不写入 DataFrame 的索引。

代码④对范围内的第一行添加背景颜色，在范围对象中可以使用行列的位置索引和切片再选择范围。代码⑤实现了隔行添加背景，Python 的内置函数 enumerate() 让我们迭代行时有了 0 开始的索引，对索引值除以 2 取余，如果为 0，则代表它是新范围内的偶数行。

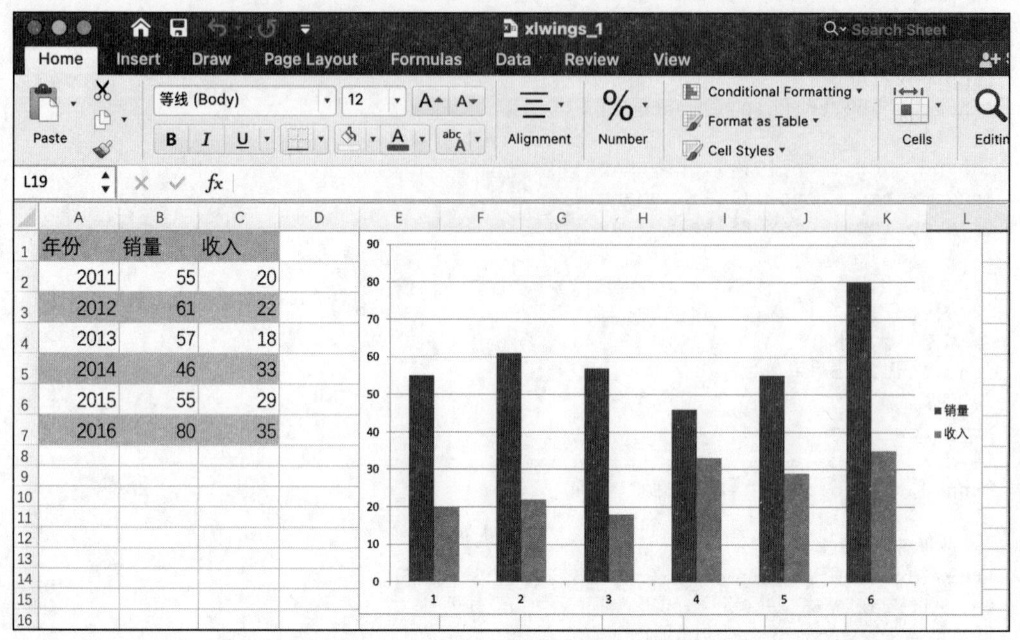

图 8-12　xlwings 生成 Excel 文件的效果

8.2.7　小结

本节介绍的 Excel 处理库各具特色。xlsxwriter 只能生成文档，但它的功能相当全面、接口简单；openpyxl 既能读取也能写入，但接口的友好性不如 xlsxwriter；xlwings 接口最为简单友好，也支持实时预览，不过功能较少，对于缺少的功能只能调用 VBA 的 API，还有一点是 xlwings 本机必须安装 Excel。

在我们的使用中，以上库都可能会有所涉及，需要我们根据实际需求来决定使用哪个库。

8.3　Word 处理

Word 也是最常用的办公软件之一，一些文书、说明材料、技术手册、总结报告等都会以 Word 形式来编写。本节将介绍在 Python 操作 Word 方面最受欢迎的 python-docx 库，以及 python-docx 库的进化版本 docxtpl。docxtpl 让我们用类似网页模板的形式来生成 Word 文档。

8.3.1　python-docx 简介

python-docx 是一个用于创建和修改 Microsoft Word（.docx）文件的 Python 库，在使用前需要用 pip install python-docx 命令进行安装，使用时要通过 import docx 命令导入。

python-docx 中定义一个 Word 文件的对象为 docx.Document()，它需要传入文件路径和文件名，文件名也可以打开已经存在的文档。下面是创建一个只有一行文本的新文档的代码。

```
import docx
doc = docx.Document()
doc.add_paragraph('人生第一个 Python 创建的文档')
# <docx.text.paragraph.Paragraph at 0x7fbcef4a5810>
doc.save('test.docx')
```

打开这个 Word 文档，效果如图 8-13 所示。

图 8-13　python-docx 创建 Word 文档的效果 1

如果要读取一个文档，需要在 docx.Document() 中传入文件名。我们将上面创建的文档读取为一个对象，然后添加一些内容，最后另存为一个新文档。

```
import docx
doc = docx.Document('test.docx')
p = doc.add_paragraph('以下是 Python 的')
p.add_run('LOGO').bold = True
doc.add_picture('logo.jpg', width=docx.shared.Inches(2.2))
# <docx.shape.InlineShape at 0x7f9f42cc34c0>
doc.save('test1.docx')
```

打开修改后的 Word 文档，效果如图 8-14 所示。

图 8-14　python-docx 创建 Word 文档的效果 2

代码中 doc.add_paragraph() 返回的是一个段落（paragraph）对象，可以继续使用段落对象的 add_run() 方法追加新的内容并给定样式。方法 add_picture() 添加图片，可以指定图片宽度，宽度使用 docx.shared 下的英寸对象。

8.3.2　docxtpl 简介

用 python-docx 从零生成 Word 文档过于复杂，需要编写大量的代码。在自动化办公中，一般会提供一个 Word 模板，然后按照格式去填充。例如，合同文本、证明材料、数据分析报告等内容均有固定的模板，只有部分内容是动态变化的。

按照模板的思想，基于 python-docx 的第三方 Python 库 docxtpl 应运而生。先创建一个 Word 模板，将固定内容格式化后，再将动态内容用一个叫 Jinja2 的模板引擎的标记语法占位。这种机制类似于 Web 开发中的网页内容渲染方法。

我们来感受一下这种写法，以下是按模板生成一个回执的示例。先创建一个 Word 文档作为模板，在模板中完成排版，将需要变化的内容用双花括号包裹变量的形式占位。我们的模板如图 8-15 所示。

双花括号中，p 表示一个段落，后边接空格和变量名，这些变量名是字典的键，需要用对应的值来替换。以下是我们编写的代码：

```
from docxtpl import DocxTemplate

# 读取定义模板文件
tpl = DocxTemplate('templates/receipt_tpl.docx')
```

```
# 定义子内容
sd = tpl.new_subdoc()
# 添加段落
p = sd.add_paragraph(
    '您的来信我已经收到了，感谢您在信中的关心和问候。'
)

# 定义用于替换的内容字典
context = {
    'name': '张三',
    'my_name': '李四',
    'date': '2022-10-20',
    'mysubdoc': sd,
}

# 渲染内容
tpl.render(context)
# 导出文件
tpl.save('output/回执.docx')
```

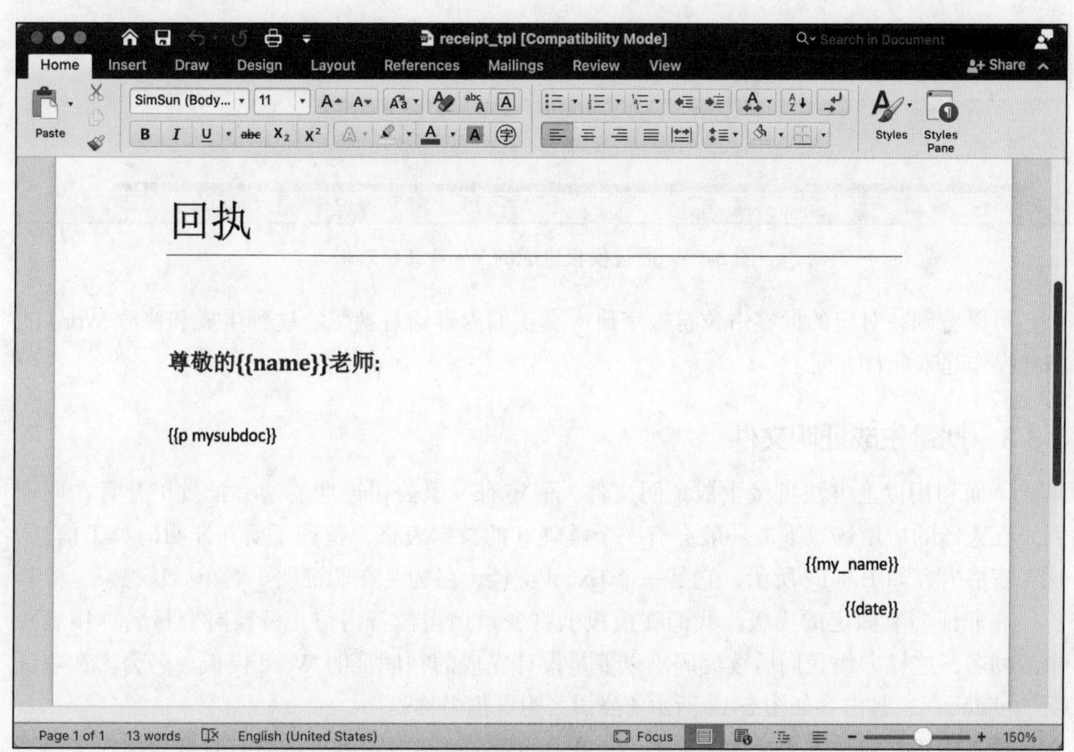

图 8-15　排版定义 Word 内容模板的效果

用 docxtpl 的 DocxTemplate 对象构造一个模板文档对象，然后定义要替换的字典内容，最后将字典内容渲染到模板里，保存生成的文档。打开这个 Word 文档，效果如图 8-16 所示。

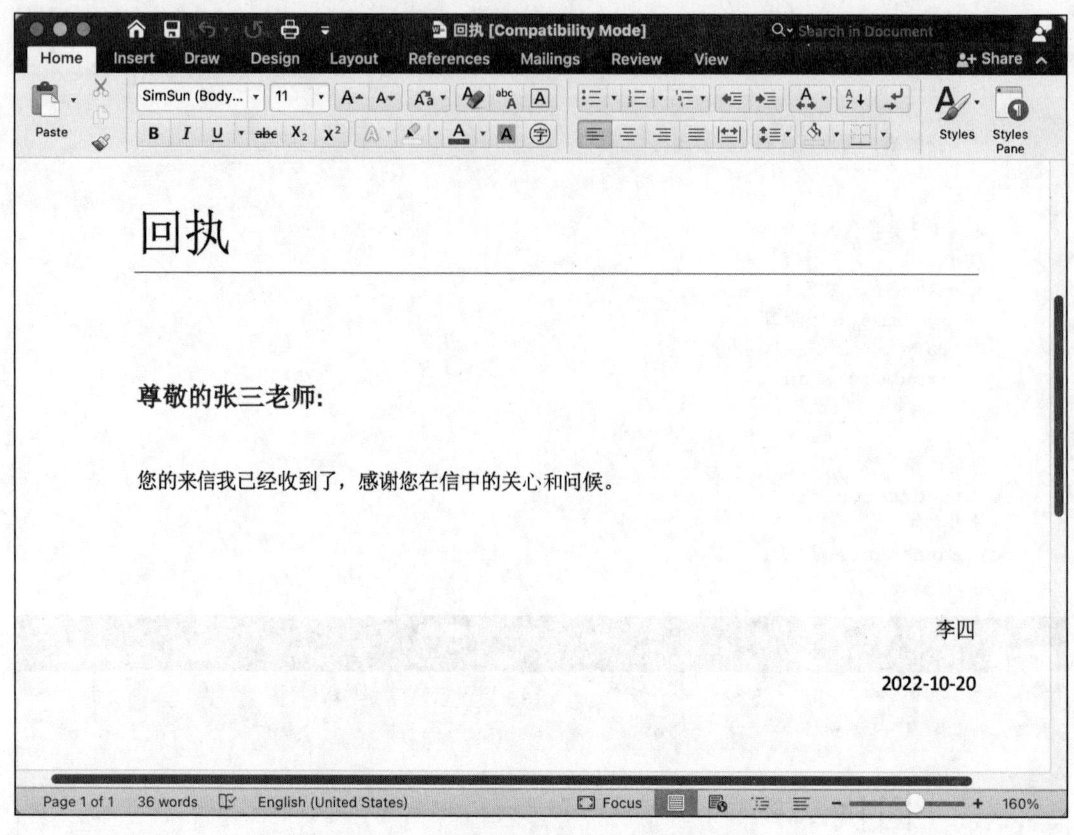

图 8-16　通过模板生成的 Word 文档效果

可以看到，对应的标签占位符被字典中真正的内容给替换了。这种生成和修改 Word 的方式操作起来非常方便。

8.3.3　批量生成证明文件

下面利用以上方法批量生成证明文件。假定有一家公司近期要给一批员工开具在职证明。在这样的应用场景下，一般会有一个整理好的数据表格，整理了要开证明的员工信息。这个表格内容如图 8-17 所示，它是一个 Excel 文档，名为《在职证明 _ 名单 .xlsx》。

在职证明有固定的模板，我们在模板上将变量用占位符占位，替换时变量名称用表头中的列名，这样方便我们后续编码。以下是设计完成的在职证明 Word 模板，名为《在职证明 _tpl.docx》，其内容如图 8-18 所示（公司名为虚拟名称）。

模板中正文部分的变量均为 Excel 名单中的表头列名，汇款处的今日日期为生成文档当天的日期，需要我们单独编码获取。

在介绍 docxtpl 的用法时，需要有一个以所有变量名为键的字典来替换模板中的变量内容。我们先读取 Excel 名单并编码单个员工的字典结构信息，再写成循环批量生成。

	A	B	C	D
1	姓名	部门	职位	入职时间
2	张伟	技术部	研发经理	2020/10/8
3	李娜	行政部	行政经理	2019/6/2
4	夏雨竹	财务部	出纳	2018/11/4
5	何鹏	销售部	销售经理	2020/8/15
6	胡若汐	售后服务部	客服	2017/7/3
7	曹如函	技术部	研发总监	2021/9/17
8				

图 8-17　需要开在职证明的员工信息

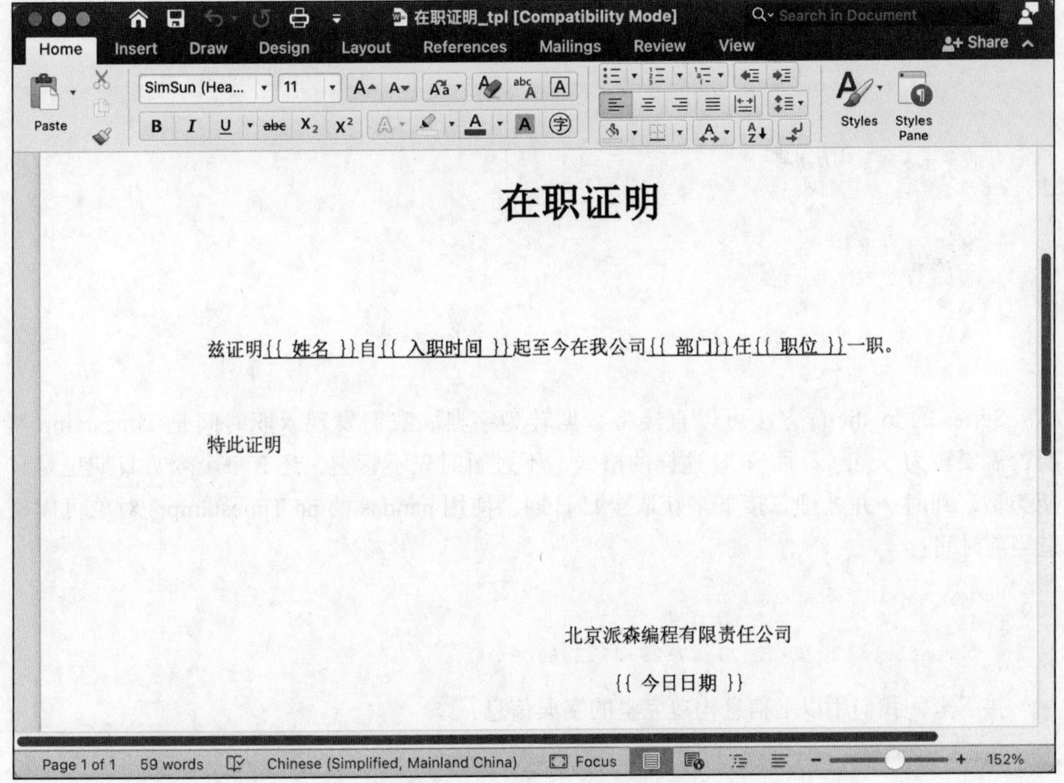

在职证明

兹证明{{ 姓名 }}自{{ 入职时间 }}起至今在我公司{{ 部门}}任{{ 职位 }}一职。

特此证明

北京派森编程有限责任公司

{{ 今日日期 }}

图 8-18　在职证明 Word 模板

用 pandas 读入 Excel 名单，将第一行员工信息转为一个字典。读取 Excel 的代码如下：

```
import pandas as pd

df = pd.read_excel('templates/在职证明_名单.xlsx')
df
'''
      姓名        部门      职位        入职时间
0     张伟      技术部   研发经理    2020-10-08
1     李娜      行政部   行政经理    2019-06-02
2   夏雨竹      财务部       出纳    2018-11-04
3     何鹏      销售部   销售经理    2020-08-15
4   胡若汐  售后服务部       客服    2017-07-03
5   曹如函      技术部   研发总监    2021-09-17
'''
```

将第一个员工的信息从 Series 转为字典：

```
# 第一条数据
df.loc[0]
'''
姓名                              张伟
部门                             技术部
职位                            研发经理
入职时间    2020-10-08 00:00:00
Name: 0, dtype: object
'''

# 将第一条数据转为字典
df.loc[0].to_dict()
'''
{'姓名': '张伟',
 '部门': '技术部',
 '职位': '研发经理',
 '入职时间': Timestamp('2020-10-08 00:00:00')}
'''
```

Series 的 to_dict() 方法可以直接将数据转为字典。我们发现入职时间是 Timestamp 类型，需要转为 × 年 × 月 × 日这样的格式，不过暂时先不管它，还有一个今日日期也是日期类型，到时一并处理。接下来获取今日日期，使用 pandas 的 pd.Timestamp() 对象可以构造当前时间：

```
today = pd.Timestamp('now')
today
# Timestamp('2022-10-27 17:29:28.286309')
```

接下来，我们用以上信息构造完整的字典信息：

```
data = df.loc[0].to_dict()          # 单个员工信息

# 完整字典数据
```

```
context = {
    **data,
    '今日日期': today                                    # 今日时间
}
context
'''
{'姓名': '张伟',
 '部门': '技术部',
 '职位': '研发经理',
 '入职时间': Timestamp('2020-10-08 00:00:00'),
 '今日日期': Timestamp('2022-10-27 17:29:28.286309')}
'''
```

在以上代码中，为了在 context 字典构造中拼接 data 字典，采用了字典解包的方法。接下来将入职时间和今日日期两个时间类型的数据进行格式化：

```
# 将时间类型格式化
context.update({'入职时间': context['入职时间'].strftime('%Y年%m月%d日')})
context.update({'今日日期': context['今日日期'].strftime('%Y年%m月%d日')})
context
'''
{'姓名': '张伟',
 '部门': '技术部',
 '职位': '研发经理',
 '入职时间': '2020年10月08日',
 '今日日期': '2022年10月27日'}
 '''
```

使用字典的 update() 方法将同名字典键的值进行更新替换，得到了最终的数据格式。接下来用 docxtpl 替换模板中的变量：

```
from docxtpl import DocxTemplate

tpl = DocxTemplate('templates/在职证明_tpl.docx')
tpl.render(context)  # 渲染
tpl.save(f'output/{context["姓名"]}_在职证明.docx')  # 保存文件
```

生成文件的路径和文件名使用了 f-string 方法，文件名的开头是员工的姓名。我们去 output 目录下找到《张伟_在职证明.docx》文件，打开这个文件，效果如图 8-19 所示。模板中的变量按我们期望的那样进行了替换。

以上我们实现的是单个员工的信息生成，要达到批量效果，需要将单个员工的方法封装为函数：

```
def generate_doc(ser: pd.Series, mytpl: DocxTemplate):
    data = ser.to_dict()  # 将信息转为字典
    # 完整字典数据
    context = {
        **data,
        '今日日期': today  # 今日时间
    }
```

```
    # 将时间类型格式化
    context.update({'入职时间': context['入职时间'].strftime('%Y年%m月%d日')})
    context.update({'今日日期': context['今日日期'].strftime('%Y年%m月%d日')})

    mytpl.render(context)                                        # 渲染
    mytpl.save(f'output/{context["姓名"]}_在职证明.docx')       # 保存文件

    return f'{context["姓名"]}在职证明生成完成！'
```

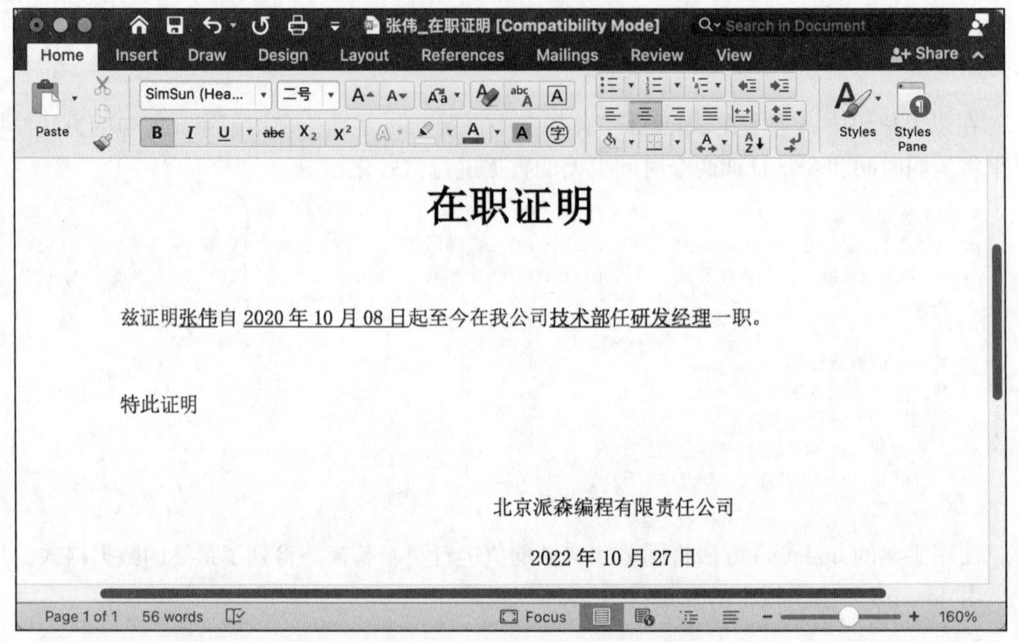

图 8-19　生成的员工在职证明效果

这个函数有两个参数，一个是单个员工的 Series，在调用时我们只需要传入一行数据即可，我们用 DataFrame 的 apply() 方法并指定 axis 参数为 1 就能实现按行迭代。另一个参数是 DocxTemplate 模板对象，只需要将构造好的模板对象传入即可。

最后我们将 Excel 名单读取到 DataFrame 中，应用以上函数：

```
from docxtpl import DocxTemplate
import pandas as pd

tpl = DocxTemplate('templates/在职证明_tpl.docx')
df = pd.read_excel('templates/在职证明_名单.xlsx')

df.apply(generate_doc, axis=1, mytpl=tpl)
'''
0      张伟在职证明生成完成！
1      李娜在职证明生成完成！
2    夏雨竹在职证明生成完成！
```

```
3        何鹏在职证明生成完成!
4       胡若汐在职证明生成完成!
5       曹如函在职证明生成完成!
6       夏雨竹在职证明生成完成!
dtype: object
'''
```

执行完毕后，在 output 目录下可以看到所有生成的文件。这样，我们就高效完成了这个需求。

8.3.4 生成 Word 表格

在 Word 中经常会插入表格，以使信息更加清晰。本节将图 8-17 所示 Excel 表格中的名单存入 Word。首先处理数据。先读取 DataFrame，将入职时间格式化为指定格式字符：

```
import pandas as pd

df = pd.read_excel('templates/在职证明_名单.xlsx')

df['入职时间'] = df.入职时间.dt.strftime('%Y年%m月%d日')
df
'''
    姓名      部门     职位          入职时间
0   张伟     技术部   研发经理   2020年10月08日
1   李娜     行政部   行政经理   2019年06月02日
2  夏雨竹    财务部      出纳   2018年11月04日
3   何鹏     销售部   销售经理   2020年08月15日
4  胡若汐  售后服务部     客服   2017年07月03日
5  曹如函    技术部   研发总监   2021年09月17日
'''
```

将 DataFrame 转为一个记录列表，每条数据是一个字典：

```
data = df.to_dict(orient='records')
data
'''
[{'姓名': '张伟', '部门': '技术部', '职位': '研发经理', '入职时间': '2020年10月08日'},
 {'姓名': '李娜', '部门': '行政部', '职位': '行政经理', '入职时间': '2019年06月02日'},
 {'姓名': '夏雨竹', '部门': '财务部', '职位': '出纳', '入职时间': '2018年11月04日'},
 {'姓名': '何鹏', '部门': '销售部', '职位': '销售经理', '入职时间': '2020年08月15日'},
 {'姓名': '胡若汐', '部门': '售后服务部', '职位': '客服', '入职时间': '2017年07月03日'},
 {'姓名': '曹如函', '部门': '技术部', '职位': '研发总监', '入职时间': '2021年09月17日'}]
'''
```

构造最终替换模板变量的字典：

```
context = {
    'col_labels': [*df.columns],
    'tbl_contents': data
}
```

```
context
'''
{'col_labels': ['姓名', '部门', '职位', '入职时间'],
 'tbl_contents': [{'姓名': '张伟',
   '部门': '技术部',
   '职位': '研发经理',
   '入职时间': '2020年10月08日'},
  {'姓名': '李娜', '部门': '行政部', '职位': '行政经理', '入职时间': '2019年06月02日'},
  {'姓名': '夏雨竹', '部门': '财务部', '职位': '出纳', '入职时间': '2018年11月04日'},
  {'姓名': '何鹏', '部门': '销售部', '职位': '销售经理', '入职时间': '2020年08月15日'},
  {'姓名': '胡若汐', '部门': '售后服务部', '职位': '客服', '入职时间': '2017年07月03日'},
  {'姓名': '曹如函', '部门': '技术部', '职位': '研发总监', '入职时间': '2021年09月17日'}]}
'''
```

字典中的第一层有两项信息：一项是 col_labels，它是所有表头的列表，用 DataFrame 的列索引解包而来；另一项是 tbl_contents，也就是上面构造的记录数据。

接下来设计 Word 的模板。由于要存储在表格行和列中的是动态的信息，我们要在模板标签中编写 for 循环语句。最终模板如图 8-20 所示。

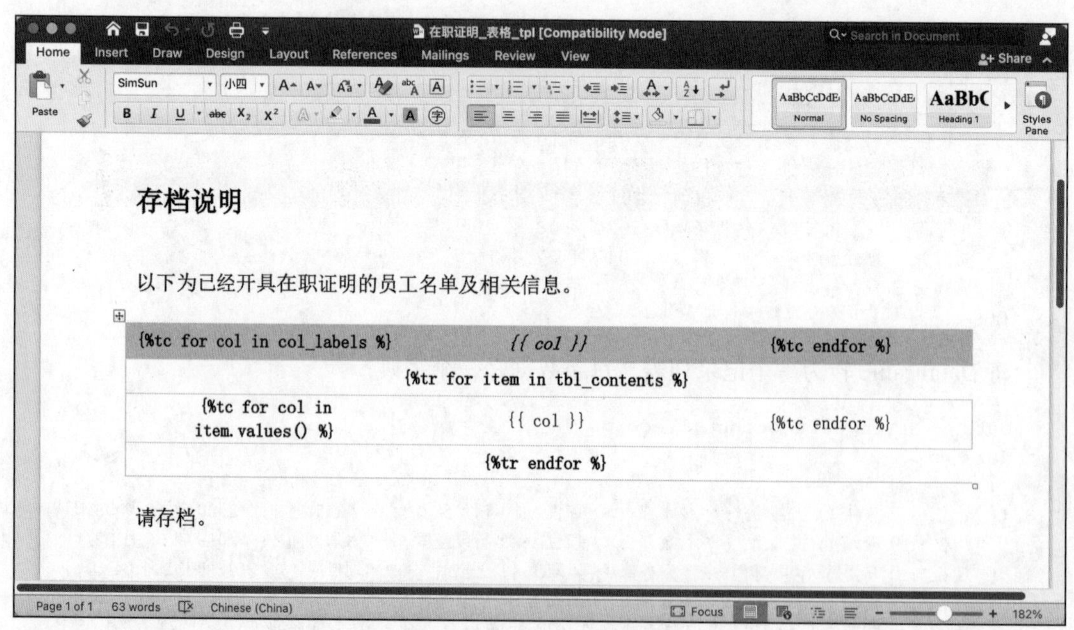

图 8-20　生成表格的 Word 模板

除了表格外的固定内容，表格的行和列是由数据动态生成的。在表头上，在成对花括号和百分号中（for 和 endfor 是成对的）编写 for 语句，代表开始和结束。表头内容由一个横向的 for 循环生成，我们迭代的是 context 字典的 col_labels 值，它是表头名称的列表。另外，花括号和百分号中的 tc 代表迭代表的列、tr 代表迭代表的行。

表头之下的三行里，有一个横向循环及其内部的一个纵向循环。横向循环中是 context

字典的 tbl_contents 值，每一条字典数据是一个员工的信息，一个员工一行数据。在横向循环内部是一个纵向循环，此循环迭代单个员工的信息，迭代的是字典的值视图，将一个员工的数据值填充到各列里。

最后用数据渲染模板生成文件，最终的整体代码如下：

```
from docxtpl import DocxTemplate
import pandas as pd

tpl = DocxTemplate('templates/在职证明_表格_tpl.docx')
df = pd.read_excel('templates/在职证明_名单.xlsx')

df['入职时间'] = df.入职时间.dt.strftime('%Y年%m月%d日')

data = df.to_dict(orient='records')
context = {
    'col_labels': [*df.columns],
    'tbl_contents': data
}

tpl.render(context)
tpl.save('output/开具在职证明汇总.docx')
```

最终生成的文件效果如图 8-21 所示。

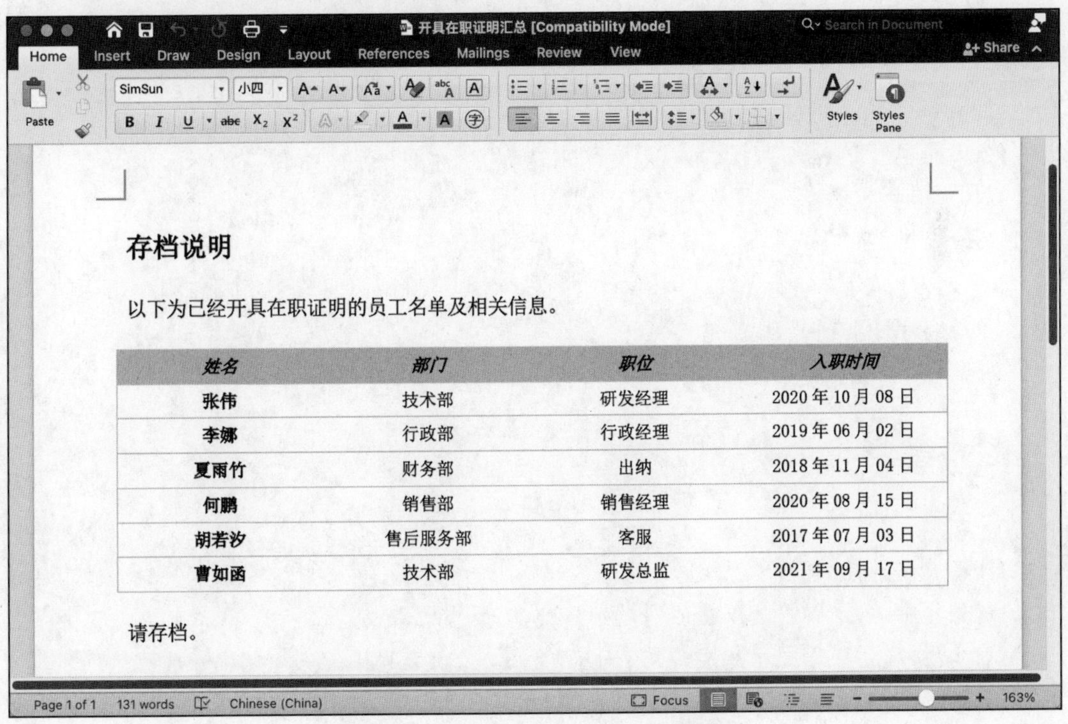

存档说明

以下为已经开具在职证明的员工名单及相关信息。

姓名	*部门*	*职位*	*入职时间*
张伟	技术部	研发经理	2020 年 10 月 08 日
李娜	行政部	行政经理	2019 年 06 月 02 日
夏雨竹	财务部	出纳	2018 年 11 月 04 日
何鹏	销售部	销售经理	2020 年 08 月 15 日
胡若汐	售后服务部	客服	2017 年 07 月 03 日
曹如函	技术部	研发总监	2021 年 09 月 17 日

请存档。

图 8-21　生成带表格的 Word 文件效果

可以看到，生成的文件效果与我们的期望一致。

8.3.5 小结

Python在Word方面最常见的应用场景是批量生成格式化文本，比如合同、证明、报价单、说明书、通知书等，这些也是最适合自动化的场景。本节介绍的Word文档生成方法高效、简单，能够快速入门，可以帮助你节省时间，减少手工操作带来的错误。

8.4 本章小结

本章以Excel和Word为例介绍了Python在自动化办公方面的能力，但Python在自动化办公方面的作用不限于此。当我们遇到重复的工作时，可以多思考和学习如何用Python来完成。例如：你每天会发很多格式相同的例行邮件，经过研究学习，你会发现drymail库能比内置库更加方便地完成自动发送邮件的任务；利用python-pptx可以制作和修改幻灯片；利用PyPDF2能生成和操作PDF文档。

更多的自动化办公应用场景有待于你去探索和尝试，你会体会到工作被自动完成的乐趣。

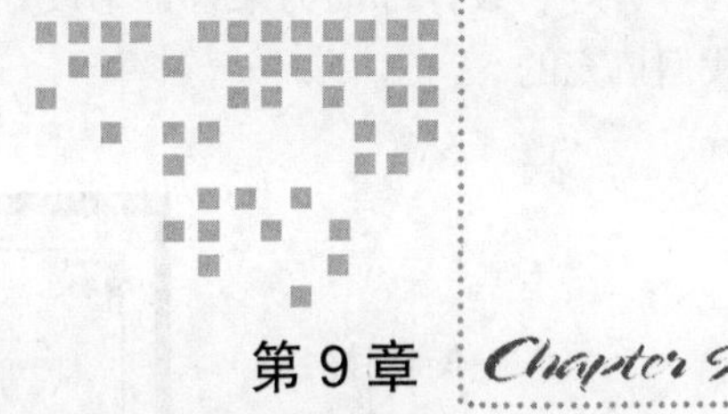

第 9 章 Chapter 9

图形及界面

图形用户界面（Graphical User Interface，GUI）是指采用图形界面的方式将程序的调用和输出显现给用户，让用户通过鼠标、键盘、触控屏等执行相应的操作。我们平时使用的各种应用都是 GUI 程序。

Python 拥有众多的 GUI 开发库，既可以开发出专业级的界面操作软件，也能开发出简单易用的小工具，并且这些库都是跨平台的。本章将介绍几个关于图形、界面的简单案例，带领大家入门界面开发。

9.1 生成证书图片

本节，我们来完成一家图片合成案例，其中会用到 Python 的图像处理能力。我们将使用 Python 的经典图形处理库 Pillow，它是 PIL 的分支，提供更加友好的接口，已成为 PIL 的替代品，是学习 Python 图像处理的必备库。

9.1.1 需求描述

假定有一家企业要在年底为优秀员工颁发荣誉证书，由于证书数量较多，最好能批量完成。获奖名单在一个 Excel 文件里，如图 9-1 所示。为了方便讲解，我们只列出名单中的一部分。

	A	B
1	姓名	奖项
2	张伟	最佳新人奖
3	李娜	最佳合作奖
4	夏雨竹	最佳实力奖
5	何鹏	最佳导师奖
6	胡若汐	最佳伯乐奖
7	曹如函	最具创新奖
8		

图 9-1　获奖名单截图

另外，设计部门为荣誉证书设计了一个模板，如图 9-2 所示，模板中有三个位置是需要我们填充的。

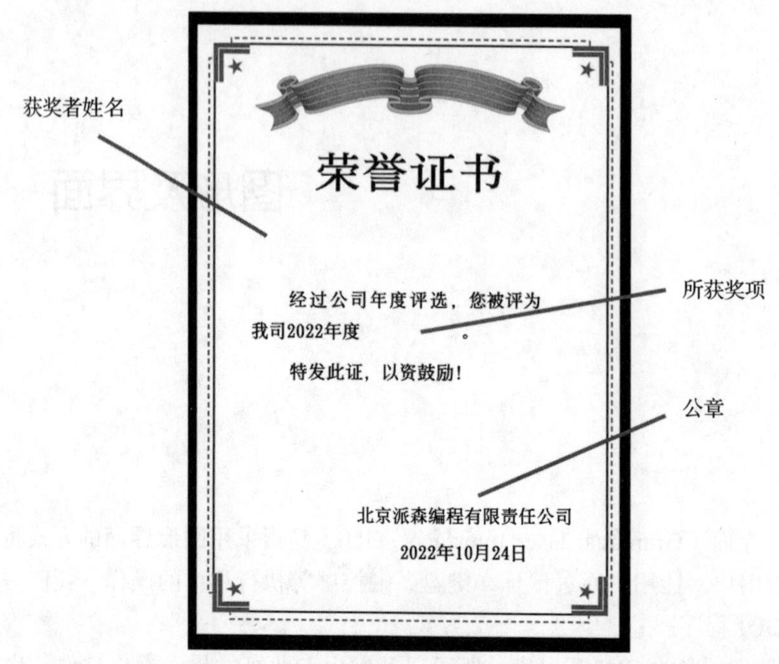

图 9-2　荣誉证书模板

模板中的获奖者姓名和所获奖项为获奖名单表格中的内容，公章为一张 PNG 格式的图片，需要合成到最终的图片里。

由于奖项较多，需要多次设计，比较耗时，因此需要我们用 Python 编写图形处理脚本来合成证书的图片。这是一个批量任务，我们先完成单个员工的代码编写，然后封装为一个函数来循环调用，最终实现批量操作。

Python 常用的图形处理库是 Pillow，我们用 pip install pillow 命令安装。

9.1.2　读取图片

Pillow 中最常用的类是 Image，用来表示一张图像，构造它时传入一个文件路径，通过读取这个文件产生一个实例，如果文件不存在则抛出异常。我们先将做好的模板文件（可通过配套文件获取）读取为一个图片对象：

```
from PIL import Image

im = Image.open('background.jpg')
```

使用名称 PIL 导入 Image 类来构造图片对象，它是一个 JpegImageFile 对象：

```
type(im)
# PIL.JpegImagePlugin.JpegImageFile
im.format  # 格式
# 'JPEG'
im.mode  # 模式
# 'RGB'
im.size  # 像素大小
# (1280, 1792)
im.filename  # 文件名
# 'background.jpg'
```

以上我们查看了图片对象的一些有用的属性。如果想查看这张图片，可以在 JupyterLab 中直接运行它的名称 im，图片就能显示在页面上，也可以用图片对象的 show() 方法，即 im.show()，这会弹出操作系统中的图片查看器来查看图片。

接下来在图片上添加文字。

9.1.3　合成文字

需求中有两处需要将文字合成到图片中。合成图片需要利用 PIL 的 ImageDraw 对象，该对象提供了一系列的绘图方法，可以把它理解成一个画布，我们能在上面绘制图形、文字、线条等。

```
from PIL import ImageDraw

# 定义一个绘图对象
draw = ImageDraw.Draw(im)
type(draw)
# PIL.ImageDraw.ImageDraw
```

接下来还需要定义字体对象。PIL 的 ImageFont 实例用于存储位图字体，将它与 ImageDraw.text() 方法一起使用，可以将文字写到图片上。我们用准备好的字体文件构造 ImageFont 实例。

```
font_file = 'SourceHanSansCN-Normal.otf'          # 字体文件
font = ImageFont.truetype(font_file, size=50)  # 创建字体对象

type(font)
# PIL.ImageFont.FreeTypeFont
```

方法 truetype() 从文件或类文件对象中加载 TrueType 或 OpenType 字体，然后创建字体对象，size 参数给定字体的大小。

接下来我们用 ImageDraw.text() 方法将文字绘制到图片上：

```
name = '张伟'
honor = '最佳新人奖'

# 将文字绘到图片上
```

```
draw.text(xy=(180, 650), text=f'{name}: ', fill='#000000', font=font) # ①
draw.text(xy=(510, 870), text=honor, fill='#000000', font=font)        # ②
```

代码①在图片上添加获奖人姓名，text参数是添加的文字内容，由于模板姓名后没有冒号，我们在代码text参数中增加了冒号。代码②添加的是获得荣誉的文字。

text()方法中xy参数表示添加文字的位置，它是一个元组，分别是离图片左边和上边的像素距离，我们根据模板大小进行位置调整。参数fill表示文字的颜色，用十六进制字符串表示，在这里设置为黑色（#000000）。参数font是使用的字体对象。

执行完，我们可以通过运行im或者im.show()看看效果：

```
im.show()  # 打开图片浏览器
im   # 在JupyterLab上显示
```

得到图片的效果如图9-3所示，获奖者姓名和奖项都被填充。

图9-3　文字填充后的效果

如果对文字大小或位置不满意，可是通过上面介绍的参数进行调整。完成了文字填充，接下来我们要完成公司名称处的公章合成。

9.1.4　合成公章

我们事先准备好了公章图片，是一张透明图片，我们要将它覆盖到落款处的公司名称上，并且要有一定的倾斜度。先将这张公章图片构建为一个图片对象，然后固定大小，再旋转一定的角度。

```
stamp = Image.open('stamp.png') # ①
stamp = stamp.convert('RGBA')   # ②
stamp = stamp.resize((340, 340)) # ③
stamp = stamp.rotate(45)         # ④
```

代码①将公章图片文件读取为一个图片对象；代码②将图片转为RGBA模式，保留了Alpha通道，让图片保持透明；代码③对图片进行了缩放以适应合成图形的大小；代码④将图形旋转了45°。执行stamp或stamp.show()看到处理后的图片效果如图9-4所示。

图9-4　处理后的公章图片效果

图片倾斜的角度是逆时针方向的，如果想让这个角度随机，使每个生成的证书公章角度不一样，可以用random内置库随机生成一个。代码如下：

```
# 随机角度代码
from PIL import Image
import random

angle = random.randrange(0, 80) # 随机角度
angle
# 39

stamp = Image.open('stamp.png')
stamp = stamp.convert('RGBA')
stamp = stamp.resize((340, 340))
stamp = stamp.rotate(angle)
stamp
# ... 输出图片
```

random.randrange(0, 80) 方法的两个参数限定了随机数字的范围，可以尝试多次执行，查看每次处理后的公章随机角度。

接下来，将这个处理完毕的公章合成到图片中，Image 对象的 paste() 方法将一张图片粘贴到此图片中，代码为：

```
# 将图章粘贴到图片中
im.paste(stamp, box=(680, 1200), mask=stamp)
# 查看图片
im
# ...
```

返回的图片效果如图 9-5 所示。

代码中的 box 为粘贴位置的像素坐标，mask 参数为遮罩图片，如果传递具有透明度的图片，则 Alpha 通道将用作遮罩。Image 对象的 save() 方法传入图片路径和名称，将合成后的图片进行保存，如 im.save(f'{name}.jpg')。

以上实现了单个员工的荣誉证书合成，接下来将这个方法合成一个函数并执行批量生成。

图 9-5　合成后的最终图片效果

9.1.5　封装为函数

我们将代码封装为一个函数，这个函数有两个参数，一个为获奖人的姓名，另一个为获得的奖项，它们均为文本。函数将执行图片合成，没有返回内容。

最终封装后的函数代码为：

```
from PIL import Image, ImageDraw, ImageFont
```

```python
def creat_img(name: str, honor:str) -> None:

    im = Image.open('background.jpg')

    font_file = 'SourceHanSansCN-Normal.otf'                # 字体文件
    font = ImageFont.truetype(font_file, size=50)        # 创建字体对象

    # 定义一个绘图对象
    draw = ImageDraw.Draw(im)

    # 将文字绘制到图片上
    draw.text(xy=(180, 650), text=f'{name}: ', fill='#000000', font=font)
    draw.text(xy=(510, 870), text=honor, fill='#000000', font=font)

    stamp = Image.open('stamp.png')
    stamp = stamp.convert('RGBA')
    stamp = stamp.resize((340, 340))
    stamp = stamp.rotate(45)

    im.paste(stamp, box=(680, 1200), mask=stamp)
    im.save(f'{name}.jpg')
```

接下来用pandas读取获奖名单并调用合成函数批量生成证书图片：

```python
import pandas as pd
df = pd.read_excel('获奖名单.xlsx')
df
'''
    姓名      奖项
0   张伟   最佳新人奖
1   李娜   最佳合作奖
2  夏雨竹  最佳实力奖
3   何鹏   最佳导师奖
4  胡若汐  最佳伯乐奖
5  曹如函  最具创新奖
'''
```

用apply()方法按axis=1轴迭代执行，批量生成图片：

```python
df.apply(lambda x: creat_img(x.姓名, x.奖项), axis=1)
# ...
```

以上代码执行后，可以在同目录下看到这些以姓名命名的证书。到此，我们完成了这个需求。

9.1.6 小结

在本节中，我们利用Python的Pillow库实现了一个图片处理需求，在这个需求中，需要将文字绘制在图片上，还需要将公章图片粘贴到图片上，且公章图片要求保持透明和旋转一定角度。

除了这样简单实用的图形处理库，Python 还有专业的图形图像处理库，如 OpenCV 等。

9.2　编写一个时钟

Python 内置的 Tkinter 库非常好玩，可以帮助我们快速实现一些小的桌面实用功能，有很多人是通过学习 Tkinter 实现小的桌面应用程序，开始 Python 界面化编程的。

所谓桌面应用程序，是指可以在桌面操作系统上运行的界面化程序，常见的桌面操作系统有 Windows 和 macOS，Tkinter 支持在它们上面运行。

在本节，我们实现一个小小的时钟，来体会一下编写桌面应用程序的乐趣。

9.2.1　定义窗体

我们要实现的时钟如图 9-6 所示，界面非常简单，标题显示“我的时钟”，窗体中显示当前的时、分、秒，并且自动更新时间。

图 9-6　时钟界面效果

要定义一个应用程序的窗体，先导入 Tkinter，起别名为 tk，用 tk.Tk() 创建一个 Tk 类的实例，作为应用程序的主窗体。窗体实例的 mainloop() 方法是一个事件循环，作用是将所有控件显示出来并响应用户的操作，直到触发关闭逻辑才将窗体关闭。

```
import tkinter as tk

win = tk.Tk()
win.mainloop()
```

执行以上代码会弹出一个图 9-7 所示的窗体。

图 9-7　默认的窗体效果

可以看到，此时窗体没有任何内容，窗体的标题是默认的 tk。接下来，我们对窗体进行一些必要的设置。

```
import tkinter as tk

win = tk.Tk()

win.title('我的时钟')
win.geometry('400x80+400+400')
win.resizable(width=False, height=False)

win.mainloop()
```

新增加的三行代码中，title() 方法设置了窗体的标题，geometry() 方法设置了窗体的大小和位置，它的格式是 **widthxheight**+x+y，从左到右分别是窗体的宽、高以及位置的 x 坐标（离桌面左边）、y 坐标（离桌面右边），单位均为像素。

resizable() 方法设置的是窗体的宽和高是否可调整，在这里均设置为不能调整。整体代码执行后，效果如图 9-8 所示。

图 9-8　设置后的窗体效果

这样，我们就初步建立了一个显示时钟的窗体，接下来编写显示时间的逻辑。

9.2.2　定义显示逻辑

设置完窗体样式，我们在窗体上添加显示内容。Tkinter 的界面是由一个个控件组成的，我们在主界面上创建一个显示文本字符串的标签控件。

```
import tkinter as tk

win = tk.Tk()
win.title('我的时钟')
win.geometry('400x80+400+400')
win.resizable(width=False, height=False)

label = tk.Label(text='test', font=('微软雅黑', 60), fg='blue')  # ①
label.pack()  # ②

win.mainloop()
```

新增加的代码①定义了一个显示字符串的标签控件，文本内容暂用 test，font 定义了字体和大小，fg 为显示颜色，在这里定义为蓝色。

代码②通过标签控件的 pack() 方法控制组件在其容器中出现的位置，默认与顶部对齐，这里不传入参数。执行代码，效果如图 9-9 所示。

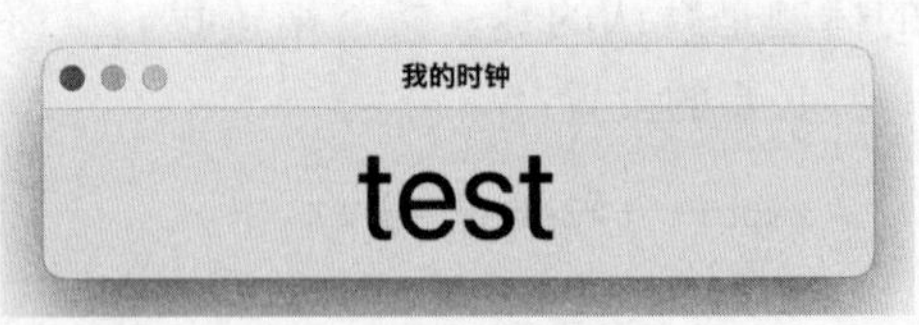

图 9-9　添加显示控件窗体效果

接下来，我们把文本内容修改成时间。输入 Python 内置的 time 库，获取当前时间，并将时间格式化为字符串，传入标签的 text 参数中，代码如下：

```
import tkinter as tk
import time

win = tk.Tk()
win.title('我的时钟')
win.geometry('400x80+400+400')
win.resizable(width=False, height=False)

now = time.strftime("%H:%M:%S")
```

```
label = tk.Label(text=now, font=('微软雅黑', 60), fg='blue')
label.pack()
win.mainloop()
```

执行代码，效果如图 9-10 所示。

到此，已经完成界面的显示，接下来的工作是让钟表动起来。

图 9-10　控件显示时间的效果

9.2.3　让时钟动起来

为了让时间动起来，我们要用到窗体对象的 after() 方法。它是一个高阶函数，可以在一定时间后执行一个函数。我们将这个函数写成递归形式，即在函数内执行完操作后接着调用自己执行操作，如此往复。修改后的代码如下：

```
import tkinter as tk
import time

win = tk.Tk()
win.title('我的时钟')
win.geometry('400x80+400+400')
win.resizable(width=False, height=False)

def update_clock():
    now = time.strftime("%H:%M:%S")
    label.configure(text=now)  # ①
    return win.after(1000, update_clock)  # ②

label = tk.Label(text='', font=('微软雅黑', 60), fg='blue')
label.pack()
update_clock()  # ③
win.mainloop()
```

函数 update_clock() 定义了设置时间的逻辑。代码①利用标签控件的 configure() 方法将显示文本显示为当前时间。需要注意的是，now 必须放在函数体里，每次执行会更新取值，得到最新时间。

代码②的 after() 方法为设置在一定时间执行一个函数，第一个参数是指多长时间执行一次函数，单位为 ms（毫秒），第二个参数是要执行的函数，这里递归执行自身。

程序启动时在代码③处调用 update_clock() 函数，函数设置完时间、返回时经过一定的间隔时间再调用自己，这样反复执行就实现了时间内容刷新的效果。

执行以上完整代码就可以看到我们实现的最终效果，接下来我们用类的形式对以上代码进行封装，让代码更加清晰好读。

9.2.4　封装为类

之前我们了解到类是对现实事物的模拟，它模拟了事物的一些静态属性和动态方法。

在这个案例中，我们的钟表是现实事物，因此我们需要编写一个钟表类。钟表的窗体设置是静态不变的，可以作为属性定义；时间字符串是动态变化的，需要为其设计一个方法。

首先，定义一个 Clock 类，在初始化方法里将钟表窗体的设置定义好：

```
import tkinter as tk
import time

class Clock(object):
    def __init__(self):
        self.win = tk.Tk()
        self.win.title('我的时钟')
        self.win.geometry('400x80+400+400')
        self.win.resizable(width=False, height=False)
        self.label = tk.Label(text='test', font=('微软雅黑', 60), fg='blue')
        self.label.pack()
```

Clock 类的初始化方法 __init__() 中定义窗体以及窗体的标题大小、标签控件等信息，这些信息在类实例化的时候就已经完成。

接下来定义两个方法：一个是更新时间内容的方法 update_clock()；另一个是让窗体运行起来的方法 run()，即 win.mainloop()，实例化后调用 run() 来启动窗体。

最终封装完成的代码如下：

```
import tkinter as tk
import time

class Clock(object):
    def __init__(self):
        self.win = tk.Tk()
        self.win.title('我的时钟')
        self.win.geometry('400x80+400+400')
        self.win.resizable(width=False, height=False)
        self.label = tk.Label(text='test', font=('微软雅黑', 60), fg='blue')
        self.label.pack()
        self.update_clock()

    def update_clock(self):
        now = time.strftime("%H:%M:%S")
        self.label.configure(text=now)
        self.win.after(1000, self.update_clock)

    def run(self):
        self.win.mainloop()
```

我们来实例化并运行这个时钟类：

```
clock = Clock()    # 实例化
clock.run()        # 运行窗体
```

这样便启动了窗体，可以看到时钟动了起来。

9.2.5 小结

在本节中，利用 Python 自带的 Tkinter 模块，我们做了一个简单实用的界面程序，感受了一下界面开发的流程，同时，还将代码封装为类代码，这有利于我们体会面向对象编程的思想，在今后的复杂问题中使用类的方法高效解决问题。

Tkinter 还有非常丰富的控件可以使用，不断探索可以做出更加专业和更加复杂的界面应用程序。接下来，我们用其他方法实现界面程序的进阶需求。

9.3 界面程序进阶

Tkinter 易于操作又是 Python 自带的库，是 Python GUI 编程的入门之选。此外，在 GUI 方面还有一些非常实用、能够简化编程的第三方库，如 PySimpleGUI。该库对一些复杂的 GUI 库进行了接口优化和封装，让初学者能够快速写出专业的界面。

在本节，我们将用 PySimpleGUI 对 9.1 节中的证书图片生成程序界面化，让使用者通过界面来操作。

9.3.1 窗体设计

要将 9.1 节中生成证书的程序做成一个界面工具，就要先分析界面与用户的交互行为。制作证书需要用户给出两个参数，一个是获奖者姓名，另一个是获得奖项。用户填写这两项内容后，程序生成合成的图片。我们可以设计两个输入框用于输入以上两个参数，再增加两个按钮，一个用于执行生成图片的命令，一个用于关闭窗体。

PySimpleGUI 的窗体布局非常人性化。通过定义一个二维的列表来快速实现窗体元素的布局。

```
import PySimpleGUI as sg

layout = [[sg.Text('姓名'), sg.InputText()],
          [sg.Text('奖项'), sg.InputText()],
          [sg.Button('生成证书'), sg.Button('关闭')]]
```

以上代码导入 PySimpleGUI，一般为其起别名为 sg。定义一个二维列表 layout，第一行为姓名文本和一个输入框，第二行为奖项文本和一个输入框，第三行为两个按钮，分别是“生成证书”和“关闭”按钮。

将这个界面布局传入窗体，然后开启窗体的事件循环，让窗体显示出来：

```
import PySimpleGUI as sg

layout = [[sg.Text('姓名'), sg.InputText()],
          [sg.Text('奖项'), sg.InputText()],
          [sg.Button('生成证书'), sg.Button('关闭')]]
```

```
# 创建窗体
window = sg.Window('荣誉证书生成器 v1.0', layout)
#获取事件和输入的值
event, values = window.read()
# 关闭窗体
window.close()
```

执行后效果如图 9-11 所示。

sg.Window() 方法定义一个窗体，第一个参数传入的是窗体的标题文本，第二个参数传入的是窗体布局内容。window.read() 方法启动窗体监听事件和用户的输入值，由于我们的代码没有获取用户交互的逻辑，所有操作都没有效果，只能用窗体顶端的关闭按钮关闭窗体。

图 9-11　设置后的窗体效果

9.3.2　优化窗体显示

前面通过二维数组快速生成了一个默认样式的界面，但我们发现，窗体和字体偏小，样式也不是我们喜欢的，接下来我们再进行一些设置，优化窗体显示效果。优化后的代码如下：

```
import PySimpleGUI as sg

sg.theme('TealMono')  # ①
sg.set_options(font=('微软雅黑', 16))  # ②

layout = [[sg.Text('姓名'), sg.InputText()],
          [sg.Text('奖项'), sg.InputText()],
          [sg.Button('生成证书'), sg.Button('关闭')]]

window = sg.Window('荣誉证书生成器 v1.0', layout, size=(290, 120))  # ③
event, values = window.read()
window.close()
```

代码①通过设置更换了界面主题。PySimpleGUI 内置了众多主题，可通过 sg.theme_previewer() 预览所有的内置主题，并根据自己的喜好传入主题。代码②设置全局的字体和字体大小，这两项信息以元组形式传给 font 参数。代码③的窗体构造中增加了 size 参数的值，用于确定窗体的大小，传入的值是一个元组，分别表示宽和高。

以上代码执行后的效果如图 9-12 所示。

接下来我们继续实现交互效果。

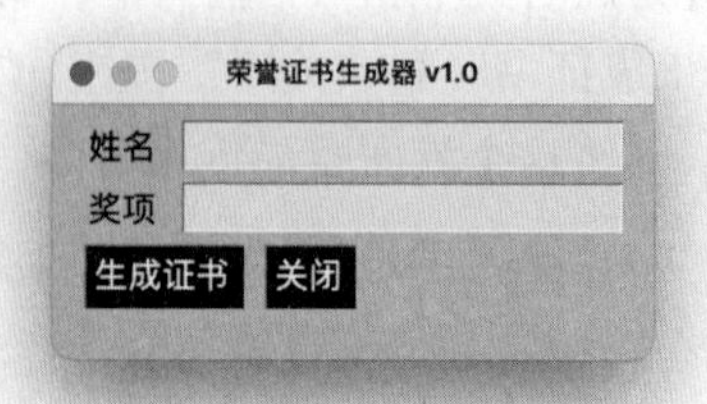

图 9-12　优化后的窗体显示效果

9.3.3 获取交互动作

界面需要和用户的操作、输入内容进行互动，根据用户的行为执行相应的功能。本例我们要实现的功能如下。

功能一：单击“关闭”按钮可关闭窗体。

功能二：两个输入框中只要有一个没有输入内容，则在用户单击“生成证书”按钮时进行弹窗提示。

功能三：两个输入框均有输入内容，单击“生成证书”按钮生成图片文件并弹出提示，告知生成成功。

这些交互动作需要先捕获用户的动作和输入。window.read() 可以获取这些内容，它返回的是一个元组，分别是事件和输入值，输入值是一个字典。我们接着对代码进行改造：

```
import PySimpleGUI as sg

sg.theme('TealMono')
sg.set_options(font=('微软雅黑', 16))

layout = [[sg.Text('姓名'), sg.InputText(key='name')],  # ①
          [sg.Text('奖项'), sg.InputText(key='honor')],  # ②
          [sg.Button('生成证书'), sg.Button('关闭')]]

# 创建窗体
window = sg.Window('荣誉证书生成器 v1.0', layout, size=(290, 120))
# 事件循环，用于处理事件并获取输入的值
while True:  # ③
    event, values = window.read()
    # 如果用户关闭窗体或者点击关闭
    if event in [sg.WIN_CLOSED, '关闭']:  # ④
        break

    # 打印事件和输入值
    print('event:', event, 'values:', [values['name'], values['honor']])  # ⑤

window.close()
```

代码①和②给界面中的输入框增加了关键字，用来返回用户输入值字典的键，方便我们操作。代码③编写一个 while 循环，不断监听用户的行为。代码④进行了一个判断，如果事件为用户单击窗体顶端的自带的“关闭”按钮或者我们设计的“关闭”按钮，则跳出循环，执行 while 循环后的 close() 方法，关闭窗体。这样就实现了功能一。

代码⑤编写了一个测试功能，它在窗体打开时，打印用户在输入框中输入内容并单击“生成证书”按钮后所获取的内容。以下分别是填写“测试姓名”和“测试奖项”、都不填写、填写“test1”和“test2”的输出内容：

```
'''
event: 生成证书 values: ['测试姓名', '测试奖项']
```

```
event: 生成证书 values: ['', '']
event: 生成证书 values: ['test1', 'test2']
'''
```

可以看到代码正确捕获了用户的行为和输入内容。接下来将依据这些内容编写代码实现功能二和功能三。

9.3.4 输入判断

我们将功能二和功能三封装为一个函数，当事件为生成证书时调用这个函数，由这个函数处理相关逻辑。我们为这个函数起名为generate，其代码逻辑如下：

```
def generate(values):
    name, honor = values['name'], values['honor']
    if name == '' or honor == '':
        return '请填写所有内容！'
    else:
        creat_img(name, honor)
        return name, honor, '生成成功'
```

函数输入的内容是用户输入内容，它是一个字典，我们在使用时先要将其解包为姓名和奖项，然后判断它们是否有为空的。有的话返回提示要求填写的提示语，否则调用9.1.5节封装的生成证书图片函数并返回提示信息。提示信息是一个元组，包含姓名、奖项和生成功能字符串。

接下来，我们将这个函数与用户的操作关联起来。

9.3.5 绑定操作

在9.3.2节的代码基础上，我们再增加一个如生成证书事件则调用generate函数的逻辑，代码如下：

```
# 事件循环，用于处理事件并获取输入的值
while True:
    event, values = window.read()
    # 如果用户关闭窗体或者单击“关闭”按钮
    if event in [sg.WIN_CLOSED, '关闭']:
        break

    if event == '生成证书':
        tips = generate(values)              # ①
        sg.popup(tips, title='提示')         # ②
```

以上代码增加了一个新的if语句，如果事件为生成证书，则执行此语句。if语句里代码①调用我们写好的generate函数，将返回值赋给tips；代码②将这个返回值以弹窗的形式显示出来，弹窗的标题设置为“提示”。

接下来整合代码并进行测试。

9.3.6　最终代码

将本节的所有代码与证书生成逻辑代码组合到一起，最终的代码如下：

```
from PIL import Image, ImageDraw, ImageFont
import PySimpleGUI as sg


def creat_img(name, honor):

    im = Image.open('background.jpg')

    font_file = 'SourceHanSansCN-Normal.otf'            # 字体文件
    font = ImageFont.truetype(font_file, size=50)      # 创建字体对象

    # 定义一个绘图对象
    draw = ImageDraw.Draw(im)

    # 将文字绘制到图片上
    draw.text(xy=(180, 650), text=f'{name}: ', fill='#000000', font=font)
    draw.text(xy=(510, 870), text=honor, fill='#000000', font=font)

    stamp = Image.open('stamp.png')
    stamp = stamp.convert('RGBA')
    stamp = stamp.resize((340, 340))
    stamp = stamp.rotate(45)

    im.paste(stamp, box=(680, 1200), mask=stamp)
    im.save(f'{name}.jpg')


sg.theme('TealMono')
sg.set_options(font=('微软雅黑', 16))

layout = [[sg.Text('姓名'), sg.InputText(key='name')],
          [sg.Text('奖项'), sg.InputText(key='honor')],
          [sg.Button('生成证书'), sg.Button('关闭')]]

def generate(values):
    name, honor = values['name'], values['honor']
    if name == '' or honor == '':
        return '请填写所有内容！'
    else:
        creat_img(name, honor)
        return name, honor, '生成成功'

# 创建窗体
window = sg.Window('荣誉证书生成器 v1.0', layout, size=(290, 120))

# 事件循环，用于处理事件并获取输入的值
while True:
```

```
        event, values = window.read()
        # 如果用户关闭窗体或者单击“关闭”按钮
        if event in [sg.WIN_CLOSED, '关闭']:
            break

        if event == '生成证书':
            tips = generate(values)
            sg.popup(tips, title='提示')

    window.close()
```

接下来按功能进行测试。对于功能一，可以正常关闭窗体；对于功能二，我们全部不输入内容或者不输入姓名，点击“生成证书”按钮，界面出现如图 9-13 所示的提示。

输入姓名和奖项内容后，界面出现如图 9-14 的提示。

图 9-13　内容输入不全的提示效果

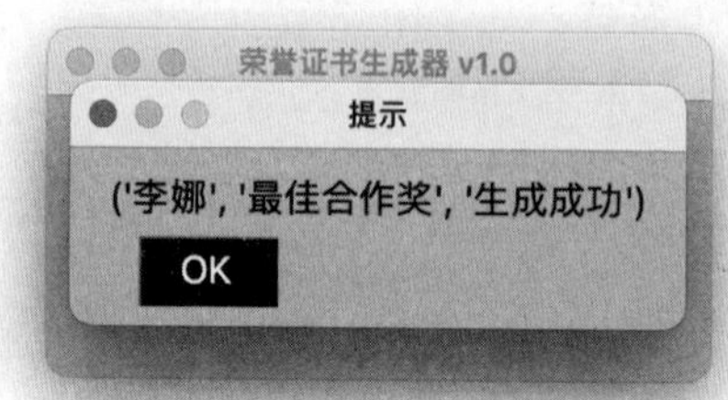

图 9-14　成功生成图片提示效果

提示我们已经生成了图片，可以去目录下查看已经生成的证书图片。至此，我们完成了证书生成界面化的需求。

9.3.7　小结

本节，我们将之前的生成证书图片的程序做成一个可以操作的界面，让普通用户可以通过界面使用程序。如果想要做出专业级的程序，需要从用户需求、用户体验、交互设计、UI 设计等方面进行综合考量，再利用 Python 的编程能力高质量解决用户的问题。

9.4　本章小结

界面化是非常有用、对用户最为友好的程序交付方式，我们可以将功能写成一个界面，再利用 PyInstaller、py2app 等工具打包成 Windows 或 macOS 上不需要 Python 环境就能执行的程序供用户使用。

另外，Python 还有 PyQt、Kivy、wxPython、PySide 等第三方 GUI 库，可用于编写专业级的桌面应用程序。

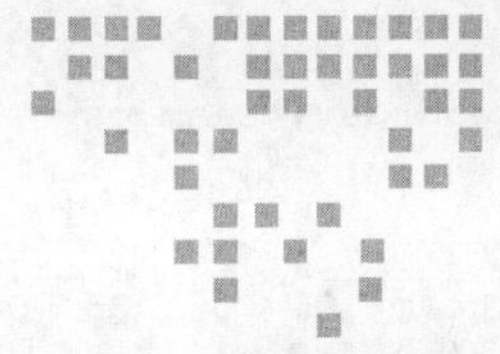

第 10 章 Chapter 10

Web 开发

Web 开发也是 Python 的热门应用领域。所谓 Web 开发就是开发网站和网页，这些网站和网页绝大部分公开在互联网上，供全球互联网用户随时访问，当然也有在企业、单位局域网内用于业务运营和事务管理的内部网站。Python 有非常多的优秀 Web 开发框架，比如 Django、Flask、Pyramid、Bottle、Tornado 等，有许多国内外知名网站是用 Python 开发的。

在本章，我们将分别用 Django、Flask 这两个主流框架来开发两个实用项目。

10.1 用 Flask 开发成绩查询系统

Flask 是当下最流行的 Web 开发框架之一，它灵活轻便，仅提供必要模块，能帮助我们快速搭建 Web 站点。围绕着 Flask，众多开发者开发了许多开源插件，这些插件赋予了 Flask 无限可能。

在本节，我们开发一个简单的成绩查询系统。它虽然功能比较简单，但足以让我们入门 Flask，感受到它的便捷之处。

10.1.1 需求分析

本需求中，我们还是利用之前使用过的 team.csv 作为数据，把它当作一个学生成绩数据，我们开发一个站点，输入名字后查询出单个同学的成绩。

我们再来看一下这个数据：

```
import pandas as pd

df = pd.read_csv('team.csv')
df.head()
'''
    name team  Q1  Q2  Q3  Q4
0  Liver    E  89  21  24  64
1   Arry    C  36  37  37  57
2    Ack    A  57  60  18  84
3  Eorge    C  93  96  71  78
4    Oah    D  65  49  61  86
'''
```

一行数据中的 name（名字）是查询关键字，Q1 ～ Q4 的成绩是我们要查询的内容。名字列的首个字母为大写，我们需要实现纯小写也可以查询出来。

交互方面，我们需要两个页面。

- 查询页，也就是站点的首页，在页面上设计一个输入框和“查询”按钮，在输入框输入名字并单击“查询”按钮可跳转到查询结果页。
- 查询结果页，展示查询结果，如果没有查询到内容则给出提示。

梳理完需求，我们来着手编写代码。

要进行 Web 开发还需要学习一些前端知识，如 HTML（用于控制页面的结构和页面显示元素的语义表达）、CSS（用于控制页面的样式和效果）、JavaScript（实现页面和用户的交互，处理数据逻辑）。由于本案例的侧重点在于 Python 编程，故这里不会过多介绍 HTML 和 CSS 相关的内容，也不会用到 JavaScript，相关代码文件可以在本书的配套资源中找到。

接下来创建一个 Flask 项目，开始编程。

10.1.2 创建一个 Flask 项目

Flask 项目有一定的环境、文件目录层次要求，因此我们就不能再用 JupyterLab 进行开发了。在这里我们选择 PyCharm，它是专业的 Python 项目 IDE，对于 Django、Flask 等框架进行了专门的支持。当然，VS Code 也是一个不错的选择。

启动 PyCharm，单击界面中的 Create New Project（创建新项目）选项，再选择左侧的 Flask 项目，会出现如图 10-1 所示的界面，Location 是项目在你的电脑中的存储位置。接下来要配置 Python 解释器，可以用各种工具创建一个新环境，也可以选择一个现有的环境，这些环境必须安装 Flask 包。

对于该界面中的更多设置，保持不变，其中一项是页面模板的标签引擎，保留使用 Jinja2，模板目录也保留默认的 templates 目录，在这个目录下我们编写带有 Jinja2 标签的网页模板，供程序进行页面渲染。

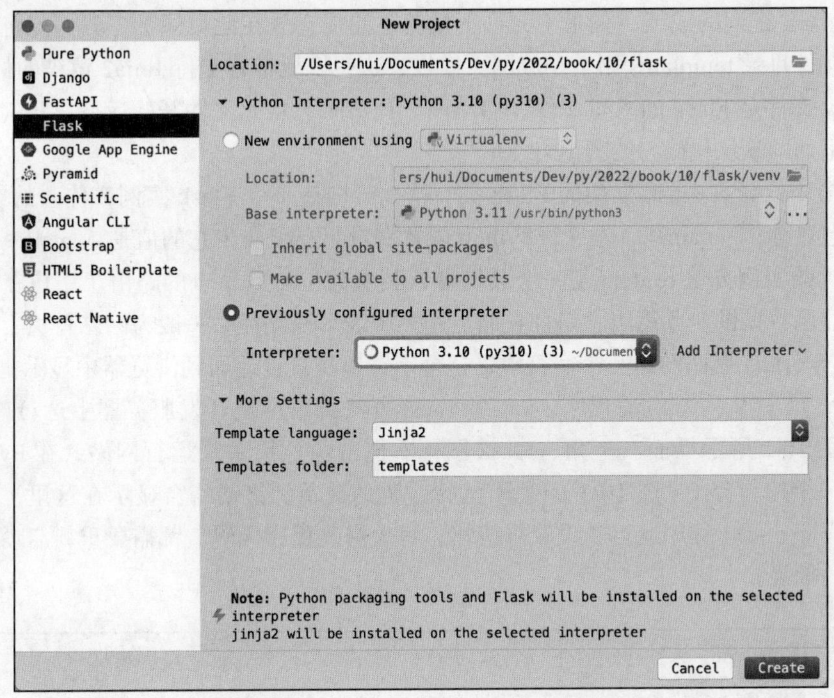

图 10-1　在 PyCharm 中创建 Flask 项目

单击 Create 按钮后进入如图 10-2 所示的编码界面，可以看到 PyCharm 为我们生成了默认的项目目录和文件，包含 2 个文件目录 static 和 templates、1 个 Python 文件 app.py。

图 10-2　Flask 项目的默认文件及目录

两个文件目录中，static 用于存放静态资源文件，如 CSS 文件、图片等。这个文件目录下的文件可能被公开访问，因此不能将不宜公开的文档放在其下。例如，本案例中的 team.

csv 文档是需要查询的成绩，如果不允许下载就不能将它放在此目录下，我们先将它放在根目录下。文件目录 templates 用于存放网页模板，这些模板带有支持 Jinja2 渲染的标签。

app.py 文件是 Flask 的入口文件，启动网页程序时会从此文件开始运行，我们接下来分析一下它里面的默认代码（见图 10-2）。

代码第 1 行导入 Flask 框架的 Flask 类，第 3 行构造一个 Flask 实例，传入的 __name__ 是程序的包名称，__name__ 是一个 Python 内置变量，在模块中它的值是 __main__。

第 6 行的实例方法 route() 是一个装饰器，其参数是访问站点的路由。用户在访问这个路由时由此函数提供业务逻辑，斜杠在站点路径中表示根路径，一般为网站首页。被装饰的函数 hello_world() 返回的是一个字符串，这个字符串将直接返回到浏览器中显示。

第 11、12 行从入口启动程序，app 的 run() 方法将在本地开发服务器上运行应用程序。我们单击图 10-2 所示界面右上角、Flask 图标右侧的绿色箭头来运行网站，在 PyCharm 底部会出现一个控制台（见图 10-3），所有运行过程的提示、报错均会显示在这里，左侧还有重新启动程序、停止程序运行、设置等按钮。每次修改程序代码，都需要重新启动程序才能看到最新的效果。

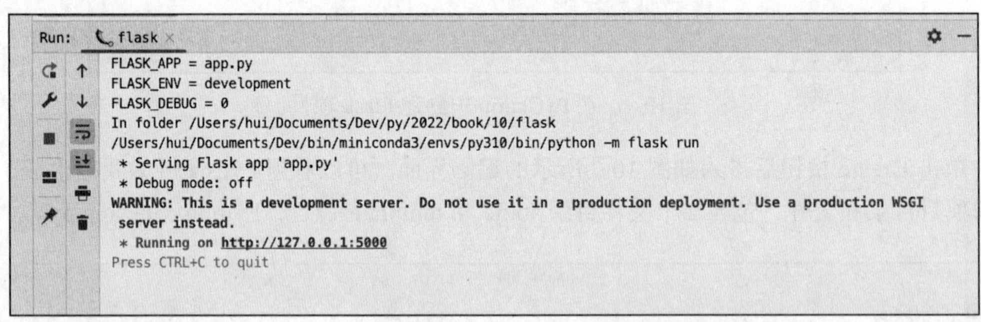

图 10-3 Flask 项目执行时的控制台信息

我们来看看控制台提示内容。可以看到，程序已经启动，点击蓝色的链接可以在浏览器中打开站点，这个站点服务是在你电脑上用于开发调试的。在浏览器中可以看到如图 10-4 所示的内容。

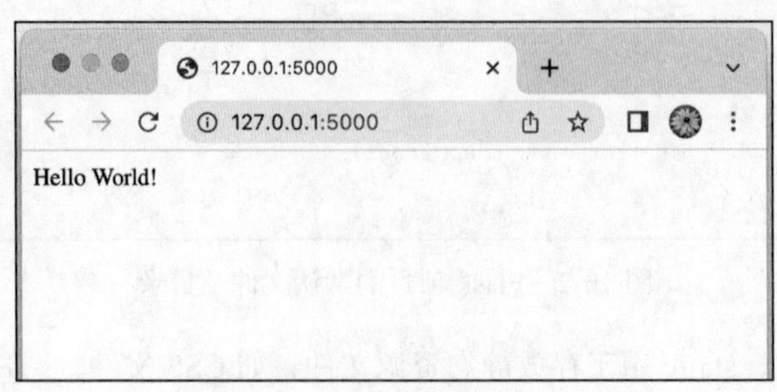

图 10-4 Flask 默认站点的访问效果

可以看到如代码中的逻辑一样，站点输出了“Hello World!”字符串。接下来，我们在这个框架的基础上开发网站，首先要开发的是查询页。

10.1.3 开发查询页

根据之前的需求分析，站点的查询页（首页）没有复杂的业务逻辑，主要展示查询输入框，并将用户输入的内容提交到查询结果页。我们将 app.py 页面的代码修改一下，引入模板渲染机制，将首页返回的内容由模板渲染而成。

以下是修改后的 app.py 代码：

```
from flask import Flask
from flask import render_template  # ①

app = Flask(__name__)


@app.route('/')
def index():  # 这里放应用程序代码
    return render_template('index.html') # ②


if __name__ == '__main__':
    app.run()
```

以上代码有两处变动：代码①导入了 render_template() 方法，此方法可以传入一个文件名字符串，会取默认目录 templates 下的同名文件作为模板进行渲染，还可以传入一些上下文信息，将这些上下文作为变量来替换模板中的内容；代码②将首页返回的内容更改为由 render_template() 渲染的内容，模板文件的名称是 index.html。

接下来编写 index.html 的代码。它是一个 HTML 文件，需要按 HTML 代码来编写并放在 templates 文件目录下。index.html 文件的源码如下：

```
<!DOCTYPE html>
<html lang="zh-CN">
<head>
    <meta charset="utf-8"/>
    <title>成绩在线查询</title>
    <meta name="viewport" content="width=device-width, initial-scale=1.0">
    <meta name="applicable-device" content="pc,mobile">
    <link href="/static/flex.css" rel="stylesheet" type="text/css"/>
    <link href="/static/md.css" rel="stylesheet" type="text/css"/>
</head>
<body>

<div class="wrapper" id="page">
    <div class="markdown-body">
        <div style="text-align: center; ">
```

```
            <h1>成绩在线查询</h1>
        </div>
        <div style="text-align: center; ">
            <form method="post" action="/score" class="searchBox" target="_self">
                <label>
                    <input name="name" placeholder="请输入名字"
                     required="required" maxlength="60" autocomplete="off" type="text">
                </label>
                <button id="put-in" type="submit">查询</button>
            </form>
        </div>

    </div>

</div>

</body>
</html>
```

HTML 一般用成对的标签来表示页面的布局和元素。在以上代码中，<h1> 标签是页面中显示的大标题，<form> 标签定义一个表单，这个表单设定了以下属性。

- method：发送表单数据的 HTTP 方法为 POST，POST 方法会向服务器提交数据。还有一种常用的请求方法是 GET 方法，它将请求参数以网址的形式传入。GET 请求的结果能够被缓存，POST 的请求结果不进行缓存。
- action：规定当提交表单时向何处发送表单数据，这里设置为我们接下来要新开发的分数查询结果页面，它的路径在站点根目录下，由它来处理表单发送的数据。
- target：网页的打开方式，此处设置为在浏览器的本窗口中打开，还可以设置为 _blank，即在新窗口中打开页面。

在表单中，以 <input> 标签添加了一个输入框，用户可以在此输入要查询的名字。这个输入框设定了以下属性。

- type：输入框的类型为文字类型。
- name：input 元素的名称，此名称即 POST 方法接收数据的变量名。在接下来的 Python 程序中，如果有多个发送数据，需要用它来分别提取。由于需求中输入的是名字，这里取名为 "name"。
- placeholder：占位符，在用户输入前显示的内容，一般被当作提示语。
- required：是否必须填写。
- maxlength：输入框允许的最大字符数。
- autocomplete：是否启用浏览器的自动输入功能。

最后在表单中增加 <button> 标签，类型设置为 submit（提交信息）。用户输入内容后单击此按钮，会按配置的要求向服务器发出请求。关于 index.html 文件中的其他内容，大家可以自行学习 HTML 和 CSS 相关知识。

Python 代码和 HTML 模板内容开发完后，我们重新启动程序、打开网页，可以在浏览器上看到如图 10-5 所示的效果。

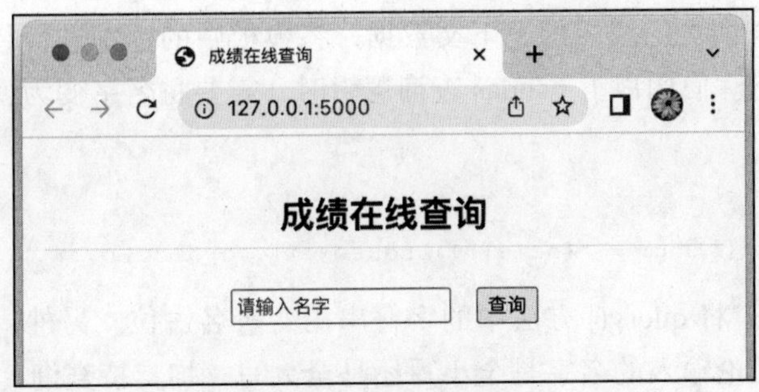

图 10-5　查询页访问效果

可以进行简单调试，看看是否符合预期。我们输入名字后单击“查询”按钮会跳转到 http://127.0.0.1:5000/score 页面。由于这个页面还没有制作，因此这里会显示 404 Not Found 错误。

接下来，我们来制作查询结果页。

10.1.4　编写查询逻辑

查询结果页用于接收查询页输入的数据并展示查询结果，要在 app.py 中增加新页面和在 templates 目录下增加相应的渲染模板文件。在增加新页面之前，我们先用 pandas 写好读取 team.csv 并用指定名字查询数据的逻辑代码。

查询 DataFrame 时我们使用 query() 方法，比如如下查询名字 Arry：

```
df.query('name=="Arry"')
'''
   name team  Q1  Q2  Q3  Q4
1  Arry    C  36  37  37  57
'''
```

此时查询的结果是一个 DataFrame，我们再用 squeeze() 方法将它降维，转为一个 Series，再用 Series 的 to_dict() 的方法转为一个字典：

```
df.query('name=="Arry"').squeeze()
'''
name     Arry
team        C
Q1         36
Q2         37
Q3         37
Q4         57
Name: 1, dtype: object
'''
```

```
info = df.query('name=="Arry"').squeeze().to_dict()
info
# {'name': 'Arry', 'team': 'C', 'Q1': 36, 'Q2': 37, 'Q3': 37, 'Q4': 57}
```

这个字典就是查询页的模板的上下文数据，将模板中的标签进行替换，在后面的模板编写中我们会用到它。使用以上 pandas 查询逻辑时，需要将名字变为变量。我们将代码进行一些改造：

```
name = 'Arry'
info = df.query(f'name=="{name}"').squeeze().to_dict()
```

用 f-string 的方式将 query() 方法中的字符串用变量名占位。另外，在需求分析时，还有一个小需求是，无论输入的名字是全小写还是全大写，均支持查询，我们再来对 f-string 中的 name 字符串进行处理：

```
name = 'arry'
info = df.query(f'name=="{name.title()}"').squeeze().to_dict()
info
# {'name': 'Arry', 'team': 'C', 'Q1': 36, 'Q2': 37, 'Q3': 37, 'Q4': 57}

# title() 方法测试
'arry'.title()
# 'Arry'
'ARRY'.title()
# 'Arry'
```

我们对字符串应用了 title() 方法，它会让一个字符串中的每个单词首字母变为大写，其他变为小写。另外，还要考虑的是，如果查询一个不存在的名字，我们会得到什么样的数据。我们来做一下测试：

```
name = '随便'
info = df.query(f'name=="{name.title()}"').squeeze().to_dict()
info
# {'name': {}, 'team': {}, 'Q1': {}, 'Q2': {}, 'Q3': {}, 'Q4': {}}
```

可以看到所有的值都是一个空字典，先记住这样的结果，因为后面我们会利用这个结果来处理查询不到结果的情况。

至此，我们的查询逻辑就完成了，接下来编写查询页面的函数。

10.1.5 开发查询结果页

与查询页的 index 函数一样，我们再编写一个名为 score 的函数处理查询结果页。增加此函数后 app.py 的代码变为：

```
from flask import Flask
from flask import render_template
```

```python
from flask import request  # ①
import pandas as pd

app = Flask(__name__)


@app.route('/')
def index():  # 这里放应用程序代码
    return render_template('index.html')


@app.route('/score', methods=['POST'])  # ②
def score():
    if request.method == 'POST':  # ③
        name = request.form['name']  # ④
        df = pd.read_csv('team.csv')
        info = df.query(f'name=="{name.title()}"').squeeze().to_dict()
        return render_template('score.html', info=info)  # ⑤


if __name__ == '__main__':
    app.run()
```

我们来分析一下新增加的代码。代码①导入了 request，后续用它来处理用户请求中的数据。代码②开始定义 score 函数来渲染查询结果页，route 装饰器的第一个参数是它的访问路径，第二个参数 methods 增加了响应 POST 请示，因为默认情况下一个路由只响应 GET 请示。代码③做了一个判断来处理 POST 请示。代码④将请求中表单的 name 值提取出来，传入我们之前写的查询逻辑代码来查询数据，查询结果 info 是一个字典。代码⑤除了指定渲染模板文件名外，还增加一个上下文信息 info，info 变量将出现在模板文件 score.html 中。

完成了查询结果页逻辑代码的编写后，我们编写查询结果页的模板 score.html 文件。

10.1.6 开发结果页模板

在 templates 目录下新建 score.html 文件。这个结果页模板 <body> 标签内的 HTML 代码如下：

```html
<div class="wrapper" id="page">
    <div class="markdown-body" style="text-align: center">

        <div style="text-align: center; ">
            <h1> 成绩在线查询 </h1>
        </div>

        <p> 查询结果为：</p>

        {% if info.name %}
            <table>
                <thead>
```

```
                    <tr>
                        <th> 名字 </th>
                        <th>Q1</th>
                        <th>Q2</th>
                        <th>Q3</th>
                        <th>Q4</th>
                    </tr>
                    </thead>
                    <tbody>
                    <tr>
                        <td>{{ info['name'] }}</td>
                        <td>{{ info['Q1'] }}</td>
                        <td>{{ info['Q2'] }}</td>
                        <td>{{ info['Q3'] }}</td>
                        <td>{{ info['Q4'] }}</td>
                    </tr>
                    </tbody>
                </table>
            {% else %}
                <p style="color: red"> 未查到信息 </p>
            {% endif %}

            <p>
                <a href="/"> 返回查询 >></a>
            </p>
        </div>
    </div>
```

主要的代码逻辑从上到下依次如下。

1）用 <p> 标签添加一个段落，文案为“查询结果为:”。

2）用成对的花括号和百分号写逻辑判断。如果查出结果，就展示一个表格，显示结果内容；如果查询不到，就执行 else 的逻辑，显示红色的文字“未查到信息”。

查询不到结果时 info 返回空字典，可以用此来编写是否有查询结果的逻辑，我们用点操作取字典任意一个键的值，如 info.name。如果未查到，则它就是一个空字典，在 if 判断时布尔检测值为 False；如果能查到信息，则有具体的值，布尔检测为 True，则显示下方的表格。

显示表格的 <table> 标签中，<th> 标签为表头，对应顺序的 <td> 标签为行值，成对双花括号中按字典键取值，便得到了对应键的值。

3）用 <p> 标签增加一个链接，用于返回到查询页继续查询。如果没有此链接，用户想要再次查询只能重新打开查询页。

写完查询结果页的模板，我们的所有编码工作就完成了，接下来需要验证查询功能。

10.1.7 功能验证

现在，我们验证一下查询功能。在 PyCharm 中启动站点，在浏览器中打开，先输入一个存在的名字，如在首页输入 Arry，点击查询，前后操作的效果如图 10-6 所示。

效果符合我们的预期，接下来单击“返回查询”链接，查询一个不存在的名字，比如输入“随便”二字，查询前后的效果如图 10-7 所示。

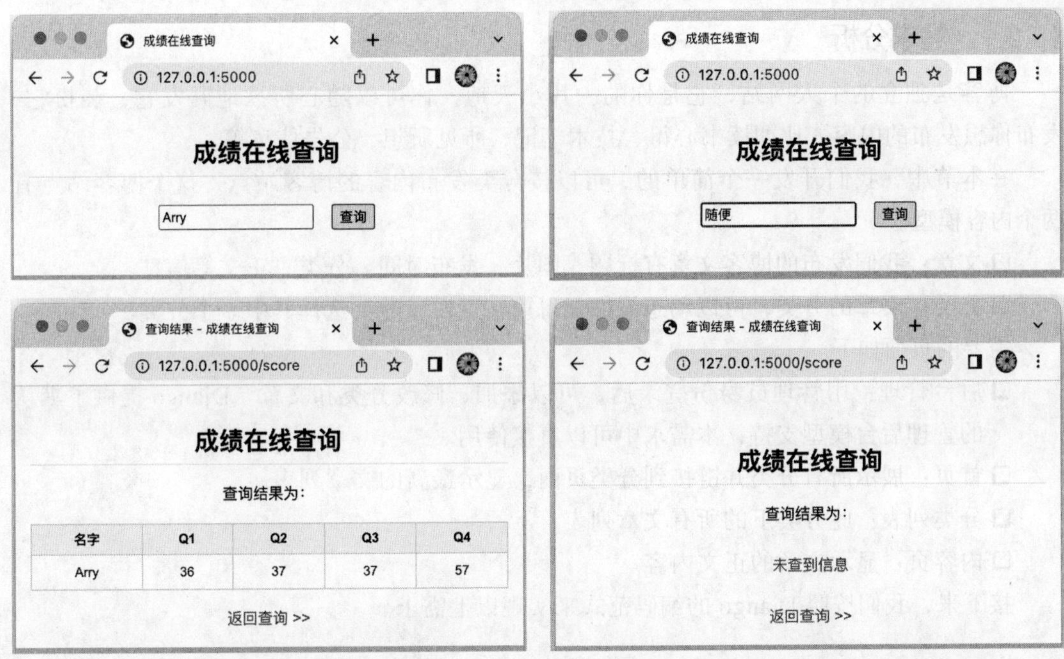

图 10-6 查询存在的名字的结果页　　图 10-7 查询不存在的名字的结果页

可以看到没有展示表格，而是显示了红色的文字“未查到信息”，这也是符合我们的设计需求的。这样，我们就完美地完成了查询站点的所有功能。

10.1.8 小结

本节通过一个简单的成绩查询系统将 Flask 的一些基本功能串起来了，比如如何在 PyCharm 中创建一个 Flask 站点，如何将网址路由到一个函数来处理，如何处理 POST 请示，如何设计基于 Jinja2 的模板，如何调试 Web 程序等。

Flask 适合建立简单、对性能有要求的展示页面和数据接口，它是轻量框架，是 Python 学习者入门 Web 开发的最佳选择之一。

10.2 用 Django 开发个人博客

Django 是一个高级的 Python Web 框架，它提供了几乎全套的网站应用组件，比如模板引擎、数据库查询支持、数据备份迁移、文件上传、用户系统、权限系统、表单模型、后台管理、缓存、多语言支持等，使我们无须使用其他插件或者自己重新“造轮子”，就能开发功能复杂的各类网站和应用。

在本节，我们使用 Django 开发一个简单的个人博客网站，这个网站拥有文章展示、分类列表、后台文章管理、富文本编辑等功能。

10.2.1 需求分析

博客是独立的个人网站，它是你的一片小天地，你可以随心所欲地开发它，装扮它，发布你想发布的内容，比如读书心得、技术笔记、所见所想、公告信息等。

在本节中，我们开发一个简单的、可以按分类发布内容的博客站点，这个博客站点有两个内容模型。

- ❑ 文章：我们发布的博客文章有标题、图片、发布时间、分类、正文等信息。
- ❑ 分类：文章的分类，可以动态添加，每篇文章发布时会选择其中一个分类。

需要的页面如下。

- ❑ 后台管理：用管理员身份登录后，可以添加、修改分类和文章。Django 提供了默认的管理后台模型支持，本需求中可以直接使用。
- ❑ 首页：展示所有分类并链接到分类页面，显示最新的文章列表。
- ❑ 分类列表：此分类下的所有文章列表。
- ❑ 内容页：显示文章的正文内容。

接下来，我们按照 Django 的编码范式来实现以上需求。

10.2.2 创建 Django 项目

PyCharm 提供了快速界面化地创建 Django 项目的方式。以本项目为例，我们先打开 PyCharm，单击 Create New Project 选项，填写相关信息，如图 10-8 所示。需要注意的是，对于项目的文件目录、Python 环境、模板引擎、模板文件目录名、应用名，如果没有特殊需要，保留默认的即可。模板引擎一般使用 Django 自带的，它的功能非常强大，当然你也可以选择 Jinja2。应用名为 Django 项目的默认应用，本例中填写的 bolg 是我们的博客应用。

填写完成后，单击右下角的 Create 按钮，稍等片刻，PyCharm 会为我们创建一个新项目。项目中已经根据我们的设置初始化了一些目录和文件，这些内容如图 10-9 所示。

我们来看下这些目录和文件分别是做什么的。项目根目录 django_site 会被认为是项目名，在此目录下有以下内容。

- ❑ django_site 目录：项目的总体逻辑文件。在 settings.py 中会有一些配置，比如项目的应用（app）、项目的模板文件目录、项目的数据库连接、语种等。urls.py 文件是项目的路由配置。
- ❑ blog 目录：应用的所有文件，一个 Django 项目可以支持多个应用，此目录是我们的博客应用。models.py 为数据模型，负责与数据库中的表和字段建立关联关系，省去我们编写 SQL 的工作；admin.py 负责后台管理逻辑；views.py 提供路由转发的视图函数，为模板提供所需要的渲染数据。

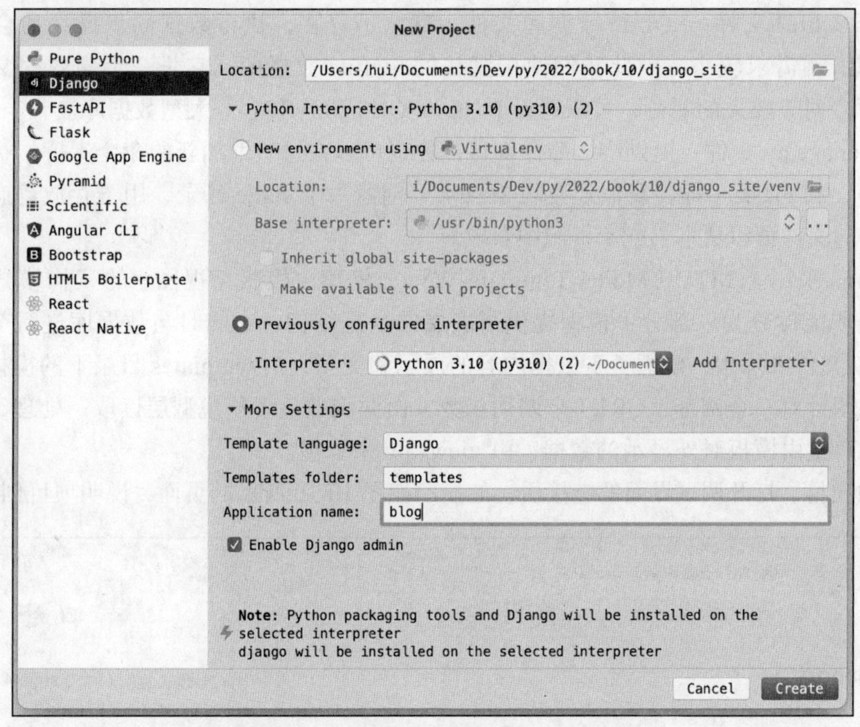

图 10-8　在 PyCharm 中创建 Django 项目

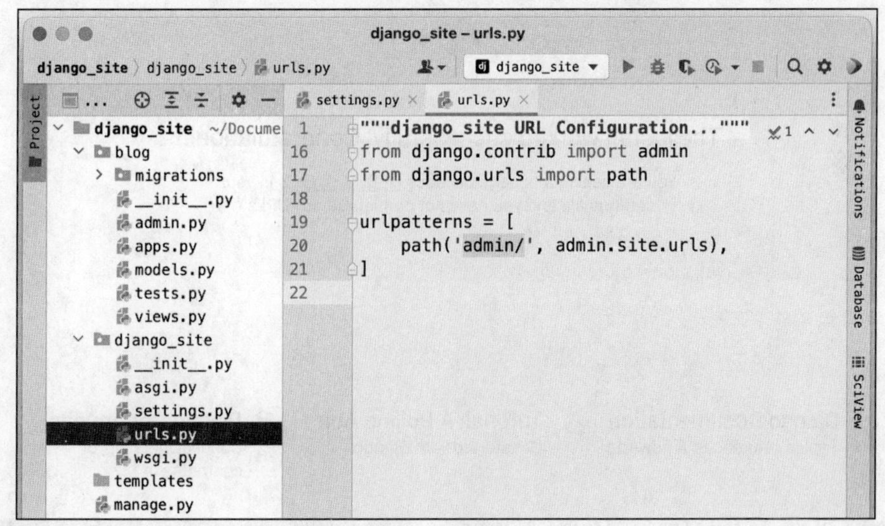

图 10-9　Django 初始化文件和目录

- templates 目录：所有的模板文件，如果有多个应用，可以在此目录下再为每个应用创建子文件目录。

- db.sqlite3 文件：SQLite 数据库文件，默认不存在，执行数据同步操作后会自动生成。本需求较小，因此我们使用默认的 SQLite 数据库，它是一个高效的文件数据库。对于较大的项目，可以选择 PostgreSQL 或 MySQL 等大型数据库。
- manage.py 文件：提供终端命令支持，你也可以在这里增加新的命令支持。

另外，和 Flask 一样，我们还要在根目录下创建一个 static 目录，用于存放静态资源文件。完整的文件可以从本书配套资源中获取。

Django 采用了 MTV（Model-Template-View，模型 – 模板 – 视图）的架构模式，将系统的各个职能拆分为三部分：模型提供了底层的数据结构，它同时与数据库进行交互，由 models.py 文件来承担；模板负责数据内容的展示和交互，由 templates 目录下的模板文件来承担；视图针对一个网址（URL）来调用函数，由此函数负责从模型层读取、处理、保存数据，同时产生由模板对外显示的数据，由 views.py 来承担。

启动项目、打开调试界面的链接后，如显示如图 10-10 所示的页面，说明项目创建成功。

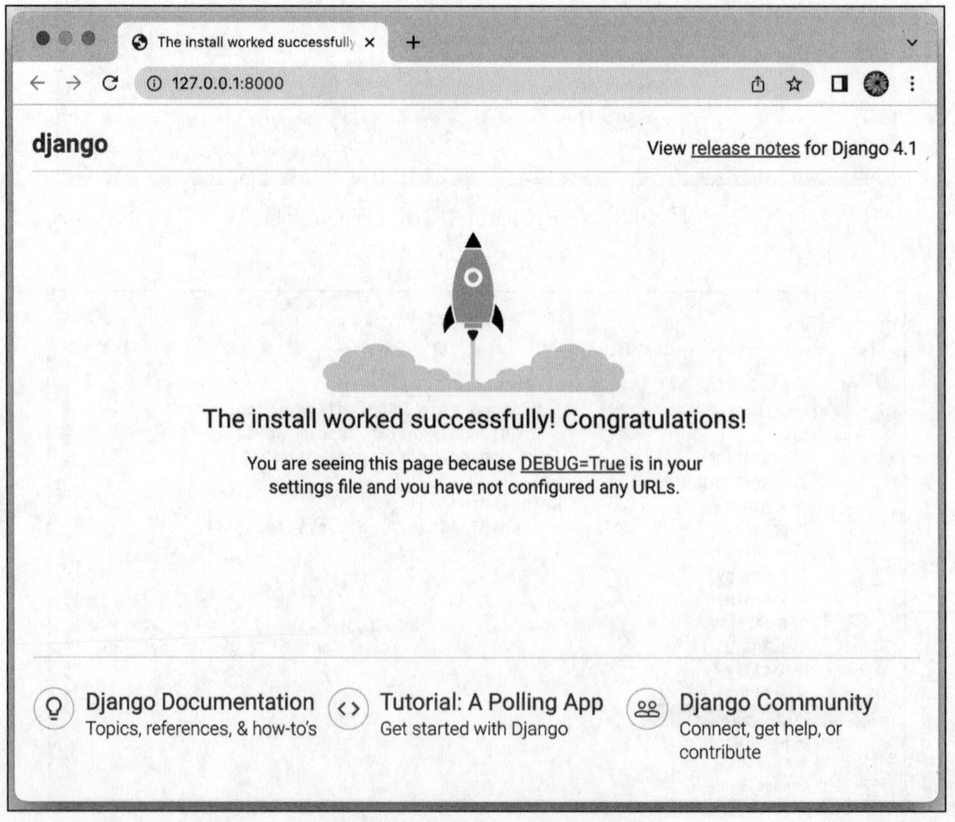

图 10-10　Django 项目默认页面

在 PyCharm 中创建项目的界面化操作也可以通过在终端中执行命令来完成，所需要的命令如下：

```
# 创建项目
django-admin startproject django_site
# 进入项目目录
cd django_site
# 创建应用（app）
python manage.py startapp blog
```

先用cd命令进入你要创建的目录，执行创建命令，此时会看到已经创建了一个django_site文件目录，这个文件目录中的文件是Django的项目文件框架。接下来进入项目文件目录，创建bolg应用，会生成一个blog文件目录，里面有必要的Python文件。

创建Django项目后，我们就可以在已经构建好的目录文件中编写业务逻辑。

在编码过程中，如果代码发生变化，Django集成的StatReloader会监测到这些更改并重新启动项目，因此我们在修改代码后只需要稍等片刻再刷新网页即可浏览最新的效果。

10.2.3 创建模型

根据Django的MTV架构模型，我们需要先创建模型。因为站点由数据库来驱动，从数据库读写要大量SQL来操作数据库。有些SQL比较复杂，编写SQL会花费较多的精力，为了解决这个问题，我们将业务抽象为对象的同时与数据库建立了映射关系，即所谓的对象关系映射（Object Relational Mapping，ORM）。ORM将数据库的表和字段用编程中的类来定义，在Django中称为模型，模型定义了相应的业务逻辑。

根据需求在models.py中增加以下代码：

```
from django.db import models
from django.urls import reverse
import uuid


def default_slug():
    return str(uuid.uuid4())[0:8]


class Item(models.Model):
    id = models.AutoField(primary_key=True)
    title = models.CharField(max_length=250, blank=False, null=False)
    type = models.ForeignKey("ItemType", default=1, on_delete=models.PROTECT)
    des = models.CharField(max_length=250, blank=True, null=True)
    text = models.TextField(blank=True, null=True)
    pic = models.ImageField(upload_to='static/%Y/%m', blank=True, null=True)
    pub_time = models.DateTimeField(auto_now_add=True, editable=True)
    update_time = models.DateTimeField(auto_now=True, null=True, editable=True)
    published = models.BooleanField(default=True)
    slug = models.SlugField(max_length=50, default=default_slug, unique=True,
        db_index=True)

    class Meta:
```

```
        db_table = "blog_item"
        verbose_name = 'Item'
        ordering = ('id',)

    def get_absolute_url(self):
        return reverse("item_detail", args=[str(self.slug)])

    def __str__(self):
        return str(self.title)

class ItemType(models.Model):
    id = models.AutoField(primary_key=True)
    name = models.CharField(max_length=20, blank=False, )
    slug = models.SlugField(max_length=50, default=default_slug, unique=True,
    db_index=True)

    class Meta:
        db_table = "blog_item_type"
        verbose_name = "ItemType"

    def __str__(self):
        return str(self.name)
```

在此我们建立了两个模型，文章模型Item和表示文章类型的ItemType模型。文章模型Item继承了Django的models.Model类，可以将Item类看作一个数据表，类的每个属性相当于数据表中的字段。id字段是AutoField类型，是一个自增字段，设置成了数据库的主键，type字段是一个外键类型，它关联的是ItemType模型。

slug是URL最后一个反斜杠之后的部分，代表了这个页面的意义，是SEO（搜索引擎优化）的重要细节，它告诉浏览者和搜索引擎这个页面大致有什么内容。在我们的模型中，为slug定义了一个default_slug()函数来生成默认的值，但在编辑、发布博客时请尽量用英文单词和连接符的形式来准确填写。

我们还重写了get_absolute_url()方法，今后在管理后台、模板等处可以使用它来获取一个实例的完整网址。你还可以编写自己的其他方法来增强实例的能力。

定义完模型，我们需要将模型生成数据库具体的表和字段，方法是点开PyCharm底部的Terminal（终端）或者在本机的终端（需要先定位到项目根目录），执行python manage.py makemigrations命令：

```
(py310) hui@Huis-MacBook-Pro django_site % python manage.py makemigrations
Migrations for 'blog':
    blog/migrations/0001_initial.py
        - Create model ItemType
        - Create model Item
```

根据提示，已经生成了数据库迁移执行代码文件，接着用python manage.py migrate命令执行数据库数据来生成库表：

```
(py310) hui@Huis-MacBook-Pro django_site % python manage.py migrate
Operations to perform:
    Apply all migrations: admin, auth, blog, contenttypes, sessions
Running migrations:
    Applying contenttypes.0001_initial... OK
    Applying auth.0001_initial... OK
    Applying admin.0001_initial... OK
    Applying admin.0002_logentry_remove_auto_add... OK
    Applying admin.0003_logentry_add_action_flag_choices... OK
    Applying contenttypes.0002_remove_content_type_name... OK
    Applying auth.0002_alter_permission_name_max_length... OK
    Applying auth.0003_alter_user_email_max_length... OK
    Applying auth.0004_alter_user_username_opts... OK
    Applying auth.0005_alter_user_last_login_null... OK
    Applying auth.0006_require_contenttypes_0002... OK
    Applying auth.0007_alter_validators_add_error_messages... OK
    Applying auth.0008_alter_user_username_max_length... OK
    Applying auth.0009_alter_user_last_name_max_length... OK
    Applying auth.0010_alter_group_name_max_length... OK
    Applying auth.0011_update_proxy_permissions... OK
    Applying auth.0012_alter_user_first_name_max_length... OK
    Applying blog.0001_initial... OK
    Applying sessions.0001_initial... OK
```

可以看到，除了生成模型中定义的两个表外，还生成了一些其他的辅助表：以 auth 开头的是与用户系统和权限相关的表，以 django 开头的是与项目、会话、操作记录等相关的表，两个 blog 开头的表是我们本次自定义的表。利用 PyCharm 数据库操作功能或者其他数据库 IDE 可以看到创建后的表，图 10-11 是利用 DBeaver 查看到的数据库表情况。

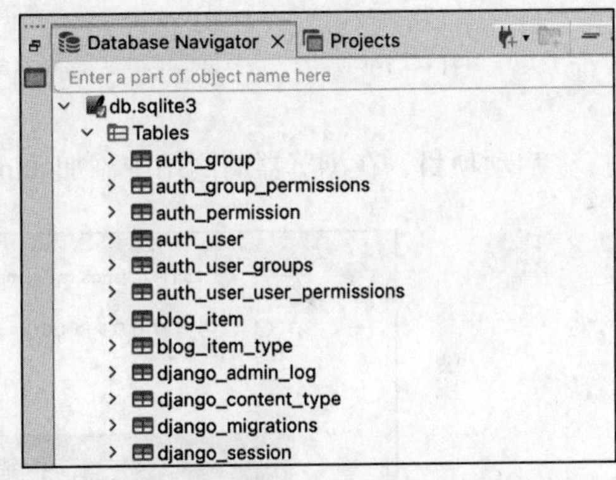

图 10-11　在 DBeaver 中查看创建的数据库表

一般情况下，我们无须关注数据库层面的内容，把这些实现细节交给 Django 自带的 ORM 即可。

10.2.4　搭建管理后台

Django 提供了功能强大的后台，我们只需要在 admin.py 中注册便可以使用它：

```
from django.contrib import admin
from .models import Item, ItemType

class ItemAdmin(admin.ModelAdmin):
    list_display = ('id', 'title', 'type', 'slug', 'pub_time',
                    'update_time', 'published',)
    search_fields = ['title', 'id']
```

```
    list_display_links = ('id', 'title',)
    ordering = ('-pub_time',)
    list_per_page = 30
    readonly_fields = ['update_time', ]

class ItemTypeAdmin(admin.ModelAdmin):
    list_display = ('id', 'name',)
    list_display_links = ('name',)
    search_fields = ['name']
    list_per_page = 25

admin.site.register(Item, ItemAdmin)
admin.site.register(ItemType, ItemTypeAdmin)
```

在这里通过继承 admin.ModelAdmin 管理类型，实现了两个后台管理栏目，其中 list_display 是显示在后台列表中的字段，search_fields 是支持搜索的字段，list_display_links 是列表中带链接的字段，ordering 是列表排序的字段（支持多级排序），list_per_page 为每页显示的条目数。

在 urls.py 中添加后台的网址路由：

```
from django.contrib import admin

urlpatterns = [
    path('admin/', admin.site.urls),
]
```

启动项目，在浏览器的网站中添加 admin 路径，打开后进入如图 10-12 所示的登录界面。

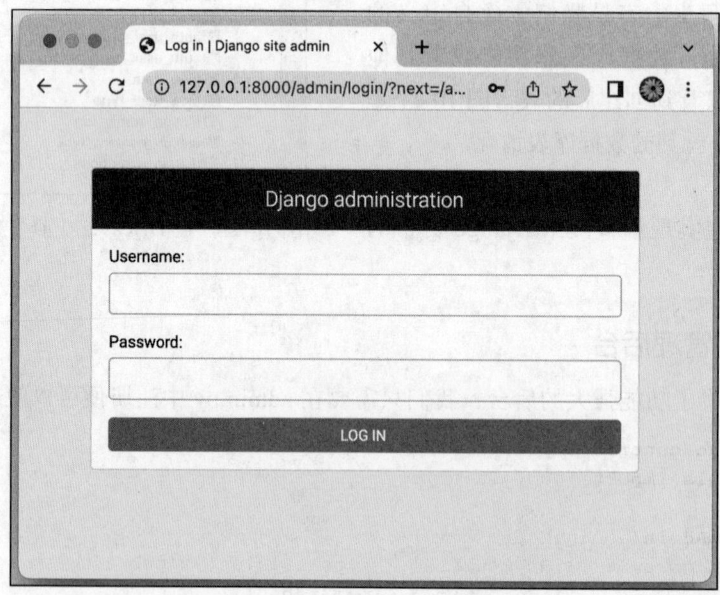

图 10-12 Django 管理后台登录界面

此时我们需要创建一个管理员账号，在终端中执行 python manage.py createsuperuser，根据提示设置用户名和密码，邮箱可以先回车跳过不设置。

在登录界面，输入管理员用户名和密码便可登录后台，后台界面如图 10-13 所示。后台除了默认的账号和权限应用外就是我们编写的 blog 项目。点击 blog 中 Item 模型就可以发布、管理博客内容，进入 ItemType 就可以管理文章的分类。我们可以先增加一些分类和文章用于测试。

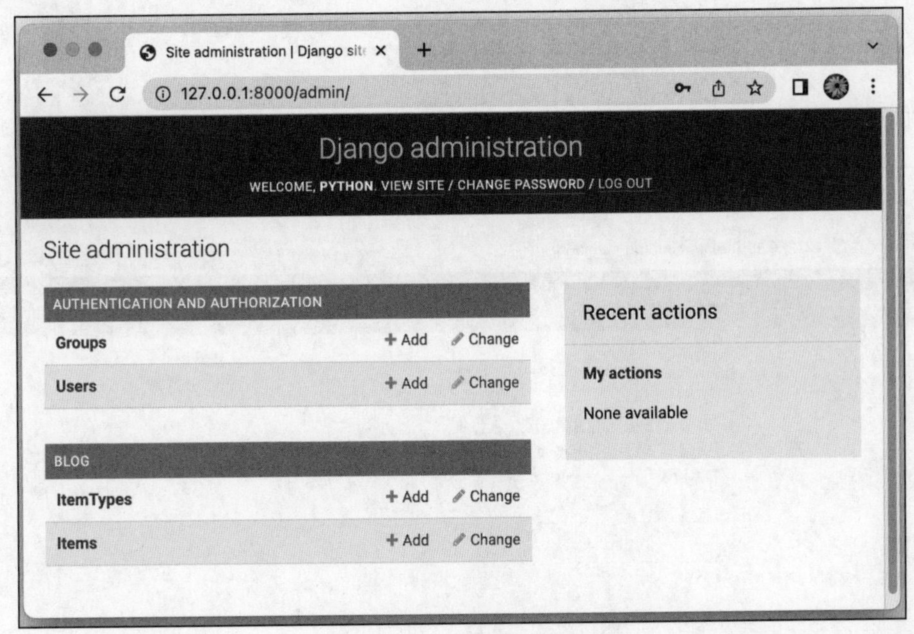

图 10-13　Django 管理后台

Django 支持多语种，如果想看到中文的后台界面，可将 settings.py 中的 LANGUAGE_CODE 全局变量修改为 zh-Hans，这样所有框架内关于显示的地方都会变为中文。

添加文章时，text 字段是一个多行文本，纯文本不方便排版，因此我们还需要一个富文本编辑器，接下来我们安装一下。

10.2.5　安装富文本编辑器

富文本编辑器支持所见即所得的内容编辑方式，Django 有许多第三方的富文本编辑器插件，在这里我们选择 Django CKEditor。在终端中用 pip install django-ckeditor 命令安装该插件，安装完后在 settings.py 中的 INSTALLED_APPS 部分追加 ckeditor，然后在 models.py 中导入富文本字段并替换，代码如下：

```
# settings.py
INSTALLED_APPS = [
    ....
```

```
    'blog.apps.BlogConfig',
    'ckeditor', # 添加
]
```

```
# models.py
from ckeditor.fields import RichTextField

class Item(models.Model):
    ...
    text = RichTextField(blank=True, null=True)
    ...
```

刷新，在添加文章界面可以看到如图 10-14 所示的效果。

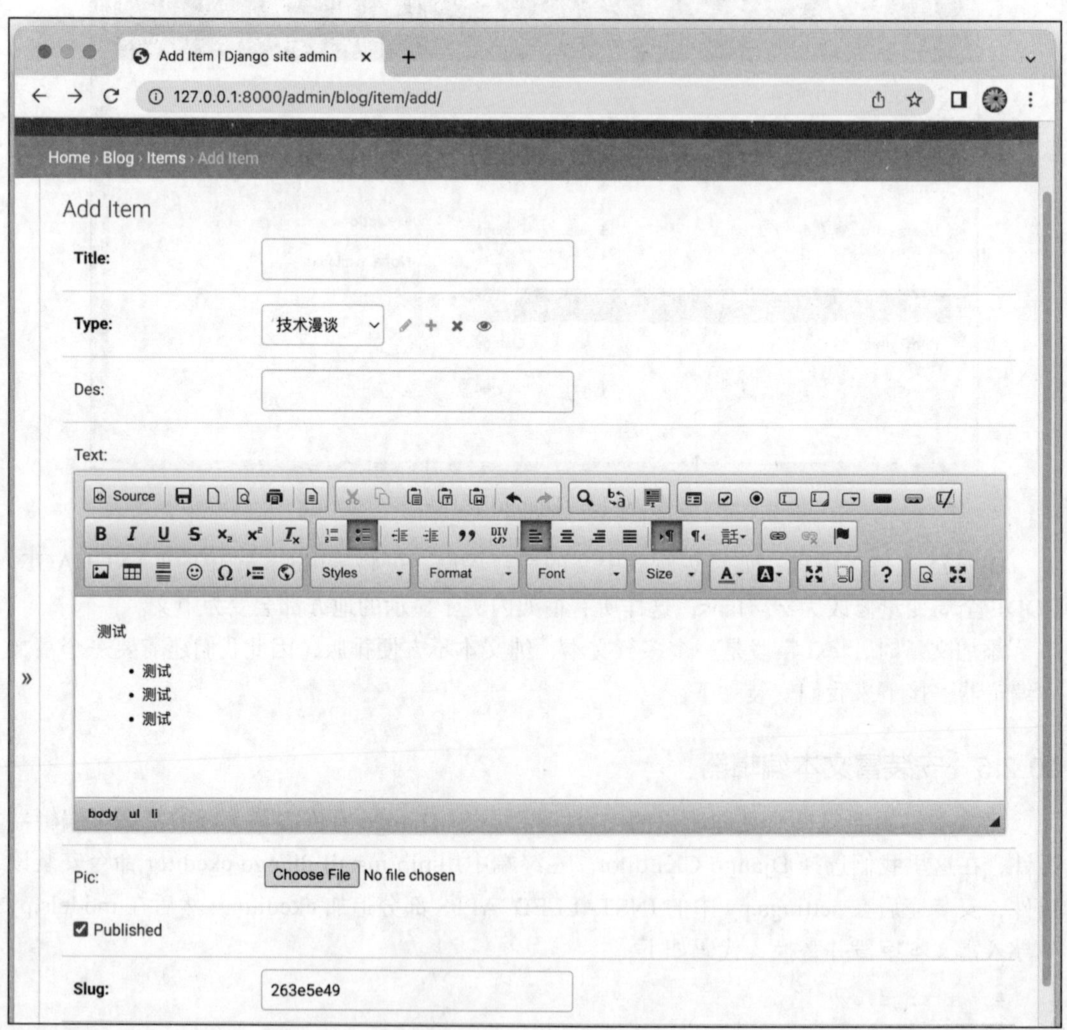

图 10-14 富文本编辑器效果

更多富文本按钮的详细配置可以参考官方文档 https://django-ckeditor.readthedocs.io。

10.2.6　增加URL路由逻辑

建立模型、完成后台功能后就可以编写前端展示部分了。前端的页面是由页面的路由引导、视图中的函数处理的，因此我们要编写以下内容。

- 视图函数：处理页面的数据和给定渲染模板。
- URL路由：站点所有的网址路由。

先编写3个页面的视图函数，在views.py中增加以下代码：

```
def index(request):
    pass

def item_type(request, slug):
    pass

def item_detail(request, slug):
    pass
```

这3个函数分别接收3个页面的访问，在这里我们先占位，到具体页面时再编写相应的逻辑。然后在urls.py中添加路由，包含之前编写的后台管理页面。urls.py最终的代码如下：

```
from django.contrib import admin
from django.urls import path
from blog.views import index, item_detail, item_type

urlpatterns = [
    path('', index, name='index'),
    path('item_type/<slug:slug>', item_type, name='item_type'),
    path('item/<slug:slug>', item_detail, name='item_detail'),
    # 后台
    path('admin/', admin.site.urls),
]
```

我们增加了3个页面的路由逻辑，path()方法的第一个参数为URL的正则表达式，分类列表和详情页均有一个slug参数变量，第二个参数是处理此路径的视图函数，传入的是我们编写的对应路径的函数名。

接下来，我们只要编写视图函数和对应模板就可以将内容显示出来。

10.2.7　开发内容页

先来编写内容页的逻辑。内容页要显示标题、发布时间、类别（链接到类别列表页）及正文，这些内容都是Item模型的内容，我们只需要将实例整体返回给模板。内容页视图函数的代码如下：

```
from django.shortcuts import render
from blog.models import Item

def item_detail(request, slug):
    item = Item.objects.get(slug=slug, published=1)
    return render(request, 'item_detail.html', {'item': item})
```

内容页视图函数 item_detail() 有两个参数：一个是访问请求对象，另一个是路由中定义的 slug。从 Item 模型中查询 slug 与当前请示的 slug 相同的内容，objects.get() 返回的是唯一的实例。

该函数返回的是一个由 render() 函数构造的浏览器响应对象，浏览器将它显示为网页内容。render() 的第一个参数为请求对象；第二个参数为模板文件名；第三个参数为模板中要使用的上下文信息，内容是一个字典，它的键用来在模板中调用数据，值表示对应的数据，在这里我们写成一样的。

接下来编写模板，模板的 HTML 代码如下：

```
<!DOCTYPE html>
<html lang="zh-CN">
<head>
    <meta charset="utf-8"/>
    <title>{{ item.title }}</title>
    <meta name="viewport" content="width=device-width, initial-scale=1.0">
    <meta name="applicable-device" content="pc, mobile">
    <link href="/static/flex.css" rel="stylesheet" type="text/css"/>
    <link href="/static/md.css" rel="stylesheet" type="text/css"/>
</head>
<body>

<div class="wrapper" id="page">

    {% include "top.html" %}

    <div class="markdown-body">

        <div class="markdown-body" style="padding-top: 2em;">
            <h1>{{ item.title }}</h1>
            <p style="color: #777777">
                发布时间：{{ item.pub_time|date:'Y-m-d H:i:s' }}
                类别：<a href="{% url 'item_type' slug=item.type.slug %}">
                       {{ item.type.name }}
                   </a>
            </p>
            <p>{{ item.text|safe }}</p>
        </div>

    </div>

</div>
```

```
</body>
</html>
```

HTML 的 <title> 标签和 <h1> 标签取当前内容的 title 值，其中 <h1> 标签以大号字体显示在页面中。{% include %} 调用了公共的页面头部内容，发布时间取内容的 pub_time 字段，它是一个时间，为了让它显示更友好，用竖线增加了过滤方法进行格式化。类别可通过模型关系下钻，直接写 type 字段对应的 ItemType 实例的 name 值。类别用 <a> 标签加了一个链接，用 {% url %} 来获取链接，后面的字符串为在 urls.py 中定义的路由的 name 值，后面为路由中的参数名和取值。

启动项目，在后台文章编辑页右上角单击 VIEW ON SITE 链接可以打开当前文章的链接，页面的效果如图 10-15 所示。

图 10-15 内容页浏览效果

可以看到类型名字是可以点击的，类别列表留到后面制作，接下来先开发站点首页。

10.2.8 开发首页

站点首页要显示页面最新文章的列表，列表由图片、标题、文章描述组成，标题要链接到内容页；站点首页还要显示所有的类别，并为类别添加链接。

首页的视图函数需要最新的文章信息和所有的类别信息，代码如下：

```
from django.shortcuts import render
from blog.models import Item, ItemType


def index(request):
    all_types = ItemType.objects.all()
    items = Item.objects.filter(published=1).order_by("-update_time")[:100]
    return render(request, 'index.html', {'items': items, 'all_types': all_types})
```

此函数返回了两个数据：一个是 items，它是最近更新的 100 篇文章，模型的 objects.filter() 方法可以筛选出符合条件的多个实例；另一个是 all_types，它是所有的分类条目。这两个数据我们将在模板中循环输出。

以下是首页 <body> 标签内的 HTML 代码：

```
<div class="wrapper" id="page">

    {% include "top.html" %}

    <div class="markdown-body">

        <div style="text-align: center; ">
            <h1>欢迎来到Django博客</h1>
            所有分类：{% for type in all_types %}
            <a href="{% url 'item_type' slug=type.slug %}">{{ type.name }} </a>
            {% endfor %}
        </div>

        {% for item in items %}
        <p>
            <p><img src="{{ item.pic }}"></p>
            <b><a href="{% url 'item_detail' slug=item.slug %}">{{ item.title }}</a></b>
            <p style="color: #777777">{{ item.des }}</p>
        </p>
        {% endfor %}

    </div>

</div>
```

此模板执行后在浏览器中的打开效果如图 10-16 所示。

模板中所有分类文字后用 for 循环标签将 all_types 数据迭代，显示每个分类和名称并增加链接，for 标签需要一个 endfor 标签对应。

图 10-16　首页浏览效果

文章列表将 items 进行迭代，每一个项目是一篇文章实例，在循环内显示了图片、标签（增加了链接）和文章描述。

10.2.9　开发分类列表页

最后我们来完成分类列表页，视图函数需要接收一个分类的 slug，其他的模板逻辑与首页类似。分类列表页的视图函数如下：

```
from django.shortcuts import render
from blog.models import Item, ItemType

def item_type(request, slug):
    _type = ItemType.objects.get(slug=slug)
    items = Item.objects.filter(published=1, type__slug=slug)
    return render(request, 'item_type.html', {'items': items, 'type': _type})
```

函数的代码为模板提供两个数据：一个是当前分类实例，另一个是此分类下所有的文章。filter() 方法的参数可以用双下划线表示关联模型的字段，代码中 type__slug 表示文章的类型对应的 slug，type 字段是 ItemType 的外键。

模板 <body> 标签内的 HTML 代码如下：

```
<div class="wrapper" id="page">

    {% include "top.html" %}

    <div class="markdown-body">

        <div style="text-align: center; ">
            <h1>关于 {{ type.name }} 的文章 </h1>
        </div>

        {% for item in items %}
        <p>
            <b><a href="{% url 'item_detail' slug=item.slug %}">{{ item.title }}</a></b>
            <p style="color: #777777">{{ item.des }}</p>
        </p>
        {% endfor %}

    </div>

</div>
```

从首页的所有分类中单击分类名称或者从内容页的分类名称中单击进入分类列表页，浏览效果如图 10-17 所示，其中显示了此分类下的所有文章。

图 10-17　分类列表浏览效果

10.2.10　小结

Django 的功能非常强大，需要学习的内容也很庞杂，要掌握 Django 需要系统学习，所幸 Django 是所有 Python Web 框架中文档最完善的。

本节中，我们用 Django 实现了一个典型的个人博客站点，其中用到 Django 的基本开发范式和思想，这些是 Django 最基础的知识。

10.3　本章小结

国内外有许多知名站点使用 Python 开发网站及后端服务，比如豆瓣、知乎等网站就是用 Python 开发的。当然，随着网站越来越复杂，一般会选择其他高性能语言参与开发，编写部分功能，但 Python 开发效率高，生态完善，可以让我们快速搭建起一个 Web 应用，是项目启动时的最佳语言。

你如果想把自己开发的站点部署到互联网上让所有人都能访问，需要购买域名和云服务器并备案。关于 Django 的部署可以参考 https://www.gairuo.com/p/django-tutorial。

推荐阅读

Learning Python
Python
学习手册
Mark Lutz 著
O'REILLY

O'REILLY
健壮的
Python
Robust Python

Effective Python
编写高质量Python代码的90个有效方法

Python 3标准库
The Python 3
Standard Library by Example

Python算法的
奇妙之旅

Apress
Advanced Python
Development
Python进阶
实际应用开发实战

趣学Python
算法100例

Python进阶编程
编写更高效、优雅的 Python 代码
ADVANCED PROGRAMMING WITH PYTHON
Write More Efficient and Elegant Code

Apress
Python代码整洁之道
编写优雅的代码
Clean Python
Elegant Coding in Python